Schwarze

Mathematik für Wirtschaftswissenschaftler
Band 3: Lineare Algebra, Lineare Optimierung
und Graphentheorie

„Freilich habe ich seinerzeit auch einige Semester Mathematik auf der Universität studiert, und es gibt auf den deutschen volkswirtschaftlichen Fakultäten noch immer solche Kreise, die von der Erkenntnis, daß ein Fachkollege nebenbei auch etwas von Mathematik versteht, ebenso peinlich berührt sind, als wenn sie entdeckt hätten, daß derselbe im stillen eine Hafenschenke leite oder die Funktion eines Scharfrichters ausübe.“

Aus: O. Anderson: Und dennoch mehr Vorsicht mit Indexzahlen. Allgem. Stat. Archiv 34 (1950), S. 37.

NWB-Studienbücher · Wirtschaftswissenschaften

Mathematik für Wirtschaftswissenschaftler

Band 3: Lineare Algebra, Lineare Optimierung und Graphentheorie

Von Professor Dr. Jochen Schwarze

11. Auflage

nwb

Verlag Neue Wirtschafts-Briefe
Herne/Berlin

Die Deutsche Bibliothek – CIP-Einheitsaufnahme

Schwarze, Jochen:
Mathematik für Wirtschaftswissenschaftler / von Jochen Schwarze. – Herne ; Berlin : Verl. Neue Wirtschafts-Briefe
(NWB-Studienbücher Wirtschaftswissenschaften)
Bd. 3. Lineare Algebra, lineare Optimierung und Graphentheorie. – 11. Aufl. – 2000
ISBN 3-482-51581-6

ISBN 3-482-**51581**-6 – 11. Auflage 2000

Druck: Ebner Ulm

Vorwort zur 11. Auflage

Während Lineare Algebra, Lineare Optimierung, Graphentheorie und deren Anwendungen in Lehrplänen der Schulen bislang nur verhältnismäßig wenig Berücksichtigung finden, haben diese Teilgebiete innerhalb der Anwendung mathematischer Methoden auf die Lösung wirtschaftlicher Fragestellungen einen festen Standort. Bei der Lösung von Planungs- und Entscheidungsproblemen der wirtschaftlichen Praxis werden in zahlreichen Fällen Verfahren aus den genannten Gebieten herangezogen. Vielfach handelt es sich dabei um Ansätze, die man heute meistens in das Operations Research einordnet. Wegen der weiten Verbreitung der Linearen Algebra, der Linearen Optimierung und der Graphentheorie in den Wirtschaftswissenschaften und wegen ihrer Bedeutung für die praktische Anwendung ist für Studierende der Wirtschaftswissenschaften eine Einführung in diese Gebiete unerläßlich. Der vorliegende 3. Band *Mathematik für Wirtschaftswissenschaftler* ist deshalb den Grundzügen dieser mathematischen Teilgebiete gewidmet.

Wie die beiden ersten Bände ist auch dieser Band aus mehr als zwei Jahrzehnten Lehrerfahrungen des Verfassers hervorgegangen. Die in jedem Abschnitt enthaltenen Übungsaufgaben sollen dem Leser die Kontrolle des erlernten Wissens bei einer selbständigen Durcharbeitung des Buches erleichtern. Dazu sind am Schluß des Bandes die Lösungen angegeben. Das Stichwortverzeichnis soll die Benutzung des Buches auch als Nachschlagewerk erleichtern. Hingewiesen sei auch auf die - ebenfalls im NWB-Verlag erschienene - *Aufgabensammlung zur Mathematik für Wirtschaftswissenschaftler*, die zu den 3 Bänden umfangreiches Übungsmaterial enthält.

Für die jetzt vorgelegte 11. Auflage wurde der Text erneut überarbeitet, ohne dabei Aufbau und Konzeption zu verändern. Bei der Überarbeitung konnte ich glücklicherweise auf die bewährte Unterstützung von Herrn Dipl.-Phys. Daniel Gundelfinger zurückgreifen, dem ich zu großem Dank verpflichtet bin. Meiner kleinen Dackelhündin Nanna habe ich dafür zu danken, daß sie mit ihrem penetranten Einfordern von Spaziergängen für die nötige Entspannung bei der Überarbeitung sorgte.

Jochen Schwarze

Hinweise für die Durcharbeitung dieses Buches

Definitionen, Regeln, Gleichungen, Beispiele, Figuren (Abbildungen) und Aufgaben sind abschnittsweise fortlaufend numeriert und durch vorangestellte große Buchstaben kenntlich gemacht:

B Beispiel,
D Definition,
G Gleichung,
F Figur,
R Regel,
T Tabelle,
Ü Übungsaufgabe.

Die fortlaufende Numerierung führt dazu, daß z.B. D 18.1.9 (eine Definition), B 18.1.10 (ein Beispiel) und F 18.1.11 (eine Figur) aufeinanderfolgen.

Inhaltsverzeichnis

17 Grundlagen der Matrizenrechnung

17.1 Matrizen und Vektoren

Durch eine Funktion wird dem Wert einer (oder den Werten mehrerer) unabhängiger Variablen eindeutig ein Wert der abhängigen Variablen zugeordnet (vgl. dazu die Kapitel 6 und 7 in Band 1). In den Wirtschaftswissenschaften benutzt man diese Eigenschaft von Funktionen, um durch sie Zusammenhänge zwischen ökonomischen Größen zu beschreiben. Manchmal hat man es in den Wirtschaftswissenschaften und in der betriebs- und volkswirtschaftlichen Praxis jedoch mit mehrfachen Zusammenhängen oder Beziehungen zu tun, die sich nicht durch Funktionen darstellen lassen, sondern die eher durch eine rechteckige, tabellenähnliche Anordnung von Zahlen beschrieben werden können. Dazu werden zunächst einige Beispiele betrachtet.

B 17.1.1 **a)** *Die Außenhandelsbeziehungen von 4 Ländern während eines Zeitraums lassen sich übersichtlich wie folgt darstellen:*

		Land			
		I	II	III	IV
Land	I	0	28	19	37
	II	14	0	25	46
	III	45	9	0	50
	IV	5	17	80	0

Zu jedem Land gehört eine Zeile und eine Spalte: In der Zeile eines Landes stehen die Exporte in die jeweils anderen Länder. In der zu einem Land gehörigen Spalte stehen die Importe von den jeweils anderen Ländern.

b) *Entfernungen zwischen Orten werden (z.B. in Autoatlanten) in Entfernungstabellen der folgenden Art zusammengestellt:*

		Ort				
		A	B	C	D	E
Ort	A	0	12	24	6	18
	B	12	0	5	29	40
	C	24	5	0	36	7
	D	6	29	36	0	3
	E	18	40	7	3	0

c) *Ein Warenhaus, das 4 Lagerhäuser und 7 Filialen besitzt, kann die Kosten für den Transport einer Tonne Ware von den Lagerhäusern zu den Filialen wie folgt zusammenstellen:*

		Filiale						
		1	2	3	4	5	6	7
Lagerhaus	1	12	6	5	4	1	9	18
	2	7	12	9	7	4	8	14
	3	4	3	6	2	3	1	3
	4	9	17	5	2	9	4	2

d) *In einem Betrieb gibt es die Abteilungen A, B und C. Jede Abteilung gibt an die beiden anderen Leistungen ab. Die Leistungsbeziehungen können grafisch oder tabellarisch wie in* F 17.1.2 *dargestellt werden.*

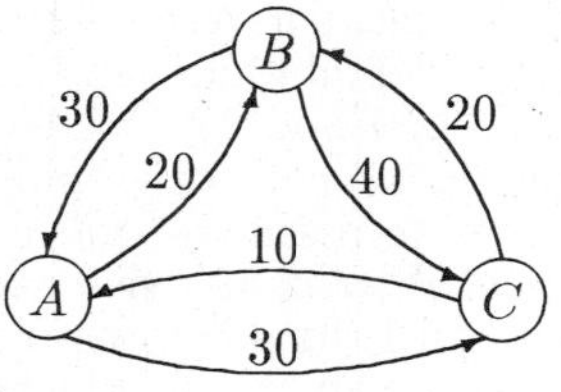

	A	B	C
A	0	20	30
B	30	0	40
C	10	20	0

F 17.1.2

Charakterisiert man die Zusammengehörigkeit der rechteckigen Anordnung von Zahlen dadurch, daß man sie in Klammern setzt, dann spricht man von einer Matrix.

D 17.1.3

Matrix

Das rechteckige Zahlenschema

$$\begin{pmatrix} a_{11} & a_{12} & \dots & a_{1j} & \dots & a_{1n} \\ a_{21} & a_{22} & \dots & a_{2j} & \dots & a_{2n} \\ \dots & & \dots & & \dots & \\ a_{i1} & a_{i2} & \dots & a_{ij} & \dots & a_{in} \\ \dots & & \dots & & \dots & \\ a_{m1} & a_{m2} & \dots & a_{mj} & \dots & a_{mn} \end{pmatrix}$$

heißt **Matrix** mit m **Zeilen** und n **Spalten** oder $\boldsymbol{m \times n}$**-Matrix**. Die a_{ij} $(i = 1, \dots, m;\ j = 1, \dots, n)$ heißen **Elemente** der Matrix.

Bei den Elementen gibt der erste Index (häufig mit i bezeichnet) die Zeile und der zweite Index (häufig mit j bezeichnet) die Spalte an, in der das Element steht. m und n geben die **Ordnung der Matrix** an.

B 17.1.4 *Zu* B 17.1.1a) *und* c) *gehören folgende Matrizen*

a) $\begin{pmatrix} 0 & 28 & 19 & 37 \\ 14 & 0 & 25 & 46 \\ 45 & 9 & 0 & 50 \\ 5 & 17 & 80 & 0 \end{pmatrix}$ c) $\begin{pmatrix} 12 & 6 & 5 & 4 & 1 & 9 & 18 \\ 7 & 12 & 9 & 7 & 4 & 8 & 14 \\ 4 & 3 & 6 & 2 & 3 & 1 & 3 \\ 9 & 17 & 5 & 2 & 9 & 4 & 2 \end{pmatrix}$

Anmerkung: In der linearen Algebra werden Matrizen als spezielle Abbildungen bzw. Funktionen aufgefaßt. Darauf wird in Abschnitt 17.8 eingegangen.

In den folgenden Ausführungen werden Matrizen mit halbfetten Großbuchstaben des lateinischen Alphabets bezeichnet (**A**, **B** usw.). Elemente von Matrizen werden mit Kleinbuchstaben des lateinischen Alphabets bezeichnet (vgl. D 17.1.3).

Außer der in D 17.1.3 gegebenen Form sind folgende Schreibweisen einer $m \times n$-Matrix gebräuchlich

$$(a_{ij})_{mn}; \quad \mathbf{A}_{mn}; \quad (a_{ij}); \quad \mathbf{A}.$$

Auf die Angabe der Ordnung der Matrix wird meistens verzichtet, da sie aus dem Zusammenhang hervorgeht.

D 17.1.5

Vektor
Eine Matrix, die nur aus einer einzigen Spalte besteht, also eine $m \times 1$-Matrix

$$\begin{pmatrix} a_1 \\ a_2 \\ \vdots \\ a_m \end{pmatrix}, \text{ heißt } \textbf{Spaltenvektor}.$$

Eine Matrix, die nur aus einer einzigen Zeile besteht, also eine $1 \times n$-Matrix $(a_1, a_2, ..., a_n)$, heißt **Zeilenvektor**.

Vektoren sind also Sonderfälle von Matrizen. Sie können als geordnete m- bzw. n-Tupel von Zahlen aufgefaßt werden. Die Elemente von Vektoren heißen auch **Komponenten**.

Spaltenvektoren werden durch halbfette Kleinbuchstaben des lateinischen Alphabets (**a**, **b** usw.) oder mit (a_i), (b_i) usw. bezeichnet und Zeilenvektoren zusätzlich mit einem hochgestellten Strich (′) oder T versehen: $\mathbf{a}'$, $\mathbf{a}^T$, $(a_i)'$ oder $(a_i)^T$. Die Elemente von Zeilenvektoren werden durch Kommata oder Semikola getrennt.

B 17.1.6 a) *Eine Unternehmung, die* 6 *Güter herstellt, kann die in einem Monat produzierten Mengen der Güter* ($x_1 = 5$; $x_2 = 9$; $x_3 = 2$; $x_4 = 28$; $x_5 = 0$; $x_6 = 17$) *als Vektor schreiben:*

$\mathbf{x}' = (x_1, x_2, x_3, x_4, x_5, x_6) = (5, 9, 2, 28, 0, 17)$.
Außer diesem Mengenvektor gibt es auch einen Preisvektor für die Preise der Güter:
$\mathbf{p}' = (p_1, p_2, p_3, p_4, p_5, p_6) = (80, 50, 90, 10, 200, 70)$.
In beiden Fällen können auch Spaltenvektoren verwendet werden.

Ein spezieller Sonderfall von Matrizen ist die 1×1-Matrix. Es ergibt sich dafür eine reelle Zahl, die im Rahmen der Matrizenrechnung auch als **Skalar** bezeichnet wird.

Das folgende Beispiel zeigt eine wirtschaftswissenschaftliche Anwendung von Matrizen, und zwar aus der Input-Output-Analyse.

B 17.1.7 *Es wird eine Volkswirtschaft mit nur drei Industriezweigen betrachtet. In jedem Industriezweig werden eigene Produkte und Produkte aus den anderen Industriezweigen im Produktionsprozeß als Input eingesetzt. Alle End-Produkte (Output), die nicht wieder für die Produktion verwendet werden, gehen an Endnachfrager bzw. Konsumenten (Staat, private Haushalte, Export).*
Werden Input und Output als Wertgrößen aufgefaßt, dann können die Beziehungen zwischen Input und Output in einer sogenannten Input-Output-Matrix zusammengestellt werden:

		Industriezweig A	Industriezweig B	Industriezweig C	Endnachfrage	Gesamtoutput
Industriezweig	A	1	2	1	4	8
	B	3	1	0	2	6
	C	1	2	1	3	7

Die Elemente der Matrix geben den Output an, der von dem zu der betreffenden Zeile gehörenden Industriezweig zu dem der jeweilige Spalte zugehörigen Industriezweig bzw. der Endnachfrage geht. Den Spaltenvektor für den Gesamtoutput erhält man durch Summation aller in einer Zeile stehenden Elemente. Dividiert man unter Vernachlässigung der Endnachfrage die Elemente jeder Spalte der Matrix durch den zu der betreffenden Spalte gehörenden gesamten Output, also die Elemente der 1. Spalte durch 8, die der 2. Spalte durch 6 und die der 3. Spalte durch 7, so erhält man folgende Matrix:

$$\begin{array}{c} \\ A \\ B \\ C \end{array} \begin{array}{c} \begin{array}{ccc} A & B & C \end{array} \\ \begin{pmatrix} \frac{1}{8} & \frac{1}{3} & \frac{1}{7} \\ \frac{3}{8} & \frac{1}{6} & 0 \\ \frac{1}{8} & \frac{1}{3} & \frac{1}{7} \end{pmatrix} \end{array}$$

Die Elemente dieser Matrix geben an, welchen Anteil seines Outputs der zu der betreffenden Spalte gehörende Industriezweig von dem zu der Zeile gehörenden Industriezweig erhält. Die Zahl $\frac{1}{3}$ in der 2. Spalte der 1. Zeile besagt also, daß Industriezweig B ein Drittel seines gesamten Outputs von Industriezweig A als Input empfängt.

Aufgaben

Ü 17.1.1 *Gegeben ist die Matrix:*

$$\mathbf{A} = (a_{ij}) = \begin{pmatrix} 3 & 4 & -1 & 9 & -6 \\ -2 & 5 & 2 & -8 & 5 \\ -1 & -3 & -3 & 7 & -8 \\ 2 & 5 & 2 & 8 & -5 \\ 3 & -4 & 1 & -9 & 6 \end{pmatrix}$$

a) *Wie lauten die Elemente* $a_{15}, a_{34}, a_{43}, a_{52}, a_{41}$*?*

b) *Bestimmen Sie* $\sum\limits_{i=1}^{5} a_{i2}$ *und* $\sum\limits_{j=1}^{5} a_{2j}$.

Ü 17.1.2 *Die Matrix* $\mathbf{B}_{mn} = (b_{ij})$ *sei folgendermaßen definiert:* $b_{ij} = i + j - 1$ *für* $i = 1, \ldots, m$ *und* $j = 1, \ldots, n$.

a) *Schreiben Sie die Matrix* $\mathbf{B}_{34}$ *auf.*

b) *Bestimmen Sie* $\sum\limits_{i=1}^{3} b_{ij}$ *für* $j = 1, \ldots, 4$.

c) *Bestimmen Sie* $\sum\limits_{i=1}^{3} \sum\limits_{j=1}^{4} b_{ij}$.

17.2 Grundbegriffe zu Matrizen und Vektoren

In diesem Abschnitt werden die grundlegende Begriffe und Zusammenhänge für Matrizen behandelt. Soweit keine besonderen Definitionen angegeben sind, gelten sie auch für Vektoren als Sonderfälle von Matrizen.

D 17.2.1 **Gleichheit von Matrizen**
Zwei $m \times n$-Matrizen $\mathbf{A} = (a_{ij})$ und $\mathbf{B} = (b_{ij})$ heißen einander **gleich**, also $\mathbf{A} = \mathbf{B}$, wenn $a_{ij} = b_{ij}$ für alle $i = 1, \ldots, m$ und $j = 1, \ldots, n$.

Die Gleichheit ist also nur für Matrizen gleicher Ordnung definiert.

D 17.2.2

Matrizenungleichung
Gegeben seien zwei $m \times n$-Matrizen $\mathbf{A} = (a_{ij})$ und $\mathbf{B} = (b_{ij})$. Gilt $a_{ij} < b_{ij}$ für $i = 1, \ldots, m$ und $j = 1, \ldots, n$, also für alle Elemente der Matrix, so schreibt man $\mathbf{A} < \mathbf{B}$. Wird für einzelne Elemente auch $a_{ij} = b_{ij}$ zugelassen, so schreibt man $\mathbf{A} \leq \mathbf{B}$.

D 17.2.3

Nullmatrix und Nullvektor
Eine Matrix, deren sämtliche Elemente Null sind, heißt **Nullmatrix** und wird mit **0** bezeichnet. Ein Vektor, bei dem alle Elemente Null sind, heißt **Nullvektor**.

D 17.2.4

Quadratische Matrix
Gilt bei einer $m \times n$-Matrix $m = n$, d.h. stimmen Zeilenzahl und Spaltenzahl überein, so hat man eine **quadratische Matrix n-ter Ordnung**.

In einer quadratischen Matrix bilden die Elemente a_{11}, a_{22}, a_{33} usw. die **Hauptdiagonale**. Die Elemente a_{ij} mit $i+j = n+1$ bilden die **Nebendiagonale**. Beide sind in der nebenstehenden Matrix hervorgehoben.

$$\begin{pmatrix} \mathbf{a}_{11} & a_{12} & a_{13} & a_{14} & \mathbf{a}_{15} \\ a_{21} & \mathbf{a}_{22} & a_{23} & \mathbf{a}_{24} & a_{25} \\ a_{31} & a_{32} & \mathbf{a}_{33} & a_{34} & a_{35} \\ a_{41} & \mathbf{a}_{42} & a_{43} & \mathbf{a}_{44} & a_{45} \\ \mathbf{a}_{51} & a_{52} & a_{53} & a_{54} & \mathbf{a}_{55} \end{pmatrix}$$

D 17.2.5

Dreiecksmatrix
Eine quadratische Matrix, bei der sämtliche Elemente auf einer Seite der Hauptdiagonalen gleich Null sind, heißt **Dreiecksmatrix**. Man unterscheidet:
obere Dreiecksmatrix und **untere Dreiecksmatrix**

$$\begin{pmatrix} a_{11} & a_{12} & a_{13} & \ldots & a_{1,n-1} & a_{1n} \\ 0 & a_{22} & a_{23} & \ldots & a_{2,n-1} & a_{2n} \\ 0 & 0 & a_{33} & \ldots & a_{3,n-1} & a_{3n} \\ \ldots & & & \ldots & & \\ 0 & 0 & 0 & \ldots & 0 & a_{nn} \end{pmatrix} \begin{pmatrix} a_{11} & 0 & 0 & \ldots & 0 & 0 \\ a_{21} & a_{22} & 0 & \ldots & 0 & 0 \\ a_{31} & a_{32} & a_{33} & \ldots & 0 & 0 \\ \ldots & & & \ldots & & \\ a_{n1} & a_{n2} & a_{n3} & \ldots & a_{n,n-1} & a_{nn} \end{pmatrix}$$

Bei der oberen bzw. unteren Dreiecksmatrix können oberhalb bzw. unterhalb der Hauptdiagonalen durchaus Elemente den Wert Null annehmen. Entscheidend ist, daß unter bzw. über der Hauptdiagonalen alle Elemente gleich Null sind.

D 17.2.6

Diagonalmatrix
Eine quadratische Matrix n-ter Ordnung heißt **Diagonalmatrix** n-ter Ordnung, wenn alle Elemente, die nicht auf der Hauptdiagonalen liegen, gleich Null sind.

Eine Diagonalmatrix, bei der alle Elemente auf der Hauptdiagonalen gleich sind, heißt auch **skalare Matrix**.

D 17.2.7

Einheitsmatrix
Eine Diagonalmatrix n-ter Ordnung, deren Diagonalelemente alle gleich 1 sind, heißt **Einheitsmatrix** n-ter Ordnung und wird mit **E** bezeichnet.

Diagonalmatrix

$$\begin{pmatrix} a_{11} & 0 & 0 & \dots & 0 \\ 0 & a_{22} & 0 & \dots & 0 \\ 0 & 0 & a_{33} & \dots & 0 \\ \dots & & & \dots & \\ 0 & 0 & 0 & \dots & a_{nn} \end{pmatrix}$$

Einheitsmatrix

$$\begin{pmatrix} 1 & 0 & 0 & \dots & 0 \\ 0 & 1 & 0 & \dots & 0 \\ 0 & 0 & 1 & \dots & 0 \\ \dots & & & \dots & \\ 0 & 0 & 0 & \dots & 1 \end{pmatrix}$$

D 17.2.8

Einheitsvektor
Ein Vektor, dessen i-te Komponente „1“ ist und der sonst nur „0“ enthält, heißt **i-ter Einheitsvektor** und wird mit $\mathbf{e}_i$ bezeichnet.

Einheitsvektoren sind also von folgender Gestalt: $(0, 0, \dots, 0, 1, 0, \dots, 0)$ und entsprechend als Spaltenvektor.

D 17.2.9

Transponierte Matrix
Gegeben sei eine $m \times n$-Matrix $\mathbf{A} = (a_{ij})$. Die $n \times m$-Matrix $\mathbf{B} = (b_{ji})$ mit $b_{ji} = a_{ij}$ für $j = 1, \dots, n$; $i = 1, \dots, m$ heißt **transponierte Matrix** zu **A** (oder kurz **Transponierte** zu **A**) und wird mit $\mathbf{A}'$ (manchmal auch mit $\mathbf{A}^T$) bezeichnet.

Die Transponierte $\mathbf{A}'$ der Matrix **A** erhält man also, indem man die Zeilen von **A** als Spalten von $\mathbf{A}'$ und damit die Spalten von **A** als Zeilen von $\mathbf{A}'$ schreibt.

B 17.2.10

$$\mathbf{A} = \begin{pmatrix} 3 & 2 \\ 4 & 0 \\ 1 & 6 \end{pmatrix}; \quad \mathbf{A}' = \begin{pmatrix} 3 & 4 & 1 \\ 2 & 0 & 6 \end{pmatrix}.$$

Als Transponierte eines Spaltenvektors ergibt sich ein Zeilenvektor und als Transponierte eines Zeilenvektors ein Spaltenvektor.

D 17.2.11 **Symmetrische Matrix**
Gilt für eine quadratische Matrix $\mathbf{A} = \mathbf{A}'$, dann heißt die Matrix **symmetrisch**.

Die Symmetrie ist also nur für quadratische Matrizen definiert und meint immer Symmetrie bezüglich der Hauptdiagonalen.

B 17.2.12 *Die folgende Matrix* **A** *ist symmetrisch.*

$$\mathbf{A} = \begin{pmatrix} 1 & 7 & 2 \\ 7 & 3 & 8 \\ 2 & 8 & 5 \end{pmatrix}; \quad \mathbf{A}' = \begin{pmatrix} 1 & 7 & 2 \\ 7 & 3 & 8 \\ 2 & 8 & 5 \end{pmatrix}.$$

Die Zeilen und Spalten einer Matrix können als Vektoren aufgefaßt werden. Eine Matrix selbst kann man sich dann als aus Zeilenvektoren oder Spaltenvektoren zusammengesetzt vorstellen.

D 17.2.13 **Teilmatrix**
Eine Matrix $\mathbf{A}^*$, die man durch Streichen von Zeilen und/oder Spalten aus einer Matrix **A** erhält, heißt **Teilmatrix** von **A**.

B 17.2.14

Zu $\mathbf{A} = \begin{pmatrix} 3 & 4 & -2 & -1 & 13 \\ 4 & 12 & 3 & 0 & 11 \\ 6 & 9 & 5 & 0 & 2 \\ 8 & 16 & 2 & 8 & 4 \\ 7 & 1 & 2 & -9 & 15 \end{pmatrix}$ *sind* $\mathbf{A}_1^* = \begin{pmatrix} 3 & 4 & -1 & 13 \\ 4 & 12 & 0 & 11 \\ 6 & 9 & 0 & 2 \\ 7 & 1 & -9 & 15 \end{pmatrix}$ *und*

$\mathbf{A}_2^* = \begin{pmatrix} 4 & 12 & 11 \\ 8 & 16 & 4 \\ 7 & 1 & 15 \end{pmatrix}$ *Teilmatrizen. Bei* $\mathbf{A}_1^*$ *sind* 4. *Zeile und* 3. *Spalte gestrichen, bei* $\mathbf{A}_2^*$ *wurden* 1. *und* 3. *Zeile, sowie* 3. *und* 4. *Spalte gestrichen.*

Aufgaben

Ü 17.2.1 *Bestimmen Sie die Transponierten zu:*

$$\mathbf{A} = \begin{pmatrix} 3 & 2 & 8 \\ 4 & 1 & -7 \end{pmatrix}; \ \mathbf{B} = \begin{pmatrix} 5 & 17 & -2 & 29 \\ 6 & 12 & 3 & 18 \\ 2 & -9 & 14 & 32 \end{pmatrix}; \ \mathbf{C} = \begin{pmatrix} 12 & 8 & 16 \\ -7 & 9 & 7 \\ 34 & 2 & -3 \end{pmatrix}.$$

Ü 17.2.2 *Welche der folgenden Matrizen sind symmetrisch?*

$$\mathbf{A} = \begin{pmatrix} 3 & 4 & 1 & 9 & 6 \\ 2 & 5 & 2 & 8 & 5 \\ 2 & 3 & 3 & 7 & 8 \\ 2 & 5 & 2 & 8 & 5 \\ 3 & 4 & 1 & 9 & 6 \end{pmatrix}; \mathbf{B} = \begin{pmatrix} 9 & 6 & 3 & 6 & 9 \\ 8 & 4 & 2 & 4 & 8 \\ 7 & 6 & 5 & 6 & 7 \\ 3 & 4 & 9 & 4 & 3 \\ 1 & 2 & 1 & 2 & 1 \end{pmatrix}; \mathbf{C} = \begin{pmatrix} 9 & 6 & 5 & 2 & 1 \\ 6 & 7 & 4 & 3 & 3 \\ 5 & 4 & 2 & 1 & 4 \\ 2 & 3 & 1 & 1 & 8 \\ 1 & 3 & 4 & 8 & 2 \end{pmatrix}.$$

Ü 17.2.3 *Die Matrizen* **A** *und* **B** *sind zu symmetrischen Matrizen zu vervollständigen.*

$$\mathbf{A} = \begin{pmatrix} 1 & 5 & -1 & 4 & 9 \\ . & 2 & 2 & 0 & 8 \\ . & . & 6 & 1 & 7 \\ . & . & . & 0 & 7 \\ . & . & . & . & 3 \end{pmatrix}; \mathbf{B} = \begin{pmatrix} 5 & 1 & 3 & 2 \\ 1 & 2 & 0 & . \\ 3 & 0 & . & . \\ 2 & . & . & . \end{pmatrix}.$$

17.3 Addition von Matrizen

Für Matrizen sind verschiedene Rechenoperationen definiert, von denen hier zunächst die Addition behandelt wird. Dazu wird zuerst ein Beispiel betrachtet.

B 17.3.1 *Ein Betrieb produziert die drei Güter I, II und III und liefert diese an die Händler A, B, C und D. Im ersten bzw. zweiten Halbjahr eines Jahres wurden dabei folgende Mengen abgegeben:*

1. Halbjahr

	A	B	C	D
I	12	8	0	20
II	7	5	20	10
III	14	4	6	15

2. Halbjahr

	A	B	C	D
I	13	12	5	10
II	13	7	8	20
III	12	8	7	15

Die von den verschiedenen Produkten an die Händler in dem Jahr insgesamt abgegebenen Mengen erhält man, indem die jeweils an gleicher Stelle stehenden Elemente addiert werden, also:

Gesamtabsatz

	A	B	C	D
I	$12+13=25$	$8+12=20$	$0+5=5$	$20+10=30$
II	$7+13=20$	$5+7=12$	$20+8=28$	$10+20=30$
III	$14+12=26$	$4+8=12$	$6+7=13$	$15+15=30$

Stellt man die Mengenabgaben für das 1. Halbjahr und das 2. Halbjahr als Matrizen dar, dann entspricht die Bestimmung der Gesamtmenge für das Jahr der Matrizenaddition:

$$\begin{pmatrix} 12 & 8 & 0 & 20 \\ 7 & 5 & 20 & 10 \\ 14 & 4 & 6 & 15 \end{pmatrix} + \begin{pmatrix} 13 & 12 & 5 & 10 \\ 13 & 7 & 8 & 20 \\ 12 & 8 & 7 & 15 \end{pmatrix} =$$

$$\begin{pmatrix} 12+13 & 8+12 & 0+5 & 20+10 \\ 7+13 & 5+7 & 20+8 & 10+20 \\ 14+12 & 4+8 & 6+7 & 15+15 \end{pmatrix} = \begin{pmatrix} 25 & 20 & 5 & 30 \\ 20 & 12 & 28 & 30 \\ 26 & 12 & 13 & 30 \end{pmatrix}.$$

R 17.3.2

> **Addition von Matrizen**
> Zwei **Matrizen gleicher Ordnung** $\mathbf{A} = (a_{ij})$ und $\mathbf{B} = (b_{ij})$ werden addiert bzw. subtrahiert, indem man die in den Matrizen an gleicher Stelle stehenden Elemente addiert bzw. subtrahiert:
> $(a_{ij}) + (b_{ij}) = (a_{ij} + b_{ij})$ bzw. $(a_{ij}) - (b_{ij}) = (a_{ij} - b_{ij})$.

Eine Addition zweier Matrizen ist nur möglich, wenn beide Matrizen die gleiche Anzahl von Zeilen und die gleiche Anzahl von Spalten haben, also von gleicher Ordnung sind.

B 17.3.3 a) $\begin{pmatrix} 1 & 2 \\ 3 & 4 \end{pmatrix} + \begin{pmatrix} 5 & 6 \\ 7 & 8 \end{pmatrix} = \begin{pmatrix} 1+5 & 2+6 \\ 3+7 & 4+8 \end{pmatrix} = \begin{pmatrix} 6 & 8 \\ 10 & 12 \end{pmatrix}.$

b) *Für* B 17.3.1 *ergibt sich*

$$\begin{pmatrix} 12 & 8 & 0 & 20 \\ 7 & 5 & 20 & 10 \\ 14 & 4 & 6 & 15 \end{pmatrix} + \begin{pmatrix} 13 & 12 & 5 & 10 \\ 13 & 7 & 8 & 20 \\ 12 & 8 & 7 & 15 \end{pmatrix} = \begin{pmatrix} 25 & 20 & 5 & 30 \\ 20 & 12 & 28 & 30 \\ 26 & 12 & 13 & 30 \end{pmatrix}.$$

c)
$$\begin{pmatrix} 3 & 6 & -2 \\ 11 & 12 & 18 \\ -2 & 8 & 0 \end{pmatrix} - \begin{pmatrix} 2 & 4 & 3 \\ 10 & -2 & 11 \\ -5 & 4 & -2 \end{pmatrix} = \begin{pmatrix} 1 & 2 & -5 \\ 1 & 14 & 7 \\ 3 & 4 & 2 \end{pmatrix}.$$

Auch Vektoren können nach R 17.3.2 addiert bzw. subtrahiert werden.

B 17.3.4 a)
$$\begin{pmatrix} a_1 \\ a_2 \\ \dots \\ a_m \end{pmatrix} + \begin{pmatrix} b_1 \\ b_2 \\ \dots \\ b_m \end{pmatrix} = \begin{pmatrix} a_1 + b_1 \\ a_2 + b_2 \\ \dots \quad \dots \\ a_m + b_m \end{pmatrix};$$

b) $(a_1, a_2, \dots, a_n) + (b_1, b_2, \dots, b_n) = (a_1 + b_1, a_2 + b_2, \dots, a_n + b_n)$.

Ist $\mathbf{A}$ eine beliebige Matrix und $\mathbf{0}$ eine Nullmatrix gleicher Ordnung, so gilt $\mathbf{A}+\mathbf{0}=\mathbf{A}$ und $\mathbf{A}-\mathbf{0}=\mathbf{A}$.

R 17.3.5 **Additionsgesetze für Matrizen**
Gegeben seien Matrizen gleicher Ordnung **A**, **B**, **C**. Dann gelten:
Kommutativgesetz: $\mathbf{A}+\mathbf{B}=\mathbf{B}+\mathbf{A}$.
Assoziativgesetz: $(\mathbf{A}+\mathbf{B})+\mathbf{C}=\mathbf{A}+(\mathbf{B}+\mathbf{C})$.
Monotoniegesetze:
Aus $\mathbf{A}=\mathbf{B}$ folgt $\mathbf{A}+\mathbf{C}=\mathbf{B}+\mathbf{C}$ und
aus $\mathbf{A}\leq\mathbf{B}$ folgt $\mathbf{A}+\mathbf{C}\leq\mathbf{B}+\mathbf{C}$.

Die Monotoniegesetze besagen, daß Matrizengleichungen oder -ungleichungen erhalten bleiben, wenn auf beiden Seiten der Gleichung bzw. Ungleichung die gleiche Matrix addiert bzw. subtrahiert wird.

Aufgaben

Ü 17.3.1 *Gegeben seien die Matrizen:*

$$\mathbf{A}=\begin{pmatrix}3&4&5&6\\7&2&0&1\\4&9&3&8\end{pmatrix};\ \mathbf{B}=\begin{pmatrix}1&3&5&4\\7&2&2&8\\6&1&9&3\end{pmatrix};\ \mathbf{C}=\begin{pmatrix}4&7&6\\3&0&1\\2&4&9\end{pmatrix}.$$

Berechnen Sie: **a)** $\mathbf{A}+\mathbf{B}$; **b)** $\mathbf{A}-\mathbf{B}$; **c)** $\mathbf{B}-\mathbf{A}$; **d)** $\mathbf{A}+\mathbf{C}$.

Ü 17.3.2 *Gegeben seien die Matrizen:*

$$\mathbf{A}=\begin{pmatrix}1&2\\3&4\\5&6\end{pmatrix}\ \textit{und}\ \mathbf{B}=\begin{pmatrix}-3&-2\\1&-5\\4&3\end{pmatrix}.$$

Bestimmen Sie die Matrix **C** *so, daß gilt*: $\mathbf{A}+\mathbf{B}-\mathbf{C}=\mathbf{0}$, *wobei* **0** *die Nullmatrix bezeichnet.*

Ü 17.3.3 *Gegeben seien die Vektoren:*
$\mathbf{a}'=(5,4,-3)$; $\mathbf{b}'=(1,1,0)$; $\mathbf{c}=\begin{pmatrix}4\\3\\-3\end{pmatrix}$; $\mathbf{d}=\begin{pmatrix}-2\\1\\0\\1\end{pmatrix}$. *Bestimmen Sie*: $\mathbf{a}+\mathbf{b}$, $\mathbf{a}-\mathbf{b}-\mathbf{c}$, $\mathbf{a}'+\mathbf{b}'$, $\mathbf{a}'+\mathbf{c}$, $\mathbf{b}+\mathbf{d}$, $\mathbf{b}'+\mathbf{c}'-\mathbf{d}'$, $\mathbf{a}'+\mathbf{b}'+\mathbf{c}'$.

Ü 17.3.4 *Eine Unternehmung besitzt drei Teilelager, in denen jeweils drei Artikel lagern. Die in zwei aufeinanderfolgenden Monaten verbrauchten Mengen sind in den folgenden Tabellen wiedergegeben:*

1. Monat

		Teilelager 1	2	3
Artikel	1	3	5	4
	2	2	6	1
	3	0	3	4

2. Monat

		Teilelager 1	2	3
Artikel	1	2	1	0
	2	3	2	1
	3	2	1	4

Schreiben Sie die verbrauchten Mengen als Matrizen und bestimmen Sie den Gesamtverbrauch in den beiden Monaten je Artikel und je Teilelager.

17.4 Multiplikation einer Matrix mit einem Skalar

Matrizen können mit einer reellen Zahl bzw. einem Skalar multipliziert werden. Dazu wird zunächst ein Beispiel betrachtet.

B 17.4.1 *Die Außenhandelsbeziehungen zwischen den Ländern A, B, C sind durch die folgende Matrix gegeben (Exporte in den Zeilen, Importe in den Spalten).*

$$\begin{array}{c} \\ A \\ B \\ C \end{array} \begin{array}{c} \begin{array}{ccc} A & B & C \end{array} \\ \begin{pmatrix} 0 & 12 & 8 \\ 6 & 0 & 4 \\ 10 & 2 & 0 \end{pmatrix} \end{array}$$

Die Zahlen geben den Wert in US\$ an. Will man die Werte in DM haben, und rechnet man für 1\$ *als Wechselkurs DM* 1,80, *so erhält man die DM-Werte, indem man jedes Element der Matrix mit* 1,8 *multipliziert.*

$$\begin{array}{c} \\ A \\ B \\ C \end{array} \begin{array}{c} \begin{array}{ccc} A & B & C \end{array} \\ \begin{pmatrix} 1{,}8 \cdot 0 & 1{,}8 \cdot 12 & 1{,}8 \cdot 8 \\ 1{,}8 \cdot 6 & 1{,}8 \cdot 0 & 1{,}8 \cdot 4 \\ 1{,}8 \cdot 10 & 1{,}8 \cdot 2 & 1{,}8 \cdot 0 \end{pmatrix} \end{array} \quad \textit{bzw.} \quad \begin{array}{c} \\ A \\ B \\ C \end{array} \begin{array}{c} \begin{array}{ccc} A & B & C \end{array} \\ \begin{pmatrix} 0 & 21{,}6 & 14{,}4 \\ 10{,}8 & 0 & 7{,}2 \\ 18 & 3{,}6 & 0 \end{pmatrix} \end{array} .$$

In dem Beispiel wird jedes Element der Matrix mit der gleichen Zahl multipliziert. Zur Vereinfachung sagt man auch „die Matrix wird mit der Zahl multipliziert“ und definiert:

D 17.4.2

Multiplikation einer Matrix mit einem Skalar
Eine Matrix $\mathbf{A} = (a_{ij})$ wird mit einer Zahl c (einem Skalar) multipliziert, indem man jedes Element der Matrix mit dieser Zahl multipliziert:
$c\,(a_{ij}) = (ca_{ij})$.

B 17.4.3

$$4 \cdot \begin{pmatrix} 3 & 0 & 8 \\ -2 & 5 & 9 \\ 1 & -6 & 2 \end{pmatrix} = \begin{pmatrix} 4 \cdot 3 & 4 \cdot 0 & 4 \cdot 8 \\ 4 \cdot (-2) & 4 \cdot 5 & 4 \cdot 9 \\ 4 \cdot 1 & 4 \cdot (-6) & 4 \cdot 2 \end{pmatrix} = \begin{pmatrix} 12 & 0 & 32 \\ -8 & 20 & 36 \\ 4 & -24 & 8 \end{pmatrix} .$$

R 17.4.4

Gesetze für die Multiplikation einer Matrix mit einem Skalar
Gegeben seien Matrizen gleicher Ordnung $\mathbf{A}$ und $\mathbf{B}$ und die Skalare c und d. Dann gelten:
Kommutativgesetz: $c\mathbf{A}=\mathbf{A}c$,
Assoziativgesetz: $(c \cdot d)\mathbf{A}= c(d\mathbf{A})$,
Distributivgesetze: $c(\mathbf{A}+\mathbf{B}) = c\mathbf{A}+c\mathbf{B}$
$(c+d)\mathbf{A} = c\mathbf{A}+d\mathbf{A}$.
Monotoniegesetze:
Aus $\mathbf{A}=\mathbf{B}$ folgt $c\mathbf{A}=c\mathbf{B}$,
aus $\mathbf{A} \leq \mathbf{B}$ folgt $c\mathbf{A} \leq c\mathbf{B}$ falls $c>0$,
aus $\mathbf{A} \lesseqgtr \mathbf{B}$ folgt $c\mathbf{A} \gtreqless c\mathbf{B}$ falls $c<0$.

Aufgaben

Ü 17.4.1 *Gegeben seien die Matrizen:*

$$\mathbf{A}=\begin{pmatrix} 4 & 2 \\ 1 & 0 \end{pmatrix}; \quad \mathbf{B}=\begin{pmatrix} 1 & 1 \\ 1 & 1 \end{pmatrix}; \quad \mathbf{C}=\begin{pmatrix} -2 & -1 \\ -3 & -2 \end{pmatrix}$$

Bestimmen Sie: **a)** $5\mathbf{A}$; **b)** $(-2)\mathbf{B}$; **c)** $3\mathbf{A}-2\mathbf{B}+\mathbf{C}$; **d)** $\mathbf{A}-10\mathbf{B}-3\mathbf{C}$.

Ü 17.4.2 *Gegeben seien die Vektoren:*

$$\mathbf{a}=\begin{pmatrix} 5 \\ 4 \\ -3 \end{pmatrix}; \quad \mathbf{b}=\begin{pmatrix} 1 \\ 1 \\ 0 \end{pmatrix}; \quad \mathbf{c}=\begin{pmatrix} 1 \\ 0 \\ -3 \end{pmatrix}.$$

Bestimmen Sie die Werte für λ *und* ν *so, daß gilt:*

$$\mathbf{a}+\lambda\mathbf{b}+\nu\mathbf{c}=\begin{pmatrix} 0 \\ 0 \\ 0 \end{pmatrix}.$$

Ü 17.4.3 *Bestimmen Sie* a, b, c *und* d *so, daß gilt:*

$$3 \cdot \begin{pmatrix} a & b \\ c & d \end{pmatrix} = \begin{pmatrix} a & 6 \\ -1 & 2d \end{pmatrix} + \begin{pmatrix} 4 & a+b \\ c+d & 3 \end{pmatrix}.$$

17.5 Skalares Produkt von Vektoren

Zur Einführung des skalaren Produktes von Vektoren sei folgendes Beispiel betrachtet:

B 17.5.1 *Ein Möbelhändler verkauft an einem Vormittag* $x_1 = 6$ *Stühle zu einem Preis von* $p_1 = 50DM/Stück$*,* $x_2 = 3$ *Tische zu einem Preis von* $p_2 = 120DM/Stück$ *und* $x_3 = 10$ *Sessel zu einem Preis von*

$p_3 = 180 DM/Stück$. Schreibt man die verkauften Mengen als Zeilenvektor und die Preise als Spaltenvektor, so erhält man:

$$\mathbf{x}' = (x_1, x_2, x_3) = (6, 3, 10) \quad \textit{und} \quad \mathbf{p} = \begin{pmatrix} p_1 \\ p_2 \\ p_3 \end{pmatrix} = \begin{pmatrix} 50 \\ 120 \\ 180 \end{pmatrix}.$$

Der von dem Möbelhändler an diesem Vormittag getätigte Umsatz errechnet sich nun wie folgt:

$$U = x_1p_1 + x_2p_2 + x_3p_3 = 6 \cdot 50 + 3 \cdot 120 + 10 \cdot 180$$
$$= 300 + 360 + 1.800 = 2.460 \; DM.$$

Es werden also, wenn man von den beiden Vektoren ausgeht, die beiden ersten Elemente, die beiden zweiten Elemente und die beiden dritten Elemente der Vektoren miteinander multipliziert. Die Produkte werden dann addiert. In dieser Weise ist das skalare Produkt eines Zeilenvektors mit einem Spaltenvektor definiert:

$$\mathbf{x}'\mathbf{p} = (x_1, x_2, x_3) \begin{pmatrix} p_1 \\ p_2 \\ p_3 \end{pmatrix} = x_1p_1 + x_2p_2 + x_3p_3.$$

D 17.5.2

Skalares Produkt von Vektoren

Gegeben seien ein Zeilenvektor $\mathbf{a}' = (a_1, a_2, \ldots, a_n)$ und ein Spaltenvektor $\mathbf{b} = \begin{pmatrix} b_1 \\ \vdots \\ b_n \end{pmatrix}$, die beide die gleiche Ordnung haben. Unter dem **skalaren** oder **inneren Produkt** der beiden Vektoren versteht man den Skalar

$$\mathbf{a}'\mathbf{b} = (a_1, a_2, \ldots, a_n) \begin{pmatrix} b_1 \\ \vdots \\ b_n \end{pmatrix} = a_1b_1 + a_2b_2 + \ldots + a_nb_n$$
$$= \sum_{i=1}^{n} a_ib_i.$$

D 17.5.2 besagt folgendes: Ein Zeilenvektor und ein Spaltenvektor gleicher Ordnung werden miteinander multipliziert, indem man die an der gleichen Stelle stehenden Elemente, also die ersten, die zweiten, die dritten usw. Elemente, miteinander multipliziert und diese Produkte dann addiert.

B 17.5.3

a) $(1, 5, -2) \begin{pmatrix} 3 \\ 8 \\ 2 \end{pmatrix} = 1 \cdot 3 + 5 \cdot 8 - 2 \cdot 2 = 3 + 40 - 4 = 39;$

b) $(1,3,0,-4,6)\begin{pmatrix}4\\0\\2\\2\\1\end{pmatrix} = 4+0+0-8+6=2.$

Das skalare oder innere Produkt ist nur definiert, wenn beide Vektoren von der gleichen Ordnung sind, also die gleiche Anzahl von Elementen aufweisen. Der Zeilenvektor muß an erster Stelle stehen und der Spaltenvektor an der zweiten Stelle. Multipliziert man einen Spaltenvektor mit einem Zeilenvektor, so ist das Ergebnis eine Matrix (vgl. nächsten Abschnitt).

Sind sämtliche Elemente eines Vektors „1“, so ergibt das skalare Produkt die Summe der Elemente des anderen Vektors.

B 17.5.4

a) $(3,8,0,-4,6)\begin{pmatrix}1\\1\\1\\1\\1\end{pmatrix} = 3+8+0-4+6=13;$

b) $(1,1,1,1)\begin{pmatrix}4\\-9\\6\\0\end{pmatrix} = 4-9+6+0=1.$

Ein Vektor, dessen sämtliche Elemente „1“ sind, wird deshalb auch als **summierender Vektor** bezeichnet.

Ist im skalaren Produkt ein Vektor ein Einheitsvektor i-ter Ordnung (vgl. D 17.2.7), dann ergibt das Produkt das i-te Element des anderen Vektors. Für $\mathbf{a}' = (a_1, a_2, \ldots, a_i, \ldots, a_n)$ gilt also: $\mathbf{a}'\mathbf{e}_i = \mathbf{e}_i'\mathbf{a} = a_i$.

R 17.5.5

Gesetze für skalare Vektorprodukte

Gegeben seien Vektoren gleicher Ordnung $\mathbf{a}$, $\mathbf{b}$, $\mathbf{c}$. Dann gelten:

Kommutativgesetz: $\mathbf{a}'\mathbf{b} = \mathbf{b}'\mathbf{a}$

Distributivgesetz: $(\mathbf{a}' + \mathbf{b}')\mathbf{c} = \mathbf{a}'\mathbf{c} + \mathbf{b}'\mathbf{c}$.

Monotoniegesetze:

Aus $\mathbf{a}' = \mathbf{b}'$ folgt $\mathbf{a}'\mathbf{c} = \mathbf{b}'\mathbf{c}$, $\mathbf{c}$ beliebig;

aus $\mathbf{a}' \leq \mathbf{b}'$ folgt $\mathbf{a}'\mathbf{c} \leq \mathbf{b}'\mathbf{c}$ falls $\mathbf{c} > 0$;

aus $\mathbf{a}' \leq \mathbf{b}'\mathbf{c}$ folgt $\mathbf{a}' \geq \mathbf{b}'\mathbf{c}$ falls $\mathbf{c} < 0$.

Gilt bei den beiden letzten Gesetzen nicht $\mathbf{c} > 0$ bzw. $\mathbf{c} < 0$, sondern kann $\mathbf{c}$ positive **und** negative Elemente enthalten, dann läßt sich kein allgemeines Monotoniegesetz formulieren.

Aufgaben

Ü 17.5.1 *Gegeben sind die Vektoren:*

$$\mathbf{a} = \begin{pmatrix} 1 \\ 2 \\ 1 \end{pmatrix}; \ \mathbf{b} = \begin{pmatrix} -1 \\ 0 \\ 1 \end{pmatrix}; \ \mathbf{c} = \begin{pmatrix} 2 \\ -1 \\ 0 \end{pmatrix}; \ \mathbf{d}' = (1, -2, 1, 0).$$

Bestimmen Sie: $\mathbf{a}'\mathbf{b}$; $\mathbf{b}'\mathbf{c}$; $\mathbf{c}'\mathbf{d}$; $\mathbf{c}'\mathbf{b}$; $\mathbf{c}'\mathbf{a}$; $\mathbf{ac}$.

Ü 17.5.2 *Gegeben sind* $\mathbf{a}' = (3, 4, -6, 8)$, $\mathbf{e}_3' = (0, 0, 1, 0)$ *und* $\mathbf{s}' = (1, 1, 1, 1)$. *Bestimmen Sie* $\mathbf{a}'\mathbf{e}_3$, $\mathbf{e}_3'\mathbf{a}$, $\mathbf{a}'\mathbf{s}$ *und* $\mathbf{s}'\mathbf{a}$.

Ü 17.5.3 *In einem Monat verkauft ein Unternehmen von 4 Produkten die Mengen x_1, x_2, x_3, x_4 zu den Preisen p_1, p_2, p_3, p_4. Mengen und Preise können zu Vektoren* $\mathbf{x}$ *bzw.* $\mathbf{p}$ *zusammengefaßt werden.*
a) *Der Erlös E soll mindestens E^* betragen. Schreiben Sie diese Bedingung mit dem skalaren Produkt von Preis- und Mengenvektor.*
b) *Die Gesamtmenge aller Produkte soll mindestens 1.000 Stück betragen. Schreiben Sie diese Bedingung unter Verwendung von Vektoren.*

17.6 Multiplikation von Matrizen

Für Matrizen ist ebenfalls eine Multiplikation definiert. Dazu wird folgendes Beispiel betrachtet:

B 17.6.1 *In einem Chemiewerk werden die Rohstoffe Steinkohle und Braunkohle durch Hydrierung zu Halbprodukten verarbeitet, und zwar zu leichtflüssigen und gasförmigen Kohlenwasserstoffen. Dafür erhält man die folgenden Input-Output-Beziehungen, wobei die Zahlen jeweils angeben, wieviel Tonnen der Kohlenwasserstoffe man aus einer Tonne Kohle erhält.*

Halbprodukte / Rohstoffe	Kohlenwasserstoffe leichtflüssige (y_1)	gasförmige (y_2)
Steinkohle (x_1)	$a_{11} = 0{,}5$	$a_{12} = 0{,}2$
Braunkohle (x_2)	$a_{21} = 0{,}4$	$a_{22} = 0{,}3$

Werden x_1 Tonnen Steinkohle und x_2 Tonnen Braunkohle eingesetzt, so erhält man $y_1 = a_{11}x_1 + a_{21}x_2 = 0{,}5x_1 + 0{,}4x_2$ Tonnen leichtflüssige Kohlenwasserstoffe und $y_2 = a_{12}x_1 + a_{22}x_2 = 0{,}2x_1 + 0{,}3x_2$ Tonnen gasförmige Kohlenwasserstoffe.
Die Kohlenwasserstoffe sind Halbprodukte und werden zu Paraffin, Schmieröl und Dieselöl weiterverarbeitet. Je Tonne Halbprodukt ergeben sich für die Fertigprodukte die in der folgenden Input-Output-Tabelle angegebenen Mengen:

Halbprodukte / Fertigprodukte		Paraffin (z_1)	Schmieröl (z_2)	Dieselöl (z_3)
Kohlenwas-serstoffe	leichtflüssige (y_1)	$b_{11} = 0{,}3$	$b_{12} = 0{,}4$	$b_{13} = 0{,}2$
	gasförmige (y_2)	$b_{21} = 0{,}2$	$b_{22} = 0{,}3$	$b_{23} = 0{,}4$

Hat man y_1 Tonnen leichtflüssige Kohlenwasserstoffe und y_2 Tonnen gasförmige Kohlenwasserstoffe, so erhält man die Mengen z_1, z_2 und z_3 der Fertigprodukte Paraffin, Schmieröl und Dieselöl wie folgt:

$$z_1 = b_{11}y_1 + b_{21}y_2 = 0{,}3y_1 + 0{,}2y_2$$
$$z_2 = b_{12}y_1 + b_{22}y_2 = 0{,}4y_1 + 0{,}3y_2$$
$$z_3 = b_{13}y_1 + b_{23}y_2 = 0{,}2y_1 + 0{,}4y_2$$

Die Mengen der Fertigprodukte hängen davon ab, welche Rohstoffmengen (Steinkohle und Braunkohle) eingesetzt werden. Den Zusammenhang zwischen den Rohstoffmengen x_1 und x_2 und den Fertigprodukten z_1, z_2 und z_3 erhält man, indem man in die Gleichungen für z_1, z_2 und z_3 die weiter oben angegebenen Beziehungen für y_1 und y_2 einsetzt:

$$z_1 = b_{11}(a_{11}x_1 + a_{21}x_2) + b_{21}(a_{12}x_1 + a_{22}x_2)$$
$$z_2 = b_{12}(a_{11}x_1 + a_{21}x_2) + b_{22}(a_{12}x_1 + a_{22}x_2)$$
$$z_3 = b_{13}(a_{11}x_1 + a_{21}x_2) + b_{23}(a_{12}x_1 + a_{22}x_2)$$

Durch Umformen der rechten Seite erhält man

$$z_1 = (a_{11}b_{11} + a_{12}b_{21})\,x_1 + (a_{21}b_{11} + a_{22}b_{21})\,x_2$$
$$z_2 = (a_{11}b_{12} + a_{12}b_{22})\,x_1 + (a_{21}b_{12} + a_{22}b_{22})\,x_2$$
$$z_3 = (a_{11}b_{13} + a_{12}b_{23})\,x_1 + (a_{21}b_{13} + a_{22}b_{23})\,x_2$$

Setzt man die numerischen Werte für die Koeffizienten der Input-Output-Tabellen ein, so ergibt sich:

$$z_1 = 0{,}19x_1 + 0{,}18x_2; \quad z_2 = 0{,}26x_1 + 0{,}25x_2; \quad z_3 = 0{,}18x_1 + 0{,}20x_2.$$

Zwischen Rohstoffen und Fertigprodukten besteht somit folgende Input-Output-Beziehung:

Rohstoffe / Fertigprodukte	Paraffin (z_1)	Schmieröl (z_2)	Dieselöl (z_3)
Steinkohle (x_1)	$a_{11}b_{11} + a_{12}b_{21} = 0{,}19$	$a_{11}b_{12} + a_{12}b_{22} = 0{,}26$	$a_{11}b_{13} + a_{12}b_{23} = 0{,}18$
Braunkohle (x_2)	$a_{21}b_{11} + a_{22}b_{21} = 0{,}18$	$a_{21}b_{12} + a_{22}b_{22} = 0{,}25$	$a_{21}b_{13} + a_{22}b_{23} = 0{,}2$

Schreibt man die Input-Output-Beziehungen allgemein als Matrizen, so erhält man für die beiden Produktionsstufen:

$$\mathbf{A} = \begin{pmatrix} a_{11} & a_{12} \\ a_{21} & a_{22} \end{pmatrix} \quad bzw. \quad \mathbf{B} = \begin{pmatrix} b_{11} & b_{12} & b_{13} \\ b_{21} & b_{22} & b_{23} \end{pmatrix},$$

und für die Beziehungen zwischen Rohstoffen und Fertigprodukten:

$$\mathbf{C} = \mathbf{AB} = \begin{pmatrix} a_{11}b_{11} + a_{12}b_{21} & a_{11}b_{12} + a_{12}b_{22} & a_{11}b_{13} + a_{12}b_{23} \\ a_{21}b_{11} + a_{22}b_{21} & a_{21}b_{12} + a_{22}b_{22} & a_{21}b_{13} + a_{22}b_{23} \end{pmatrix}.$$

Die Elemente der Matrix **C** *erhält man als skalare Produkte der Zeilen von* **A** *und der Spalten von* **B**. *In dieser Weise ist das Produkt* **AB** *der Matrizen* **A** *und* **B** *definiert.*

D 17.6.2

Matrizenmultiplikation
Das **Produkt** der $m \times n$-Matrix $\mathbf{A} = (a_{ij})$ mit der $n \times r$-Matrix $\mathbf{B} = (b_{jk})$ ist definiert als:

$$\mathbf{C} = \mathbf{AB} = \left(\sum_{j=1}^{n} a_{ij} b_{jk} \right)$$

und ist eine $m \times r$-Matrix. Das Element c_{ik} des Produktes **C** erhält man als skalares Produkt der i-ten Zeile von **A** und der k-ten Spalte von **B**.

D 17.6.3

Die Matrizenmultiplikation ist nur definiert für den Fall, daß die Spaltenzahl des ersten Faktors mit der Zeilenzahl des zweiten Faktors übereinstimmt. Das Ergebnis ist eine Matrix, die soviel Zeilen hat wie der erste Faktor und soviel Spalten wie der zweite Faktor. Es gilt also $\mathbf{A}_{mn}\mathbf{B}_{nr} = \mathbf{C}_{mr}$.

Bei der Ausführung der Matrizenmultiplikation bestimmt man die skalaren Produkte der Zeilenvektoren der ersten Matrix mit den Spaltenvektoren der zweiten Matrix. Das skalare Produkt der Zeile i der ersten Matrix mit der Spalte k der zweiten Matrix ergibt das Element, welches in der Ergebnismatrix in der Zeile i und der Spalte k steht.

B 17.6.4

$$\begin{pmatrix} 4 & 1 \\ 2 & 5 \\ 6 & 0 \\ 2 & 8 \end{pmatrix} \cdot \begin{pmatrix} 2 & 1 & 3 \\ 5 & 1 & 0 \end{pmatrix} = \begin{pmatrix} 4 \cdot 2 + 1 \cdot 5 & 4 \cdot 1 + 1 \cdot 1 & 4 \cdot 3 + 1 \cdot 0 \\ 2 \cdot 2 + 5 \cdot 5 & 2 \cdot 1 + 5 \cdot 1 & 2 \cdot 3 + 5 \cdot 0 \\ 6 \cdot 2 + 0 \cdot 5 & 6 \cdot 1 + 0 \cdot 1 & 6 \cdot 3 + 0 \cdot 0 \\ 2 \cdot 2 + 8 \cdot 5 & 2 \cdot 1 + 8 \cdot 1 & 2 \cdot 3 + 8 \cdot 0 \end{pmatrix}$$

$$= \begin{pmatrix} 13 & 5 & 12 \\ 29 & 7 & 6 \\ 12 & 6 & 18 \\ 44 & 10 & 6 \end{pmatrix}$$

Die Multiplikation von Matrizen kann mit Hilfe des sogenannten FALKschen Schemas veranschaulicht werden. Für das Produkt **AB** sieht dieses Schema wie folgt aus:

$$\begin{array}{cc} & \begin{pmatrix} b_{11} & b_{12} & \dots & b_{1k} & \dots & b_{1r} \\ b_{21} & b_{22} & \dots & b_{2k} & \dots & b_{2r} \\ & \dots & & & & \\ b_{j1} & b_{j2} & \dots & b_{jk} & \dots & b_{jr} \\ & \dots & & & & \\ b_{n1} & b_{n2} & \dots & b_{nk} & \dots & b_{nr} \end{pmatrix} \\ \begin{pmatrix} a_{11} & a_{12} & \dots & a_{1j} & \dots & a_{1n} \\ a_{21} & a_{22} & \dots & a_{2j} & \dots & a_{2n} \\ & \dots & & & & \\ \hline a_{i1} & a_{i2} & \dots & a_{ij} & \dots & a_{in} \\ \hline & \dots & & & & \\ a_{m1} & a_{m2} & \dots & a_{mj} & \dots & a_{mn} \end{pmatrix} & \begin{pmatrix} c_{11} & \dots & & & c_{1r} \\ \dots & & & & \dots \\ \hline & & c_{ik} & & \\ \hline \dots & & & & \dots \\ c_{ml} & \dots & & & c_{mr} \end{pmatrix} \end{array}$$

Es ist $c_{ik} = (a_{i1}, \dots, a_{in}) \begin{pmatrix} b_{1k} \\ \vdots \\ b_{nk} \end{pmatrix} = \sum\limits_{j=1}^{n} a_{ij} b_{jk}$.

B 17.6.5 *Es sei:* $\mathbf{A} = \begin{pmatrix} 1 & 2 & 3 \\ 4 & 5 & 6 \end{pmatrix}$ *und* $\mathbf{B} = \begin{pmatrix} 3 & 5 & 1 \\ 1 & 3 & 4 \\ 2 & 4 & 2 \end{pmatrix}$.

Mit dem FALK*schem Schema ergibt sich:*

$$\begin{array}{cc} & \begin{pmatrix} 3 & 5 & 1 \\ 1 & 3 & 4 \\ 2 & 4 & 2 \end{pmatrix} \\ \begin{pmatrix} 1 & 2 & 3 \\ 4 & 5 & 6 \end{pmatrix} & \begin{pmatrix} 11 & 23 & 15 \\ 29 & 59 & 36 \end{pmatrix} \end{array}$$

Das Element $c_{12} = 23$ *entsteht z.B. dadurch, daß die* 1. *Zeile der Matrix* **A** *mit der zweiten Spalte der Matrix* **B** *multipliziert wird:*

$1 \cdot 5 + 2 \cdot 3 + 3 \cdot 4 = 23.$

R 17.6.6

> Für die Multiplikation einer Matrix **A** mit einer Einheitsmatrix **E** geeigneter Ordnung gilt **AE** = **EA** = **A**.

Der Einheitsmatrix kommt also bei der Matrizenmultiplikation die gleiche Bedeutung zu, wie der „1“ bei der Multiplikation reeller Zahlen. Diese Eigenschaft können jedoch auch andere Matrizen haben, wie das folgende Beispiel zeigt.

B 17.6.7
$$\mathbf{A} = \begin{pmatrix} 2 & -3 & -5 \\ -1 & 4 & 5 \\ 1 & -3 & -4 \end{pmatrix}; \quad \mathbf{B} = \begin{pmatrix} 2 & -2 & -4 \\ -1 & 3 & 4 \\ 1 & -2 & -3 \end{pmatrix}.$$

Der Leser kann nachrechnen, daß für die beiden Matrizen folgendes gilt:

$$\mathbf{AB} = \begin{pmatrix} 2 & -3 & -5 \\ -1 & 4 & 5 \\ 1 & -3 & -4 \end{pmatrix} = \mathbf{A} \text{ und } \mathbf{BA} = \begin{pmatrix} 2 & -2 & -4 \\ -1 & 3 & 4 \\ 1 & -2 & -3 \end{pmatrix} = \mathbf{B}.$$

Es ist also $\mathbf{AB} = \mathbf{A}$ *und* $\mathbf{BA} = \mathbf{B}$, *obwohl weder* $\mathbf{B}$ *noch* $\mathbf{A}$ *Einheitsmatrizen sind.*

R 17.6.8 Ist in einem Matrizenprodukt einer der beiden Faktoren eine Nullmatrix $\mathbf{0}$, so ist das Produkt ebenfalls eine Nullmatrix: $\mathbf{A0} = \mathbf{0}$ bzw. $\mathbf{0A} = \mathbf{0}$.

Die Nullmatrix entspricht also der Null bei den reellen Zahlen. Man beachte aber, daß es auch Produkte zweier von der Nullmatrix verschiedener Matrizen gibt, die als Ergebnis die Nullmatrix liefern, wie folgendes Beispiel zeigt.

B 17.6.9
$$\mathbf{A} = \begin{pmatrix} 2 & -3 & -5 \\ -1 & 4 & 5 \\ 1 & -3 & -4 \end{pmatrix}; \quad \mathbf{B} = \begin{pmatrix} -1 & 3 & 5 \\ 1 & -3 & -5 \\ -1 & 3 & 5 \end{pmatrix}.$$

Es ist: $\mathbf{AB} = \mathbf{0}$ *und* $\mathbf{BA} = \mathbf{0}$.

Die Multiplikation einer Matrix mit einem Vektor ist nach der Definition der Matrizenmultiplikation durchführbar, da ein Vektor als $1 \times n$- bzw. $m \times 1$-Matrix aufgefaßt werden kann.

B 17.6.10

a) $$(1, 3, -1)\begin{pmatrix} 4 & 2 \\ 6 & 1 \\ 5 & 4 \end{pmatrix} = (4 + 18 - 5, 2 + 3 - 4) = (17, 1);$$

b) $$\begin{pmatrix} 3 & 6 & 0 \\ 0 & 1 & 2 \end{pmatrix}\begin{pmatrix} 4 \\ 1 \\ 5 \end{pmatrix} = \begin{pmatrix} 12 + 6 + 0 \\ 0 + 1 + 10 \end{pmatrix} = \begin{pmatrix} 18 \\ 11 \end{pmatrix}.$$

Es gelten folgende Beziehungen:

R 17.6.11

> Das Produkt eines Zeilenvektors mit einer Matrix ergibt einen Zeilenvektor.
> Das Produkt einer Matrix mit einem Spaltenvektor ergibt einen Spaltenvektor.
> Das Produkt eines Spaltenvektors mit einem Zeilenvektor ergibt eine Matrix.

B 17.6.12

$$\begin{pmatrix} 3 \\ 1 \\ 0 \\ 5 \end{pmatrix} (4, 1, 2, -1) = \begin{pmatrix} 12 & 3 & 6 & -3 \\ 4 & 1 & 2 & -1 \\ 0 & 0 & 0 & 0 \\ 20 & 5 & 10 & -5 \end{pmatrix}.$$

Ist $\mathbf{A}$ eine Matrix und $\mathbf{e}_i$ ein Einheitsvektor i-ter Ordnung, dann ergibt $\mathbf{A}\mathbf{e}_i$ die i-te Spalte von $\mathbf{A}$ und $\mathbf{e}_i'\mathbf{A}$ die i-te Zeile.

Ist $\mathbf{s}$ ein summierender Vektor (alle Elemente „1"), so ergibt $\mathbf{A}\mathbf{s}$ einen Spaltenvektor, dessen Elemente die Zeilensummen von $\mathbf{A}$ sind und $\mathbf{s}'\mathbf{A}$ einen Zeilenvektor, dessen Elemente die Spaltensummen von $\mathbf{A}$ sind.

Aus den meisten angeführten Beispielen ergibt sich unmittelbar:

R 17.6.13

> Die Matrizenmultiplikation ist **nicht kommutativ**: $\mathbf{AB} \neq \mathbf{BA}$.

Im Zweifelsfall ist deshalb bei einem Matrizenprodukt die Reihenfolge der Faktoren anzugeben. Machmal spricht man auch davon, daß die Matrix $\mathbf{A}$ von links bzw. von rechts mit der Matrix $\mathbf{B}$ multipliziert wird.

R 17.6.14

> **Multiplikationsgesetze**
> Gegeben seien Matrizen geeigneter Ordnung $\mathbf{A}$, $\mathbf{B}$, $\mathbf{C}$, $\mathbf{D}$.
> Dann gilt:
> **Assoziativgesetz** : $\mathbf{A}(\mathbf{BC}) = (\mathbf{AB})\mathbf{C} = \mathbf{ABC}$,
> **Distributivgesetz** : $\mathbf{A}(\mathbf{B} + \mathbf{C}) = \mathbf{AB} + \mathbf{AC}$
> bzw. $(\mathbf{A} + \mathbf{B})\mathbf{C} = \mathbf{AC} + \mathbf{BC}$.
> **Monotoniegesetze**:
> Aus $\mathbf{A} = \mathbf{B}$ folgt $\mathbf{AC} = \mathbf{BC}$ und $\mathbf{DA} = \mathbf{DB}$;
> aus $\mathbf{A} \leq \mathbf{B}$ folgt $\mathbf{AC} \leq \mathbf{BC}$ für $\mathbf{C} \geq \mathbf{0}$ und $\mathbf{DA} \leq \mathbf{DB}$ für $\mathbf{D} \geq \mathbf{0}$;
> aus $\mathbf{A} \leq \mathbf{B}$ folgt $\mathbf{AC} \geq \mathbf{BC}$ für $\mathbf{C} \leq \mathbf{0}$ und $\mathbf{DA} \geq \mathbf{DB}$ für $\mathbf{D} \leq \mathbf{0}$.

Eine für die praktische Anwendung wichtige Regel über die Matrizenmultiplikation bezieht sich auf das Transponieren der beiden Matrizen eines Produktes:

R 17.6.15 Die **Transponierte eines Produktes** zweier Matrizen ist gleich dem Produkt der Transponierten der beiden Matrizen in umgekehrter Reihenfolge: $(\mathbf{AB})' = \mathbf{B}'\mathbf{A}'$.

R 17.6.15 kann als spezielles Kommutativgesetz aufgefaßt werden (vgl. aber R 17.6.13).

B 17.6.16

$$\mathbf{A} = \begin{pmatrix} 1 & 0 & -2 \\ 3 & 5 & 1 \\ 2 & -1 & 0 \end{pmatrix}; \ \mathbf{B} = \begin{pmatrix} 4 & 3 \\ 1 & -1 \\ 0 & 1 \end{pmatrix};$$

$$\mathbf{AB} = \begin{pmatrix} 1 & 0 & -2 \\ 3 & 5 & 1 \\ 2 & -1 & 0 \end{pmatrix} \begin{pmatrix} 4 & 3 \\ 1 & -1 \\ 0 & 1 \end{pmatrix} = \begin{pmatrix} 4 & 1 \\ 17 & 5 \\ 7 & 7 \end{pmatrix};$$

$$\mathbf{B}'\mathbf{A}' = \begin{pmatrix} 4 & 1 & 0 \\ 3 & -1 & 1 \end{pmatrix} \begin{pmatrix} 1 & 3 & 2 \\ 0 & 5 & -1 \\ -2 & 1 & 0 \end{pmatrix} = \begin{pmatrix} 4 & 17 & 7 \\ 1 & 5 & 7 \end{pmatrix}.$$

Für quadratische Matrizen können auch Potenzen definiert werden.

D 17.6.17 **Potenz einer quadratischen Matrix**
Unter der **n-ten Potenz einer quadratischen Matrix** **A** versteht man das n-fache Produkt der Matrix **A** mit sich selbst.

$$\mathbf{A}^n = \underbrace{\mathbf{A} \cdot \mathbf{A} \cdot \mathbf{A} \cdot \ldots \cdot \mathbf{A}}_{n\text{-mal}}$$

B 17.6.18

$$\mathbf{A} = \begin{pmatrix} 1 & 2 \\ 1 & 0 \end{pmatrix}; \quad \mathbf{A}^2 = \begin{pmatrix} 3 & 2 \\ 1 & 2 \end{pmatrix}; \quad \mathbf{A}^3 = \begin{pmatrix} 5 & 6 \\ 3 & 2 \end{pmatrix};$$

$$\mathbf{A}^4 = \begin{pmatrix} 11 & 10 \\ 5 & 6 \end{pmatrix}; \quad \mathbf{A}^5 = \begin{pmatrix} 21 & 22 \\ 11 & 10 \end{pmatrix}.$$

Für Matrizenpotenzen gilt:

R 17.6.19 $\mathbf{A}^n\mathbf{A}^m = \mathbf{A}^{n+m}$ und $(\mathbf{A}^n)^m = \mathbf{A}^{nm}$.

Zum Abschluß dieses Abschnitts seien noch zwei weitere Beispiele für die ökonomische Anwendung der Matrizenmultiplikation gegeben.

B 17.6.20 *Eine Unternehmung produziert zwei Güter in den Mengen x und y. Dafür existiert folgender Absatzplan für das erste Quartal eines Jahres:*

$$\mathbf{A}:\quad \begin{matrix} \textit{Jan.} \\ \textit{Febr.} \\ \textit{März} \end{matrix} \quad \overset{\begin{matrix} x & y \end{matrix}}{\begin{pmatrix} 5 & 3 \\ 9 & 7 \\ 4 & 11 \end{pmatrix}}$$

Die Absatzpreise sind für alle Monate gleich. Sie werden gegeben durch:

$$\mathbf{p}':\quad \overset{\begin{matrix} x & y \end{matrix}}{(50, 90)} \quad .$$

Die monatlichen Erlöse $\mathbf{e}$ *ergeben sich damit als Produkt der monatlichen Mengenvektoren mit dem Preisvektor* $\mathbf{p}$ *bzw. als* $\mathbf{Ap}$:

$$\mathbf{e} = \mathbf{Ap} = \begin{pmatrix} 5 & 3 \\ 9 & 7 \\ 4 & 11 \end{pmatrix} \begin{pmatrix} 50 \\ 90 \end{pmatrix} = \begin{pmatrix} 520 \\ 1080 \\ 1190 \end{pmatrix} \quad \begin{matrix} \textit{Jan.} \\ \textit{Febr.} \\ \textit{März} \end{matrix} \quad .$$

Zur Produktion der geplanten Absatzmengen werden drei Einzelteile R, S und T benötigt. Der Verbrauch an den Einzelteilen je Mengeneinheit der Güter x und y ergibt sich aus:

$$\mathbf{B}:\quad \begin{matrix} x \\ y \end{matrix} \quad \overset{\begin{matrix} R & S & T \end{matrix}}{\begin{pmatrix} 4 & 2 & 1 \\ 0 & 5 & 3 \end{pmatrix}}$$

Die monatlich für die Produktion benötigten Einzelteile ergeben sich dann aus dem Produkt der Matrizen $\mathbf{A}$ *und* $\mathbf{B}$:

$$\mathbf{C} = \mathbf{AB} = \begin{pmatrix} 5 & 3 \\ 9 & 7 \\ 4 & 11 \end{pmatrix} \begin{pmatrix} 4 & 2 & 1 \\ 0 & 5 & 3 \end{pmatrix} = \overset{\begin{matrix} R & S & T \end{matrix}}{\begin{pmatrix} 20 & 25 & 14 \\ 36 & 53 & 30 \\ 16 & 63 & 37 \end{pmatrix}} \quad \begin{matrix} \textit{Jan.} \\ \textit{Febr.} \\ \textit{März} \end{matrix}$$

Die Kosten je Einheit der Einzelteile sind in dem Kostenvektor $\mathbf{k}_1'$ *zusammengestellt:*

$$\mathbf{k}_1':\quad \overset{\begin{matrix} R & S & T \end{matrix}}{(5,\ 2,\ 4)}$$

Durch die Montage der Einzelteile entstehen je Mengeneinheit der Enderzeugnisse Montagekosten $\mathbf{k}_2'$:

$$\mathbf{k}_2':\quad \overset{\begin{matrix} x & y \end{matrix}}{(7, 8)}$$

Die Kosten für die Einzelteile ergeben sich aus dem Produkt $\mathbf{Ck}_1$:

$$\mathbf{k}_1^* = \mathbf{Ck}_1 = \begin{pmatrix} 20 & 25 & 14 \\ 36 & 53 & 30 \\ 16 & 63 & 37 \end{pmatrix} \begin{pmatrix} 5 \\ 2 \\ 4 \end{pmatrix} = \begin{pmatrix} 206 \\ 406 \\ 354 \end{pmatrix} \begin{matrix} \textit{Jan.} \\ \textit{Febr.} \\ \textit{März} \end{matrix}$$

Die Montagekosten ergeben sich aus dem Produkt $\mathbf{Ak}_2$:

$$\mathbf{k}_2^* = \mathbf{Ak}_2 = \begin{pmatrix} 5 & 3 \\ 9 & 7 \\ 4 & 11 \end{pmatrix} \begin{pmatrix} 7 \\ 8 \end{pmatrix} = \begin{pmatrix} 59 \\ 119 \\ 116 \end{pmatrix} \begin{matrix} \textit{Jan.} \\ \textit{Febr.} \\ \textit{März} \end{matrix}$$

Die Gesamtkosten betragen also:

$$\mathbf{k} = \mathbf{k}_1^* + \mathbf{k}_2^* = \begin{pmatrix} 265 \\ 525 \\ 470 \end{pmatrix} \begin{matrix} \textit{Jan.} \\ \textit{Febr.} \\ \textit{März} \end{matrix}$$

Um den Gewinn der Unternehmung in den einzelnen Monaten zu ermitteln, sind von den bereits ermittelten Erlösen die Gesamtkosten abzuziehen. Der Gewinnvektor ergibt sich somit aus der Differenz $\mathbf{e} - \mathbf{k} = \mathbf{g}$:

$$\mathbf{g} = \mathbf{e} - \mathbf{k} = \begin{pmatrix} 520 \\ 1080 \\ 1190 \end{pmatrix} - \begin{pmatrix} 265 \\ 525 \\ 470 \end{pmatrix} = \begin{pmatrix} 255 \\ 555 \\ 720 \end{pmatrix} \begin{matrix} \textit{Jan.} \\ \textit{Febr.} \\ \textit{März} \end{matrix}$$

B 17.6.21 *Ein anderes Anwendungsbeispiel der Matrizenmultiplikation erhält man bei der Betrachtung der zeitlichen Entwicklung eines Marktes, auf dem mehrere Güter miteinander konkurrieren. Dazu wird ein einfacher Markt betrachtet, auf dem die drei wöchentlich erscheinenden Illustrierten A, B und C miteinander konkurrieren. Die Möglichkeit eines Abonnements ist ausgeschlossen. In einer bestimmten Woche haben die Illustrierten folgende Marktanteile. A: 40%; B: 20%; C: 40%. Von den Käufern der Illustrierten A in dieser Woche kaufen in der folgenden Woche 80% wieder A, 10% kaufen B und 10% C. 20% der Käufer von A wechseln also in der nächsten Periode zu einer anderen Illustrierten. Von den Käufern der Illustrierten B kaufen in der Folgewoche 70% wieder B, während 20% A und 10% C kaufen. Die Käufer der Illustrierten C kaufen zu 60% wieder C, während 20% A und 20% B kaufen. Von einer zur anderen Woche wechselt also ein Teil der Leser die Illustrierte.* F 17.6.22 *veranschaulicht dies grafisch.*

Das Verhalten der Käufer beim Übergang von einer Periode zur nächsten kann man durch eine Matrix beschreiben, wobei hier statt der Prozentzahlen Dezimalbrüche verwendet werden:

$$\begin{matrix} & A & B & C \\ A & 0{,}8 & 0{,}1 & 0{,}1 \\ B & 0{,}2 & 0{,}7 & 0{,}1 \\ C & 0{,}2 & 0{,}2 & 0{,}6 \end{matrix}$$

Die Zahlen der Matrix geben zeilenweise an, welcher Anteil der Käufer von A, B, C in einer Periode in der nächsten Periode A, B, C kauft.

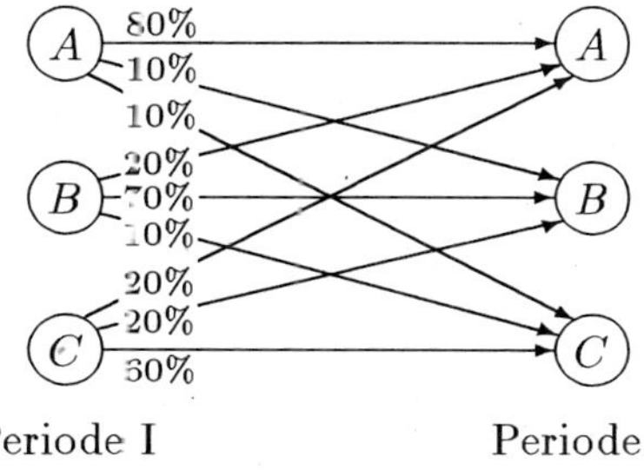

F 17.6.22

Hat man in einer bestimmten Periode die oben angegebenen Marktanteile (40 %; 20 %; 40 %), so kann man die Marktanteile der nächsten Periode durch Multiplikation der angeführten Matrix mit dem Vektor der Marktanteile bestimmen. Von neuen oder ausscheidenden Käufern wird dabei abgesehen. Man erhält

$$(40;20;40)\begin{pmatrix}0{,}8 & 0{,}1 & 0{,}1\\ 0{,}2 & 0{,}7 & 0{,}1\\ 0{,}2 & 0{,}2 & 0{,}6\end{pmatrix} = (44;26;30).$$

Für die dann folgende Periode ergibt sich:

$$(44;26;30)\begin{pmatrix}0{,}8 & 0{,}1 & 0{,}1\\ 0{,}2 & 0{,}7 & 0{,}1\\ 0{,}2 & 0{,}2 & 0{,}6\end{pmatrix} = (46{,}4;28{,}6;25).$$

Bleibt das Übergangsverhalten der Käufer konstant, dann können mittels des beschriebenen Ansatzes die Marktanteile für alle folgenden Perioden berechnet werden.
Einen Prozeß der beschriebenen Art nennt man auch ***Markovprozeß*** *bzw.* ***Markovkette****.*

Aufgaben

Ü 17.6.1 *Folgende Matrizen seien gegeben:*

$$\mathbf{A} = (1,3,5);\ \mathbf{B} = \begin{pmatrix}2\\4\\3\\1\end{pmatrix};\ \mathbf{C} = \begin{pmatrix}2 & 3 & 4 & 6\\ 1 & 2 & 3 & 4\\ 1 & 1 & 1 & 2\end{pmatrix};\ \mathbf{D} = \begin{pmatrix}1 & 2 & 3\\ 3 & 2 & 2\\ 2 & 1 & 4\\ 1 & 2 & 1\end{pmatrix}.$$

Führen Sie folgende Matrizenmultiplikation durch, sofern sie definitionsgemäß durchführbar sind.

a) **AB**; **b)** **BA**; **c)** **AC**; **d)** **BC**; **e)** **CB**; **f)** **CD**; **g)** **DC**.

Ü 17.6.2 *Gegeben seien folgende Vektoren und Matrizen:*

$$\mathbf{A} = \begin{pmatrix} 2 & 3 \\ -5 & 1 \end{pmatrix} ; \mathbf{B} = \begin{pmatrix} -3 \\ -2 \end{pmatrix} ; \mathbf{C} = \begin{pmatrix} -1 & 4 & -2 \\ 2 & 3 & 5 \end{pmatrix} ; \mathbf{D} = \begin{pmatrix} 3 & 1 \\ -2 & 4 \\ 1 & -3 \end{pmatrix} ;$$

$$\mathbf{E} = \begin{pmatrix} -1 & -4 \\ 3 & 2 \end{pmatrix} ; \mathbf{F} = \begin{pmatrix} -1 \\ 2 \\ -3 \end{pmatrix} ; \mathbf{G} = (5, 7) .$$

Bestimmen Sie: **a)** **AB**; **b)** **BA**; **c)** **AE**; **d)** **EA**; **e)** **CD**; **f)** **DC**; **g)** **GA**; **h)** **GB**; **i)** **BG**; **j)** **FC**; **k)** **CF**; **l)** **ED**; **m)** **DE**; **n)** $\mathbf{A}^2$; **o)** $\mathbf{A}^4$.

Ü 17.6.3 *Unter welchen Voraussetzungen für m und n sind folgende Matrizenmultiplikationen definiert? Von welcher Ordnung sind die Ergebnismatrizen?*

a) $\mathbf{A}_{ml}\mathbf{B}_{ln}$; **b)** $\mathbf{A}_{ln}\mathbf{B}_{ml}$; **c)** $\mathbf{A}_{mn}\mathbf{B}_{ml}$; **d)** $\mathbf{A}_{mn}\mathbf{B}_{ln}$; **e)** $\mathbf{A}_{ln}\mathbf{B}_{mn}$; **f)** $\mathbf{A}_{ml}\mathbf{B}_{mn}$.

Ü 17.6.4 *Gegeben seien die Matrizen* $\mathbf{A}_{mn}$ *und* $\mathbf{B}_{nr}$ $(m,\ n,\ r \in \mathbb{N})$. *Für welche Werte m, n, r ist das Ergebnis der Multiplikation* **AB** **a)** *ein Skalar*; **b)** *ein Zeilenvektor*; **c)** *ein Spaltenvektor*; **d)** *eine Matrix mit einer Zeilenzahl und Spaltenzahl größer als 1?*

Ü 17.6.5 *Gegeben seien die Matrizen:*

$$\mathbf{A} = \begin{pmatrix} -2 & 2 & -3 \\ 2 & 1 & -6 \\ -1 & -2 & 0 \end{pmatrix} ; \mathbf{b} = \begin{pmatrix} 3 \\ 0 \\ 1 \end{pmatrix} ; \mathbf{c} = \begin{pmatrix} -1 \\ -2 \\ 1 \end{pmatrix} .$$

Bestimmen Sie: **a)** **Ab**; **b)** **Ac**.

Ü 17.6.6 *Ein zweistufiger Produktionsprozeß wird durch die beiden folgenden Produktionsmatrizen beschrieben:*

Zwischenprodukt

	1	2	3
Rohstoff 1	3	1	2
2	2	3	4

Endprodukt

	1	2
Zwischenprodukt 1	3	1
2	0	3
3	1	2

Die Rohstoffpreise betragen $q_1 = 2$, $q_2 = 4$ und die Preise der Endprodukte $p_1 = 70$, $p_2 = 95$.

a) *Bestimmen Sie die Matrix der Gesamtverarbeitung.*

b) *Welche Rohstoffkosten entstehen je Einheit des Endprodukts?*

c) *Welche Rohstoffmengen werden für 10 Einheiten des ersten und 5 Einheiten des zweiten Endprodukts benötigt?*

d) *Welcher Erlös wird für die unter* **c)** *angegebenen Endproduktmengen erzielt?*

Ü 17.6.7 *Auf einem Markt konkurrieren die Güter A, B und C miteinander. Im Monat Januar eines Jahres haben die Güter Marktanteile von 40%, 20% und 10%. 30% der möglichen Käufer haben weder A noch B noch C gekauft. Das Verhalten der Käufer (einer Marke treu bleiben, überwechseln zu einer anderen Marke oder gar nicht kaufen) beim Übergang von einem Monat zum nächsten gibt die folgende Zeichnung an, wobei die Menge der Nichtkäufer mit X bezeichnet wurde.*

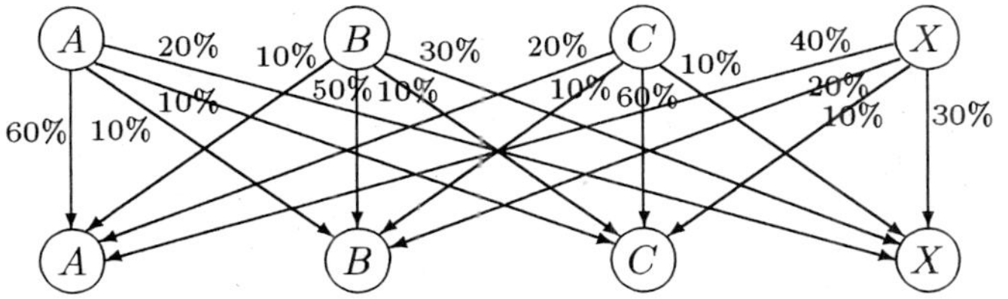

Bestimmen Sie die Marktanteile und den Anteil der Nichtkäufer für die Monate Februar, März und April.

17.7 Inverse einer Matrix

Die Inverse der reellen Zahl a ist $a^{-1} = \frac{1}{a}$. Es gilt $aa^{-1} = 1$.

D 17.7.1

Inverse Matrix Für eine quadratische Matrix A ist die **Inverse oder inverse Matrix $\mathbf{A}^{-1}$** als eine Matrix definiert, für die gilt: $\mathbf{A}^{-1}\mathbf{A} = \mathbf{A}\mathbf{A}^{-1} = \mathbf{E}$.

B 17.7.2

$$\mathbf{A} = \begin{pmatrix} 3 & -7 \\ 2 & -5 \end{pmatrix}; \mathbf{A}^{-1} = \begin{pmatrix} 5 & -7 \\ 2 & -3 \end{pmatrix}; \mathbf{A}\mathbf{A}^{-1} = \begin{pmatrix} 1 & 0 \\ 0 & 1 \end{pmatrix}.$$

Für nichtquadratische Matrizen ist die Inverse allgemein nicht definiert. Es ist jedoch möglich, für nichtquadratische Matrizen $\mathbf{A}$ eine „Linksinverse" und eine „Rechtsinverse" zu definieren, so daß gilt:

$$\mathbf{A}_{\text{links}}^{-1}\mathbf{A} = \mathbf{E} \text{ und } \mathbf{A}\mathbf{A}_{\text{rechts}}^{-1} = \mathbf{E}.$$

Darauf wird nicht weiter eingegangen.

Für die Bestimmung der Inversen einer Matrix gibt es verschiedene Möglichkeiten, auf die weiter unten eingegangen wird (Abschnitte 18.6 und 19.6).

Eine Anwendung der inversen Matrix zeigt das folgende Beispiel, welches an B 17.1.7 anknüpft.

B 17.7.3 *In* B 17.1.7 *wurden die Produktionsverflechtungen von drei Industriezweigen einer Volkswirtschaft durch die folgende Input-Output-Matrix gegeben:*

$$\mathbf{X} = (x_{ij}) = \begin{pmatrix} 1 & 2 & 1 \\ 3 & 1 & 0 \\ 1 & 2 & 1 \end{pmatrix}.$$

Die Vektoren $\mathbf{x} = (x_j) = \begin{pmatrix} 8 \\ 6 \\ 7 \end{pmatrix}$ *und* $\mathbf{y} = (y_j) = \begin{pmatrix} 4 \\ 2 \\ 3 \end{pmatrix}$

geben den gesamten Output der Industriezweige bzw. die Endnachfrage an. Die Elemente der Matrix

$$\mathbf{A} = (a_{ij}) = \begin{pmatrix} \frac{1}{8} & \frac{1}{3} & \frac{1}{7} \\ \frac{3}{8} & \frac{1}{6} & 0 \\ \frac{1}{8} & \frac{1}{3} & \frac{1}{7} \end{pmatrix} \quad \textit{mit } a_{ij} = \frac{x_{ij}}{x_j}$$

geben an, den wievielten Teil seines Outputs der zu einer Spalte gehörige Industriezweig (j) *von dem zu der betreffenden Zeile gehörigen Industriezweig* i *erhält. Für jeden Industriezweig* i *ist die Endnachfrage* (y_i) *gleich der Differenz aus gesamtem Output* (x_i) *und dem Output an die anderen Industriezweige:*

$$y_i = x_i - \sum_j x_{ij}.$$

In Matrizenschreibweise erhält man $\mathbf{y} = \mathbf{x} - \mathbf{X}\mathbf{s}$, *wobei* $\mathbf{s}$ *ein summierender Vektor ist (alle Elemente sind* 1*). Wegen*

$$a_{ij} = \frac{x_{ij}}{x_j} \quad \textit{gilt } \mathbf{X}\mathbf{s} = \left(\sum_j x_{ij}\right) = \left(\sum_j \frac{x_{ij}}{x_j} x_j\right) = \mathbf{A}\mathbf{x}.$$

Damit ergibt sich, da außerdem $\mathbf{x} = \mathbf{E}\mathbf{x}$ *gilt:* $\mathbf{y} = \mathbf{x} - \mathbf{A}\mathbf{x} = \mathbf{E}\mathbf{x} - \mathbf{A}\mathbf{x} = (\mathbf{E} - \mathbf{A})\,\mathbf{x}$. *Multipliziert man in dieser Matrizengleichung beide Seiten von links mit* $(\mathbf{E} - \mathbf{A})^{-1}$, *so erhält man:* $(\mathbf{E} - \mathbf{A})^{-1}\mathbf{y} = \mathbf{x}$.

Den gesamten Output der Industriezweige kann man über diesen Ansatz bei bekannter Endnachfrage und Kenntnis der Matrix **A** *der Input-Output-Koeffizienten bestimmen.*

Aufgaben

Ü 17.7.1 *Sind die Matrizen* **A** *und* **B** *zueinander invers?*

$$\mathbf{A} = \begin{pmatrix} 1 & 0 & 2 \\ 2 & -1 & 3 \\ 4 & 1 & 8 \end{pmatrix}; \ \mathbf{B} = \begin{pmatrix} -11 & 2 & 2 \\ -4 & 0 & 1 \\ 6 & -1 & -1 \end{pmatrix}.$$

Ü 17.7.2 *In einer Volkswirtschaft gibt es 4 Industriezweige (A, B, C und D), deren gegenseitige Leistungsverflechtungen durch die folgende Input-Output-Tabelle gegeben sind*

	A	*B*	*C*	*D*	*Endnachfrage*
A	6	2	4	2	6
B	2	3	1	1	3
C	6	4	4	2	4
D	1	3	1	3	2

a) *Bestimmen Sie den gesamten Output für jeden Industriezweig.*

b) *Bestimmen Sie die Matrix* **A** *der relativen Input-Output-Koeffizienten.*

c) *Bestimmen Sie die Endnachfrage mittels des Ansatzes* $\mathbf{y} = (\mathbf{E}-\mathbf{A})\mathbf{x}$.

Ü 17.7.3 *Zeigen Sie für die folgende Matrix, daß gilt:* $\mathbf{A} = \mathbf{A}^{-1}$.

$$\mathbf{A} = \begin{pmatrix} -1 & -2 & -2 \\ 1 & 2 & 1 \\ -1 & -1 & 0 \end{pmatrix}.$$

17.8 Matrizen als spezielle Funktionen

Die Kenntnis der Matrizenmultiplikation erlaubt es, Matrizen als spezielle Funktionen aufzufassen. Eine spezielle lineare Funktion mit einer unabhängigen Variablen ist: $y = ax$, $a \in \mathbb{R}$. Bei mehreren unabhängigen Variablen $(x_1, \ldots, x_n)$ und einer abhängigen Variablen (y) hat man als spezielle lineare Funktion:

$$y = \sum_{i=1}^{n} a_i x_i.$$

Matrizen können nun als lineare Abbildungen aus einer Menge von n-Tupeln in eine Menge von m-Tupeln aufgefaßt werden:

Mit $\mathbf{y} = \begin{pmatrix} y_1 \\ y_2 \\ \vdots \\ y_m \end{pmatrix}$ und $\mathbf{x} = \begin{pmatrix} x_1 \\ x_2 \\ \vdots \\ x_n \end{pmatrix}$

und der $m \times n$-Matrix $\mathbf{A} = (a_{ij})$ erhält man: $\mathbf{y} = \mathbf{Ax}$. Man hat dabei n unabhängige Variablen $(x_1, \ldots, x_n)$ und m abhängige Variablen $(y_1, \ldots, y_m)$.

Es gilt nun:

$$\mathbf{y} = \begin{pmatrix} y_1 \\ y_2 \\ \vdots \\ y_m \end{pmatrix} = \mathbf{Ax} = (a_{ij}) \begin{pmatrix} x_1 \\ x_2 \\ \vdots \\ x_n \end{pmatrix} = \begin{pmatrix} \sum\limits_{j=1}^{n} a_{1j}x_j \\ \sum\limits_{j=1}^{n} a_{2j}x_j \\ \vdots \\ \sum\limits_{j=1}^{n} a_{mj}x_j \end{pmatrix}$$

Die Abbildung $\mathbf{y} = \mathbf{Ax}$ kann man sich deshalb auch als aus den m linearen Funktionen

$$y_i = \sum_{j=1}^{n} a_{ij}x_j, \quad i = 1, \ldots, m,$$

zusammengesetzt vorstellen.

Die Mengen der n-Tupel bzw. m-Tupel (Vektoren mit n bzw. m Elementen) werden üblicherweise als n bzw. m-dimensionale Vektorräume bezeichnet. Der obige Ansatz entspricht dann einer linearen Abbildung von einem n-dimensionalen Vektorraum in einen m-dimensionalen Vektorraum.

17.9 Linearkombinationen von Vektoren

Bei manchen Anwendungen kommen Summen vor, deren Summanden Produkte eines Skalars mit einem Vektor sind.

D 17.9.1

Linearkombinationen von Vektoren

Unter einer **Linearkombination** der Vektoren

$$\mathbf{a}_1 = \begin{pmatrix} a_{11} \\ a_{21} \\ \vdots \\ a_{m1} \end{pmatrix}; \mathbf{a}_2 = \begin{pmatrix} a_{12} \\ a_{22} \\ \vdots \\ a_{m2} \end{pmatrix}; \ldots ; \mathbf{a}_n = \begin{pmatrix} a_{1n} \\ a_{2n} \\ \vdots \\ a_{mn} \end{pmatrix}$$

versteht man eine Summe der Form

$$c_1\mathbf{a}_1 + c_2\mathbf{a}_2 + \ldots + c_n\mathbf{a}_n = \sum_{i=1}^{n} c_i\mathbf{a}_i$$

oder

$$c_1\mathbf{a}_1' + c_2\mathbf{a}_2' + \ldots + c_n\mathbf{a}_n' = \sum_{i=1}^{n} c_i\mathbf{a}_i',$$

wobei die c_i Skalare sind.

Die Multiplikation eines Vektors mit einem Skalar ergibt wieder einen Vektor, so daß die $c_i\mathbf{a}_i$ bzw. $c_i\mathbf{a}_i'$ wieder Vektoren sind. Die Summe von Vektoren ergibt ebenfalls wieder einen Vektor, so daß gilt:

R 17.9.2

Jede Linearkombination von Vektoren gleicher Ordnung ergibt einen Vektor derselben Ordnung.

B 17.9.3

a) $\mathbf{a}_1 = \begin{pmatrix} 3 \\ 0 \\ 1 \\ -4 \end{pmatrix}; \quad \mathbf{a}_2 = \begin{pmatrix} 1 \\ 2 \\ -2 \\ 3 \end{pmatrix}; \quad \mathbf{a}_3 = \begin{pmatrix} 12 \\ 20 \\ 9 \\ 4 \end{pmatrix}; \quad \begin{matrix} c_1 = 3 \\ c_2 = -1 \\ c_3 = 4 \end{matrix}$

$$c_1\mathbf{a}_1 + c_2\mathbf{a}_2 + c_3\mathbf{a}_3 = 3 \cdot \begin{pmatrix} 3 \\ 0 \\ 1 \\ -4 \end{pmatrix} + (-1) \cdot \begin{pmatrix} 1 \\ 2 \\ -2 \\ 3 \end{pmatrix} + 4 \cdot \begin{pmatrix} 12 \\ 20 \\ 9 \\ 4 \end{pmatrix}$$

$$= \begin{pmatrix} 9 \\ 0 \\ 3 \\ -12 \end{pmatrix} + \begin{pmatrix} -1 \\ -2 \\ 2 \\ -3 \end{pmatrix} + \begin{pmatrix} 48 \\ 80 \\ 36 \\ 16 \end{pmatrix} = \begin{pmatrix} 9-1+48 \\ 0-2+80 \\ 3+2+36 \\ -12-3+16 \end{pmatrix} = \begin{pmatrix} 56 \\ 78 \\ 41 \\ 1 \end{pmatrix}$$

b) $\mathbf{b}_1' = (3,9,7)$; $\mathbf{b}_2' = (1,-1,0)$; $\mathbf{b}_3' = (12,8,9)$
$c_1 = 12$; $c_2 = -40$; $c_3 = -5$

$$\begin{aligned} c_1\mathbf{b}_1' + c_2\mathbf{b}_2' + c_3\mathbf{b}_3' &= 12 \cdot (3,9,7) + (-40) \cdot (1,-1,0) + (-5) \cdot (12,8,9) \\ &= (36,108,84) + (-40,40,0) + (-60,-40,-45) \\ &= (-64,108,39) \end{aligned}$$

D 17.9.4

> Eine Linearkombination $\sum_{i=1}^{n} c_i\mathbf{a}_i$ der Vektoren $\mathbf{a}_i$ $(i = 1,\ldots,n)$ mit $\sum_{i=1}^{n} c_i = 1$ und $c_i \geq 0$, für $i = 1,\ldots,n$, heißt **konvexe** Linearkombination.

B 17.9.5 *Eine Unternehmung produziert zwei Güter, die auf den Maschinen A und B bearbeitet werden. Die Bearbeitungszeiten je Stück und die verfügbaren Maschinenzeiten sind in der folgenden Tabelle wiedergegeben (Zeiten in Minuten).*

	Gut 1	*Gut 2*	*Verfügbare Zeit je Woche*
Maschine A	6	10	2.400
Maschine B	8	4	2.400

Die produzierbaren Mengen sind durch die verfügbaren Zeiten beschränkt. Zulässige Produktionspläne sind dann z.B.:

$$\mathbf{a}_1 = \begin{pmatrix} 100 \\ 100 \end{pmatrix}; \quad \mathbf{a}_2 = \begin{pmatrix} 200 \\ 20 \end{pmatrix}; \quad \mathbf{a}_3 = \begin{pmatrix} 10 \\ 200 \end{pmatrix},$$

wobei die Elemente der Vektoren die Mengen der beiden Güter angeben. Jede konvexe Linearkombination dieser Vektoren gibt dann wieder einen zulässigen Produktionsplan, also z.B.:

$$\tfrac{1}{10} \cdot \begin{pmatrix} 100 \\ 100 \end{pmatrix} + \tfrac{2}{5} \cdot \begin{pmatrix} 200 \\ 20 \end{pmatrix} + \tfrac{1}{2} \cdot \begin{pmatrix} 10 \\ 200 \end{pmatrix} = \begin{pmatrix} 95 \\ 118 \end{pmatrix}$$

Aufgaben

Ü 17.9.1 *Bestimmen Sie Linearkombinationen der Vektoren* $(2,3,0,1)$; $(4,7,-3,0)$; $(-3,-2,1,2)$ *mit* **a)** $c_1 = 3,\ c_2 = -1,\ c_3 = 2$ *und* **b)** $c_1 = 1,\ c_2 = 3,\ c_3 = 4$.

18 Lineare Gleichungssysteme

18.1 Begriff des linearen Gleichungssystems

In linearen Gleichungen treten die Variablen nur in der ersten Potenz auf, und es kommen auch keine Produkte der Variablen vor. Der einfachste Fall ist die lineare Gleichung mit einer Variablen, die allgemein von der Form $ax + b = c$ ist und die Lösung $x = (c - b)/a$ hat.[1]

Bei vielen ökonomischen Anwendungen kommen lineare Gleichungen mit mehreren Variablen vor.

B 18.1.1 *Der Student Paul geht morgens zum Kaufmann und holt sich* 2 *Brötchen und* 1ℓ *Milch für sein Frühstück. Er bezahlt dafür DM* 2,60. *Als er zu Hause ausrechnen will, was* 1 *Brötchen und* 1ℓ *Milch kosten, versucht er, dafür eine Gleichung aufzustellen. Er bezeichnet den Brötchenpreis mit* B *und den Milchpreis mit* M *und erhält folgende lineare Gleichung mit* 2 *Variablen:* $2B + 1M = 2{,}60$.

Im allgemeinen Fall hat man es mit n Variablen zu tun.

D 18.1.2

> **Lineare Gleichung**
> Eine Gleichung der Form
>
> $$a_1x_1 + a_2x_2 + \ldots + a_nx_n = \sum_{j=1}^{n} a_jx_j = b$$
>
> ($a_j =$ const. ($j = 1, \ldots, n$); $b =$ const.) mit den n Variablen $x_1, \ldots, x_n$ heißt **lineare Gleichung in n Variablen**. Die a_j ($j = 1, \ldots, n$) sind die **Koeffizienten** der Gleichung, b wird auch **absolutes Glied** genannt.

---

[1] Vgl. dazu und zu Gleichungen mit 2 Variablen Kapitel 7 und 8 aus SCHWARZE, J.: Mathematik für Wirtschaftswissenschaftler, Elementare Grundlagen für Studienanfänger, Herne/Berlin, NWB-Verlag.

In einer linearen Gleichung kommen die Variablen nur in der ersten Potenz vor, und es gibt keine Produkte von Variablen.

Eine einzige lineare Gleichung in n Variablen ist für x_j $(j = 1, \ldots, n)$ nicht eindeutig lösbar, da man die Werte von $n - 1$ der Variablen beliebig wählen kann, bzw. weil der Wert jeder der Variablen x_j von den Werten der anderen Variablen abhängt.

B 18.1.3 *Die lineare Gleichung aus Beispiel* 18.1.1 $2B + M = 2{,}60$ *kann z.B. folgende Lösung haben:* $B = 0{,}15$, $M = 2{,}30$; $B = 0{,}30$, $M = 2{,}-$; $B = 0{,}60$, $M = 1{,}40$. *Der Student Paul kann aus der einen Gleichung den Brötchenpreis und den Milchpreis nicht ausrechnen.*

Eine lineare Gleichung mit mehreren Variablen hat allgemein unendlich viele Lösungen. Lineare Gleichungen mit mehreren Variablen treten jedoch üblicherweise nicht einzeln auf, sondern man hat mehrere lineare Gleichungen mit den gleichen Variablen, ein sogenanntes **lineares Gleichungssystem**.

B 18.1.4 *Es wird an* B 18.1.1 *angeknüpft. Der Student Paul hat am nächsten Morgen Besuch von seiner Freundin und er kauft* 5 *Brötchen,* 2ℓ *Milch und* 4 *Eier für das Frühstück und bezahlt DM* 6,70. *Das führt zu der Gleichung* $5B + 2M + 4E = 6{,}70$, *wobei* E *den Eierpreis bezeichnet. Am Tag darauf kauft er wieder* 5 *Brötchen und* 2ℓ *Milch aber* 6 *Eier für DM* 7,20 *und notiert folgende Gleichung* $5B + 2M + 6E = 7{,}20$. *Paul hat nunmehr folgende Gleichungen:*

$$\begin{aligned} 2B + M &= 2{,}60 \\ 5B + 2M + 4E &= 6{,}70 \\ 5B + 2M + 6E &= 7{,}20 \end{aligned}$$

D 18.1.5

Lineares Gleichungssystem

Die m linearen Gleichungen

$$\begin{aligned} a_{11}x_1 + a_{12}x_2 + \ldots + a_{1n}x_n &= \sum_{j=1}^{n} a_{1j}x_j = b_1 \\ a_{21}x_1 + a_{22}x_2 + \ldots + a_{2n}x_n &= \sum_{j=1}^{n} a_{2j}x_j = b_2 \\ \ldots \qquad \ldots \\ a_{m1}x_1 + a_{m2}x_2 + \ldots + a_{mn}x_n &= \sum_{j=1}^{n} a_{mj}x_j = b_m \end{aligned}$$

ergeben ein lineares Gleichungssystem.

Ein lineares Gleichungssystem kann man entweder ausführlich oder unter Verwendung des Summenzeichens schreiben, wie D 18.1.5 zeigt. Mit dem Summenzeichen kann für das Gleichungssystem verkürzt auch

$$\sum_{j=1}^{n} a_{ij}x_j = b_i, \quad i = 1, \ldots, m$$

geschrieben werden.

Eine andere Schreibweise ergibt sich bei Verwendung von **Matrizen**. In einer einzelnen linearen Gleichung der Form

$$a_1x_1 + a_2x_2 + a_3x_3 + \ldots + a_nx_n = b$$

läßt sich die linke Seite als skalares Produkt von Vektoren auffassen:

$$a_1x_1 + a_2x_2 + a_3x_3 + \ldots + a_nx_n = (a_1, a_2, \ldots, a_n)\begin{pmatrix} x_1 \\ x_2 \\ \vdots \\ x_n \end{pmatrix} = \mathbf{a}'\mathbf{x}.$$

Für die lineare Gleichung ergibt sich dann:

$$\mathbf{a}'\mathbf{x} = b.$$

In der entsprechenden Weise kann man die linke Seite eines linearen Gleichungssystems als Produkt der Matrix

$$\mathbf{A} = \begin{pmatrix} a_{11} & a_{12} & \ldots & a_{1n} \\ a_{21} & a_{22} & \ldots & a_{2n} \\ \ldots & & \ldots & \\ a_{m1} & a_{m2} & \ldots & a_{mn} \end{pmatrix} \text{ mit dem Vektor } \mathbf{x} = \begin{pmatrix} x_1 \\ x_2 \\ \vdots \\ x_n \end{pmatrix}$$

auffassen:

$$\begin{pmatrix} a_{11}x_1 + a_{12}x_2 + \ldots + a_{1n}x_n \\ a_{21}x_1 + a_{22}x_2 + \ldots + a_{2n}x_n \\ \ldots \qquad \ldots \\ a_{m1}x_1 + a_{m2}x_2 + \ldots + a_{mn}x_n \end{pmatrix} = \begin{pmatrix} a_{11} & a_{12} & \ldots & a_{1n} \\ a_{21} & a_{22} & \ldots & a_{2n} \\ \ldots & & \ldots & \\ a_{m1} & a_{m2} & \ldots & a_{mn} \end{pmatrix}\begin{pmatrix} x_1 \\ x_2 \\ \vdots \\ x_n \end{pmatrix}.$$

Mit dem Vektor $\mathbf{b}' = (b_1, b_2, \ldots, b_m)$ lautet das lineare Gleichungssystem in Matrizenschreibweise dann

$$\begin{pmatrix} a_{11} & a_{12} & \ldots & a_{1n} \\ a_{21} & a_{22} & \ldots & a_{2n} \\ \ldots & & \ldots & \\ a_{m1} & a_{m2} & \ldots & a_{mn} \end{pmatrix}\begin{pmatrix} x_1 \\ x_2 \\ \vdots \\ x_n \end{pmatrix} = \begin{pmatrix} b_1 \\ b_2 \\ \vdots \\ b_m \end{pmatrix}$$

oder kürzer

$$\mathbf{Ax} = \mathbf{b}.$$

Die Matrix $\mathbf{A}$ der Koeffizienten des linearen Gleichungssystems heißt **Koeffizientenmatrix**. $\mathbf{b}$ ist der Vektor der absoluten Glieder. Hat man genauso viele Gleichungen wie Variablen, d.h. gilt $m = n$, dann ist die Koeffizientenmatrix quadratisch.

B 18.1.6 *Die drei Gleichungen aus* B 18.1.4 *lauten in Matrizenschreibweise:*

$$\begin{pmatrix} 2 & 1 & 0 \\ 5 & 2 & 4 \\ 5 & 2 & 6 \end{pmatrix} \begin{pmatrix} B \\ M \\ E \end{pmatrix} = \begin{pmatrix} 2{,}60 \\ 6{,}70 \\ 7{,}20 \end{pmatrix}.$$

Vor allem bei Anwendungsproblemen kommt es vor, daß lineare Gleichungssysteme zunächst nicht in der Form $\mathbf{Ax} = \mathbf{b}$ gegeben sind. Durch äquivalente Umformungen (Durchführung der gleichen Rechenoperation mit der gleichen Zahl auf beiden Seiten der Gleichung) kann aber jedes Gleichungssystem auf die genannte Form gebracht werden.

B 18.1.7
$$\left.\begin{aligned} 5x - 2y &= 24 - 2z \\ 3y - 4z &= 5 + 3x \\ 6z &= 12 + 4x - 2y \end{aligned}\right\} \Rightarrow \left\{\begin{aligned} 5x - 2y + 2z &= 24 \\ -3x + 3y - 4z &= 5 \\ -4x + 2y + 6z &= 12 \end{aligned}\right\}$$

$$\Rightarrow \begin{pmatrix} 5 & -2 & 2 \\ -3 & 3 & -4 \\ -4 & 2 & 6 \end{pmatrix} \begin{pmatrix} x \\ y \\ z \end{pmatrix} = \begin{pmatrix} 24 \\ 5 \\ 12 \end{pmatrix}$$

Es wird deshalb folgendes definiert:

D 18.1.8

> **Normalform eines linearen Gleichungssystems**
> $\mathbf{Ax} = \mathbf{b}$ heißt **Normalform** eines linearen Gleichungssystems.

In den folgenden Ausführungen wird vor allem die Normalform von linearen Gleichungssystemen betrachtet.

D 18.1.9

> **Homogene und inhomogene lineare Gleichungssysteme**
> Ist bei einem linearen Gleichungssystem $\mathbf{Ax} = \mathbf{b}$ der Vektor $\mathbf{b} = \mathbf{0}$, so heißt das Gleichungssystem **homogen**.
> Ist wenigstens ein Element des Vektors $\mathbf{b}$ von Null verschieden ($\mathbf{b} \neq \mathbf{0}$), so heißt das Gleichungssystem **inhomogen**.

Bei einem linearen Gleichungssystem stellt sich nun die Aufgabe, die Lösungen des Gleichungssystems zu bestimmen. Bevor darauf im einzelnen eingegangen wird, werden hier zunächst noch einige Beispiele wirtschaftlicher Fragestellungen angeführt, die auf lineare Gleichungssysteme führen.

B 18.1.10 Verrechnung innerbetrieblicher Leistungen

Es wird ein Betrieb mit drei Abteilungen A, B und C betrachtet. Zwischen den Abteilungen bestehen Beziehungen dadurch, daß jede Abteilung an die jeweils anderen Abteilungen Leistungen abgibt bzw. abgeben kann. So kann etwa in einem Industriebetrieb die Abteilung „Heizung“ Leistungen an eine Abteilung „Reparaturen und Instandhaltung“ abgeben, und umgekehrt nimmt die „Heizung“ die Dienste der Abteilung „Reparaturen und Instandhaltung“ in Anspruch.

Die Leistungsverflechtungen der drei Abteilungen A, B und C sind aus F 18.1.11 *ersichtlich. Die Zahlen an den Pfeilen geben die Leistungsabgaben in Mengeneinheiten an. Jede Abteilung gibt außerdem Leistungen an den Markt ab, und zwar A 50, B 80 und C 40 Mengeneinheiten. In jeder Abteilung fallen unmittelbare Kosten an, in denen die Leistungen der anderen Abteilungen noch nicht berücksichtigt sind. Dazu gehören z.B. Löhne und Gehälter, Abschreibungen für Maschinen, Stromverbrauch usw. Diese Kosten nennt man* **Primärkosten**. *Für die Bestimmung der Kosten („Preise“) für eine Mengeneinheit der Leistungen jeder Abteilung, muß man auch die durch den innerbetrieblichen Leistungsaustausch entstehenden Kosten kennen. Diese Kosten nennt man* **Sekundärkosten**.

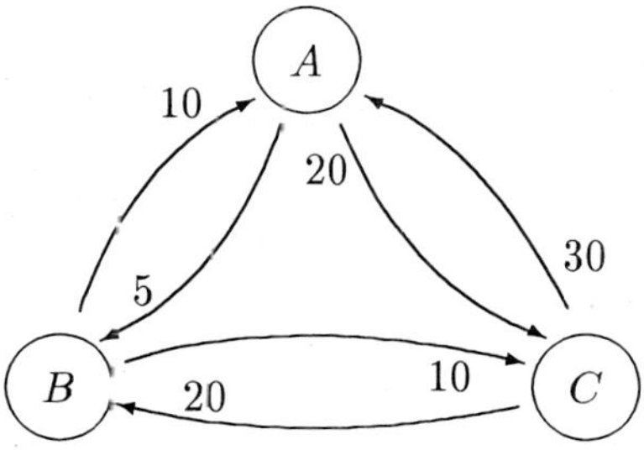

F 18.1.11

Um die Kosten für eine Leistungseinheit bei Abteilung A berechnen zu können, braucht man die Kosten je Einheit bei B und C. Um die Kosten bei B zu berechnen braucht man die Einheitskosten bei A und C usw. Es sieht also so aus, als ob sich das Problem nicht lösen läßt. Das ist richtig, wenn man die Kosten der Abteilungen nacheinander berechnen will. Man kann jedoch das Problem durch gleichzeitige Bestimmung aller Kosten je Einheit lösen. Dazu sind in F 18.1.12 *alle Angaben zusammengestellt.*

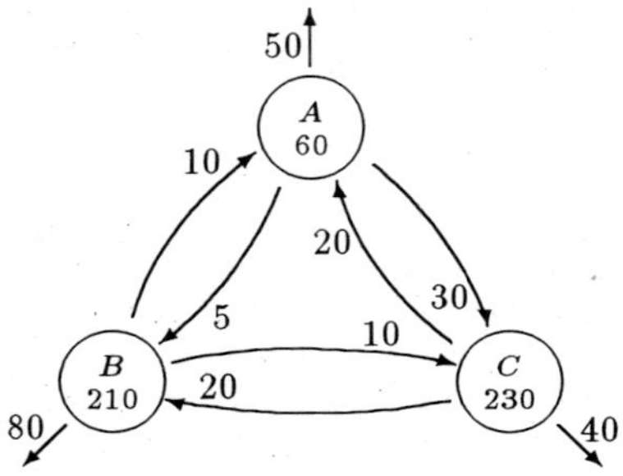

F 18.1.12

Die Zahlen in den Kreisen geben die Primärkosten an (F 18.1.12). *Die Kosten je Einheit* (*Verrechnungspreis*) *für die Abteilungen A, B bzw. C werden mit a, b bzw. c bezeichnet. Mittels der zu bestimmenden Verrechnungspreise soll eine Verrechnung aller Kosten sichergestellt werden. Für die Lösung des Problems kann man deshalb von folgender Grundgleichung für jede Abteilung ausgehen:*

entstandene Kosten = verrechnete Kosten.

Die Abteilung A gibt insgesamt $50+5+30 = 85$ *Leistungseinheiten ab. Es werden also Kosten in Höhe von* $85a$ *weitergegeben. Bei Abteilung A entstehen Primärkosten in Höhe von* 60 *und Sekundärkosten in Höhe von* $10b + 20c$, *denn* 10 *Leistungseinheiten werden von B empfangen und* 20 *Leistungseinheiten von C. Da entstehende und zu verrechnende Kosten gleich sein sollen, erhält man folgende Gleichung:*

$$85a = 60 + 10b + 20c.$$

Die gesamte Leistungsabgabe von B beträgt 100 *und es enstehen Kosten von* 210 *(Primärkosten) sowie* $5a + 20c$ *(Sekundärkosten). Das führt ähnlich wie bei A zu folgender Gleichung:* $100b = 210 + 5a + 20c$. *Entsprechend erhält man bei C die Gleichung:* $80c = 230 + 30a + 10b$. *Es ergibt sich damit zusammengefaßt folgendes:*

	Verrechnete Kosten		*Primärkosten*		*Sekundärkosten*
A:	$85a$	=	60	+	$10b + 20c$
B:	$100b$	=	210	+	$5a + 20c$
C:	$80c$	=	230	+	$30a + 10b$

Formt man die Gleichungen um, dann erhält man folgendes lineare Gleichungssystem:

$$\begin{aligned} 85a - 10b - 20c &= 60 \\ -5a + 100b - 20c &= 210 \\ -30a - 10b + 80c &= 230 \end{aligned} \quad \text{bzw.} \quad \begin{pmatrix} 85 & -10 & -20 \\ -5 & 100 & -20 \\ -30 & -10 & 80 \end{pmatrix} \begin{pmatrix} a \\ b \\ c \end{pmatrix} = \begin{pmatrix} 60 \\ 210 \\ 230 \end{pmatrix}.$$

Die Auflösung dieses Gleichungssystems liefert die gesuchten Verrechnungspreise.

B 18.1.13 Käuferverhalten

Es wird an B 17.6.19 *angeknüpft. Dort wurde das Verhalten von Käufern auf einem Markt mit mehreren konkurrierenden Produkten und ein Ansatz zur Bestimmung der zeitlichen Entwicklung der Marktanteile beschrieben. Man kann nun fragen, bei welchen Marktanteilen sich der Markt im Gleichgewicht befindet. Das ist dann der Fall, wenn sich die Marktanteile nicht mehr verändern. Um diese Marktanteile zu bestimmen, geht man folgendermaßen vor:*

Das Übergangsverhalten der Käufer in B 17.6.19 *wurde durch folgende Matrix gegeben:*

$$\begin{pmatrix} 0{,}8 & 0{,}1 & 0{,}1 \\ 0{,}2 & 0{,}7 & 0{,}1 \\ 0{,}2 & 0{,}2 & 0{,}6 \end{pmatrix}$$

Werden die Marktanteile der Güter mit A, B und C bezeichnet, so muß bei einem Marktgleichgewicht gelten:

$$\begin{aligned} 0{,}8A + 0{,}2B + 0{,}2C &= A \\ 0{,}1A + 0{,}7B + 0{,}2C &= B \\ 0{,}1A + 0{,}1B + 0{,}6C &= C \end{aligned}$$

denn die Marktanteile sollen gleich bleiben. Da der Markt auf die drei Güter vollständig aufgeteilt wird gilt außerdem: $A + B + C = 100$. Von den drei obigen Gleichungen ist eine dadurch überflüssig, denn die Marktanteile müssen zusammen 100% *ergeben. Die Berechnung der Marktanteile, bei denen ein Gleichgewicht auf dem Markt herrscht, erhält man also durch Auflösung des folgenden Gleichgewichtssystems:*

$$\begin{aligned} -0{,}2A + 0{,}2B + 0{,}2C &= 0 \\ 0{,}1A - 0{,}3B + 0{,}2C &= 0 \\ A + \quad B + \quad C &= 100 \end{aligned} \qquad bzw. \quad \begin{pmatrix} -0{,}2 & 0{,}2 & 0{,}2 \\ 0{,}1 & -0{,}3 & 0{,}2 \\ 1 & 1 & 1 \end{pmatrix} \begin{pmatrix} A \\ B \\ C \end{pmatrix} = \begin{pmatrix} 0 \\ 0 \\ 100 \end{pmatrix}$$

B 18.1.14 Teilebedarfsrechnung

Ein anderes Anwendungsbeispiel für lineare Gleichungssysteme hat man bei der sogenannten Teilebedarfsrechnung. Aus Werkstoffen (A, B) werden Zwischenprodukte (C, D, E) und Endprodukte (F, G) hergestellt. In F 18.1.15 *sind diese Verknüpfungen grafisch dargestellt. Die Zahlen an den Pfeilen geben an, wieviel Mengeneinheiten für eine Einheit auf der jeweils nachfolgenden Produktionsstufe benötigt werden. Die grafische Darstellung der Zusammenhänge bezeichnet man als* ***Gozintograph****.* *Von den Produkten E, F und G werden die Mengen* 50, 200 *und* 120 *für den Verkauf benötigt.*

Um auszurechnen, welche Stückzahlen von A, B, C, D und E für diese Mengen benötigt werden (Teilebedarf), kann man folgendermaßen vorgehen. Die Bedarfsmengen der einzelnen Produkte werden mit a, b,

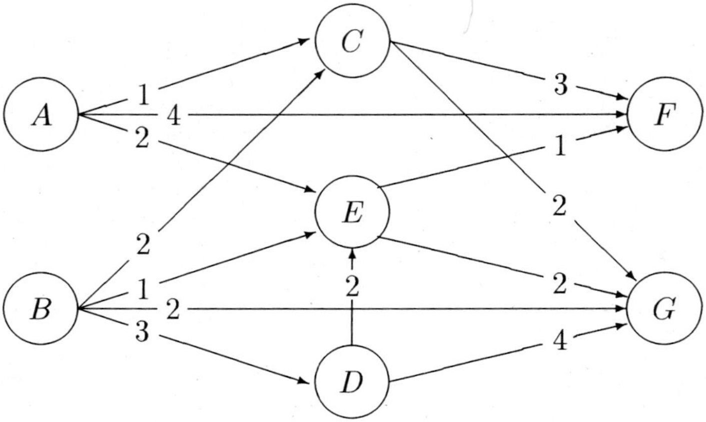

F 18.1.15

c, d, e, f und g bezeichnet. Es wird nun über die Mengenverknüpfungen des Schaubildes der Bedarf ausgerechnet. Von A benötigt man ein Stück für jede Einheit von C, 4 Stück pro Einheit von F und 2 je Einheit von E. Es gilt also: $a = c + 2e + 4f$. *Entsprechend ergibt sich für die anderen Mengen:* $b = 2c + 3d + e + 2g$; $c = 3f + 2g$; $d = 2e + 4g$ *und* $e = f + 2g + 50$. *Die* 50 *geben den Endverbrauch an. Die übrigen Beziehungen lauten* $f = 200$ *und* $g = 120$. *Man erhält also folgendes lineare Gleichungssystem zur Ermittlung des Teilbedarfs:*

$$\begin{aligned}
a \quad - c \qquad - 2e - 4f \qquad &= 0 \\
b - 2c - 3d - e \qquad - 2g &= 0 \\
c \qquad - 3f - 2g &= 0 \\
d - 2e \qquad - 4g &= 0 \\
e - f - 2g &= 50 \\
f &= 200 \\
g &= 120
\end{aligned}$$

$$\textit{bzw.} \quad \begin{pmatrix} 1 & 0 & -1 & 0 & -2 & -4 & 0 \\ 0 & 1 & -2 & -3 & -1 & 0 & -2 \\ 0 & 0 & 1 & 0 & 0 & -3 & -2 \\ 0 & 0 & 0 & 1 & -2 & 0 & -4 \\ 0 & 0 & 0 & 0 & 1 & -1 & -2 \\ 0 & 0 & 0 & 0 & 0 & 1 & 0 \\ 0 & 0 & 0 & 0 & 0 & 0 & 1 \end{pmatrix} \begin{pmatrix} a \\ b \\ c \\ d \\ e \\ f \\ g \end{pmatrix} = \begin{pmatrix} 0 \\ 0 \\ 0 \\ 0 \\ 50 \\ 200 \\ 120 \end{pmatrix}$$

Aufgaben

Ü 18.1.1 *Schreiben Sie unter Verwendung von Matrizen:*

$$\begin{aligned} 5x+3y-2z&=1\\ -\ x-\ y+\ z&=0\\ 2x-4y+4z&=2 \end{aligned}$$

Ü 18.1.2 *Lassen sich die folgenden Gleichungssysteme in der Form* $\mathbf{Ax}=\mathbf{b}$ *schreiben? Falls ja, geben Sie die Matrizenschreibweise an.*

a) $5x+3xy=2$, $2\frac{x}{y}-2y=1$ **b)** $5x-3y=y+z$, $-x+5y=2x-4z$ **c)** $x_1x_2+5x_2^2=1$, $\frac{x_1}{x_2}+\frac{1}{x_2^2}=3$

Ü 18.1.3 *Ein Betrieb besteht aus 3 Kostenstellen (K_1, K_2 und K_3), die Leistungen für den Absatzmarkt und für die jeweils anderen beiden Kostenstellen erbringen. Die Leistungsabgaben der Kostenstellen und die Primärkosten sind in der folgenden Tabelle wiedergegeben:*

		empfangende Stelle			*Marktleistung*	*Primärkosten*
		K_1	K_2	K_3		
abgebende Stelle	K_1	0	30	40	30	300
	K_2	20	0	32	154	150
	K_3	40	28	0	28	120

a) *Stellen Sie die Angaben in einem übersichtlichen Diagramm zusammen.*

b) *Formulieren Sie das zur Bestimmung der innerbetrieblichen Verrechnungspreise notwendige Gleichungssystem.*

Ü 18.1.4 *Ein Industriebetrieb stellt 3 Güter X, Y und Z in den Mengen x, y und z her. Zur Produktion einer Einheit von Y werden drei Einheiten von X benötigt. Für eine Einheit von Z werden sechs Einheiten von X und 5 Einheiten von Y benötigt. Es liegt ein Auftrag von 40 Stück des Gutes X, 60 Stück von Y und 20 Stück von Z vor. Welche Mengen müssen insgesamt hergestellt werden? Formulieren Sie den Ansatz als lineares Gleichungssystem.*

Ü 18.1.5 *Für Fünf-Mark-Stücke soll eine neue Legierung verwendet werden, die aus 43% Nickel, 38% Kupfer und 19% Zinn besteht. Die neue Legierung soll aus zwei alten Legierungen, die noch in großer Menge vorrätig sind, und aus reinem Kupfer durch Mischung gewonnen werden.*

Legierung 1 : 50% Nickel, 30% Kupfer und 20% Zinn;
Legierung 2 : 60% Nickel, 10% Kupfer und 30% Zinn.

Gesucht sind die benötigten Anteile x_1 und x_2 der Legierungen 1 und 2 und der Anteil x_3 des Kupfers. Formulieren Sie das Mischungsproblem als Gleichungssystem.

18.2 Regeln für die Lösung linearer Gleichungssysteme

Lineare Gleichungssysteme sind nicht immer lösbar. An einfachen Beispielen soll zunächst gezeigt werden, welche Fälle möglich sind. Dabei erfolgt eine Beschränkung auf inhomogene Gleichungssysteme $\mathbf{Ax} = \mathbf{b}$, für die nach D 18.1.9 gilt: $\mathbf{b} \neq \mathbf{0}$.

Bei der Lösung linearer Gleichungssysteme sollte immer die folgende Regel beachtet werden:
Die Lösung eines linearen Gleichungssystems kann durch Einsetzen der Lösungswerte für die Variablen in die Gleichung überprüft werden.

In dem folgenden Beispiel werden zunächst die möglichen Fälle bei der Lösung von Gleichungssystemen gezeigt.

B 18.2.1 **a)** *Das Gleichungssystem aus* B 18.1.4 *hat die Lösung* $B = 0{,}50$; $M = 1{,}60$; $E = 0{,}25$. *Diese Lösung ist* **eindeutig**, *d.h. es gibt keine andere Lösung.*
b) *Das Gleichungssystem* $2x + 4y - 2z = 10$ *und* $x - 2y + 7z = 17$ *hat* **mehrere Lösungen**. *Beide Gleichungen sind z.B. für* $(x, y, z) = (5, 1, 2)$; $(-4, 7, 5)$ *oder* $(14, -5, -1)$ *erfüllt. Das Gleichungssystem ist lösbar, aber nicht eindeutig (nur eine Lösung), sondern mehrdeutig.*
c) *Das Gleichungssystem* $x + 2y = 5$ *und* $x + 2y = 4$ *ist* **nicht lösbar**. *Die beiden Gleichungen widersprechen sich. Die linken Seiten stimmen überein* $(x + 2y)$, *aber die rechten Seiten nicht.*

Das Beispiel zeigt die drei Fälle, die bei der Lösung eines inhomogenen linearen Gleichungssystems auftreten können.

R 18.2.2

Bei der **Lösung eines inhomogenen linearen Gleichungssystems** sind drei Fälle möglich:
a) **keine** Lösung: **nicht lösbares** Gleichungssystem,
b) **eine** Lösung: **eindeutig lösbares** Gleichungssystem, oder:
c) **mehrere** Lösungen: **mehrdeutig lösbares** Gleichungssystem.

Nicht lösbare Gleichungssysteme enthalten in den Gleichungen einen Widerspruch. Bei mehrdeutig lösbaren Gleichungssystemen können (oder müssen) eine oder mehrere Variablen vorgegeben werden, um die Lösungswerte der übrigen Variablen eindeutig bestimmen zu können.

Für die Bestimmung der Lösungsmenge eines linearen Gleichungssystems mit **zwei** Variablen der allgemeinen Form

$a_1x + b_1y = c_1$ und $a_2x + b_2y = c_2$

gibt es verschiedene Lösungsverfahren.[2]

(1) **Lösung durch Einsetzen**
Eine Gleichung wird nach x (oder y) aufgelöst und der sich für x (oder y) ergebende Ausdruck in die andere Gleichung eingesetzt. Diese hat dann nur noch eine Variable und kann nach dieser aufgelöst werden. Den Lösungswert der anderen Variablen erhält man dann, indem man den Lösungswert der ersten Variablen in eine Gleichung einsetzt.

B 18.2.3 *Gegeben sei das Gleichungssystem* $x - 2y = 1$ *und* $3x - y = 18$. *Auflösung der ersten Gleichung nach* x *ergibt:* $x = 1 + 2y$. *Setzt man die rechte Seite für* x *in die zweite Gleichung ein, erhält man:* $3 + 6y - y = 18 \Rightarrow 5y = 15 \Rightarrow y = 3$. *Wird* $y = 3$ *in die erste Gleichung eingesetzt, ergibt sich:* $x - 6 = 1$ *bzw.* $x = 7$.

(2) **Lösung durch Gleichsetzen**
Beide Gleichungen werden nach einer Variablen aufgelöst und die sich ergebenden Ausdrücke gleichgesetzt. Diese Gleichung mit einer Variablen wird nach dieser aufgelöst. Mit dem gefundenen Lösungswert kann über eine der beiden Gleichungen der Lösungswert der anderen Variablen bestimmt werden.

B 18.2.4 *Gegeben sei das Gleichungssystem* $2x - y = 5$ *und* $3x + y = 5$. *Auflösung nach* y *und Gleichsetzen ergibt:* $2x - 5 = 5 - 3x$ *bzw.* $x = 2$. *Mit* $x = 2$ *folgt aus der 2. Gleichung:* $6 + y = 5$ *oder* $y = -1$.

(3) **Lösung durch Addition von Gleichungen**
Es wird ein geeignetes Vielfaches einer Gleichung zu der anderen addiert, so daß dadurch eine Gleichung mit einer Variablen entsteht, die nach dieser aufgelöst wird. Mit diesem Lösungswert erhält man dann über eine der beiden gegebenen Gleichungen den Lösungswert der anderen Variablen.

B 18.2.5 $2x + 2y = 6$ *und* $4x - 3y = 26$. *Es wird das (−2)-fache der ersten Gleichung zur zweiten addiert:*

$$\begin{array}{rl} 4x - 3y = & 26 \\ -4x - 4y = & -12 \\ \hline -7y = & 14 \end{array}$$

Es ergibt sich: $y = -2$. *Mit der ersten Gleichung erhält man dann:* $2x - 4 = 6$ *oder* $x = 5$.

[2] Vgl. dazu im einzelnen Abschnitt 8.2 von SCHWARZE, J.: Mathematik für Wirtschaftswissenschaftler, Elementare Grundlagen für Studienanfänger, Herne/Berlin, NWB-Verlag.

Aus der Behandlung einfacher Gleichungen ist folgendes bekannt:[3]
Die Lösungsmenge einer Gleichung wird durch äquivalente Umformung der Gleichung nicht verändert.
Äquivalente Umformungen sind solche, bei denen auf beiden Seiten der Gleichung mit der gleichen Zahl (nicht Null!) die gleiche Rechenoperation durchgeführt wird.
Das Entsprechende gilt auch für lineare Gleichungen mit mehreren Variablen.

R 18.2.6 Die Lösungsmenge einer linearen Gleichung mit mehreren Variablen wird durch **äquivalente Umformungen** nicht verändert.

In Ansatz (3) zur Lösung von linearen Gleichungen mit 2 Variablen wurde ein Vielfaches einer Gleichung zu der anderen addiert. Die Addition des Vielfachen einer Gleichung zu einer anderen ist auch bei Gleichungssystemen mit mehr als zwei Variablen möglich ohne das sich die Lösungsmenge des Gleichungssystems dadurch verändert.

B 18.2.7 $$\left.\begin{aligned} 3x-4y+5z&=15\\ 6x+2y-3z&=7\\ x+y+z&=2 \end{aligned}\right\}$$ *hat die Lösung*: $x=2,\ y=-1,\ z=1$.

Addiert man das 2fache der ersten Gleichung zur zweiten und das (-3)-*fache der ersten Gleichung zur dritten, so erhält man*:

$$\begin{array}{rcl} 6x+2y-3z&=&7\\ 6x-8y+10z&=&30\\ \hline 12x-6y+7z&=&37 \end{array}\qquad \begin{array}{rcl} x+y+z&=&2\\ -9x+12y-15z&=&-45\\ \hline -8x+13y-14z&=&-43 \end{array}$$

Das neue Gleichungssystem lautet:

$$\begin{aligned} 3x-4y+5z&=15\\ 12x-6y+7z&=37\\ -8x+13y-14z&=-43 \end{aligned}$$

Es hat dieselbe Lösung wie das ursprüngliche Gleichungssystem, wie man durch Einsetzen nachprüfen kann.

Schließlich ist leicht einzusehen, daß Gleichungen miteinander vertauscht werden können, ohne daß sich die Lösungsmenge des Gleichungssystems ändert.

Die angestellten Überlegungen führen zu folgender Grundregel für das Lösen linearer Gleichungssysteme.

[3] Vgl. R 7.2.1 in SCHWARZE, J.: Mathematik für Wirtschaftswissenschaftler, Elementare Grundlagen für Studienanfänger, Herne/Berlin, NWB-Verlag)

R 18.2.8

> Die Lösungsmenge eines linearen Gleichungssystems wird nicht verändert, wenn
> (1) einzelne Gleichungen äquivalent umgeformt werden oder
> (2) ein Vielfaches einer Gleichung zu einer anderen Gleichung addiert wird oder
> (3) zwei Gleichungen miteinander vertauscht werden.

Auf der Basis dieser Grundregel ist die systematische Auflösung linearer Gleichungssysteme möglich. Da für das eigentliche Rechnen nur die Koeffizienten des Gleichungssystems berechnet werden, also die Elemente der Koeffizientenmatrix **A** und des Vektors **b**, können systematische Lösungsverfahren auch in Matrizenschreibweise formuliert werden. Im nächsten Abschnitt wird darauf eingegangen. Hier ist noch eine einfach einzusehende Regel für die Lösung eines homogenen Gleichungssystems zu erwähnen.

R 18.2.9

> Ein **homogenes lineares Gleichungssystem** $\mathbf{Ax} = \mathbf{0}$ hat immer mindestens die triviale Lösung $\mathbf{x} = \mathbf{0}$.

18.3 Lösung eines inhomogenen linearen Gleichungssystems durch vollständige Elimination

In diesem Abschnitt werden Gleichungssysteme betrachtet, bei denen die Anzahl der Gleichungen (m) gleich der Anzahl der Variablen (n) ist ($m = n$) und die in ihrer **Normalform** (vgl. D 18.1.8) gegeben sind. Die Normalform kann man gegebenenfalls durch äquivalente Umformungen (R 18.2.6) herbeiführen. Ein systematisches Lösungsverfahren für inhomogene lineare Gleichungsysteme mit quadratischer Koeffizientenmatrix erhält man durch Anwendung der in R 18.2.8 angegebenen Operationen auf das gegebene Gleichungssystem, indem man dieses so umformt, daß man schließlich ein Gleichungssystem erhält, bei dem nach Möglichkeit in jeder Gleichung nur noch **eine** Variable mit dem Koeffizienten 1 steht. Ist das Gleichungssystem eindeutig lösbar, dann bedeutet das folgendes:

$$\begin{aligned}
a_{11}x_1 + a_{12}x_2 + \ldots + a_{1n}x_n &= b_1 \\
a_{21}x_1 + a_{22}x_2 + \ldots + a_{2n}x_n &= b_2 \\
\ldots \qquad\qquad \ldots & \\
a_{n1}x_1 + a_{n2}x_2 + \ldots + a_{nn}x_n &= b_n
\end{aligned}$$

wird durch die Operation aus R 18.2.8 umgeformt in:

$$\begin{aligned} x_1 &= b_1^* \\ x_2 &= b_2^* \\ \vdots \; & \; \vdots \\ x_n &= b_n^* \end{aligned}$$

Die b_j^* $(j = 1, \ldots, n)$ sind die Lösungswerte für die Variablen.

Bei Anwendung der Operationen aus R 18.2.8 wird - im eigentlichen Sinne - nur mit den Koeffizienten a_{ij} und den b_j der Gleichungen gerechnet. Für die Bestimmung der Lösung des Gleichungssystems reicht es deshalb aus, wenn nur die um den Vektor $\mathbf{b}$ erweiterte Koeffizientenmatrix $\mathbf{A}$ betrachtet wird, d.h.:

$$\left(\begin{array}{cccc|c} a_{11} & a_{12} & \ldots & a_{1n} & b_1 \\ a_{21} & a_{22} & \ldots & a_{2n} & b_2 \\ \ldots & & \ldots & & \ldots \\ a_{n1} & a_{n2} & \ldots & a_{nn} & b_n \end{array}\right) \quad \text{oder kurz} \quad (\mathbf{A}|\mathbf{b}).$$

Die Operationen aus R 18.2.8 bedeuten, übertragen auf diese erweiterte Koeffizientenmatrix, folgendes:

(1) Multiplikation einer Zeile mit einer von Null verschiedenen Zahl. (Andere äquivalente Umformungen entfallen für die Normalform.)
(2) Addition eines Vielfachen einer Zeile zu einer anderen.
(3) Vertauschung von Zeilen.

Durch Anwendung dieser Zeilenoperationen formt man die Matrix $(\mathbf{A}|\mathbf{b})$ so um, daß anstelle von $\mathbf{A}$ eine Einheitsmatrix steht. Man bringt die erweiterte Koeffizientenmatrix also auf die Form:

$$\left(\begin{array}{cccc|c} 1 & 0 & \ldots & 0 & b_1^* \\ 0 & 1 & \ldots & 0 & b_2^* \\ \ldots & & \ldots & & \ldots \\ 0 & 0 & \ldots & 1 & b_n^* \end{array}\right).$$

Damit hat man dann die Lösungswerte b_j^* der Variablen gefunden. Um die Bestimmung der Lösung eines inhomogenen linearen Gleichungssystems mit Hilfe der erweiterten Koeffizientenmatrix zu erläutern, wird zunächst ein Beispiel betrachtet, in dem Gleichungssystem und erweiterte Koeffizientenmatrix nebeneinander betrachtet werden.

B 18.3.1 *Es soll das Gleichungssystem aus* B 18.1.4 *gelöst werden. Dabei werden jeweils Gleichungssystem und erweiterte Koeffizientenmatrix nebeneinander geschrieben. Gleichungssystem und erweiterte Koeffizientenmatrix lauten:*

$$\begin{aligned} 2B + M &= 2{,}6 \\ 5B + 2M + 4E &= 6{,}7 \\ 5B + 2M + 6E &= 7{,}2 \end{aligned} \qquad \left(\begin{array}{ccc|c} 2 & 1 & 0 & 2{,}6 \\ 5 & 2 & 4 & 6{,}7 \\ 5 & 2 & 6 & 7{,}2 \end{array}\right)$$

Nach der schrittweisen Umformung soll sich ergeben:

$$\begin{aligned} B &= b_1^* \\ M &= b_2^* \\ E &= b_3^* \end{aligned} \qquad \left(\begin{array}{ccc|c} 1 & 0 & 0 & b_1^* \\ 0 & 1 & 0 & b_2^* \\ 0 & 0 & 1 & b_3^* \end{array}\right)$$

Im ersten Schritt wird die erste Gleichung (Zeile) so umgeformt, daß B den Faktor 1 hat. Dazu wird die erste Gleichung (Zeile) mit 0,5 multipliziert (Operation (1) aus R 18.2.8) :

$$\begin{aligned} B + 0{,}5M &= 1{,}3 \\ 5B + 2M + 4E &= 6{,}7 \\ 5B + 2M + 6E &= 7{,}2 \end{aligned} \qquad \left(\begin{array}{ccc|c} 1 & 0{,}5 & 0 & 1{,}3 \\ 5 & 2 & 4 & 6{,}7 \\ 5 & 2 & 6 & 7{,}2 \end{array}\right)$$

In den nächsten beiden Schritten wird ein geeignetes Vielfaches der neuen ersten Gleichung (Zeile) zur zweiten bzw. dritten Gleichung (Zeile) addiert, um die Variable B aus diesen Gleichungen zu eliminieren (bzw. um in der ersten Spalte der zweiten und dritten Zeile die Nullen zu erzeugen).

Addition des (−5)-fachen der ersten Gleichung (Zeile) zur zweiten:

$$\begin{array}{r} 5B + 2M + 4E = 6{,}7 \\ -5B - 2{,}5M = -6{,}5 \\ \hline -0{,}5M + 4E = 0{,}2 \end{array} \qquad \begin{array}{rrr|r} 5 & 2 & 4 & 6{,}7 \\ -5 & -2{,}5 & 0 & -6{,}5 \\ \hline 0 & -0{,}5 & 4 & 0{,}2 \end{array}$$

Addition des (−5)-fachen der ersten Gleichung (Zeile) zur dritten:

$$\begin{array}{r} 5B + 2M + 6E = 7{,}2 \\ -5B - 2{,}5M = -6{,}5 \\ \hline -0{,}5M + 6E = 0{,}7 \end{array} \qquad \begin{array}{rrr|r} 5 & 2 & 6 & 7{,}2 \\ -5 & -2{,}5 & 0 & -6{,}5 \\ \hline 0 & -0{,}5 & 6 & 0{,}7 \end{array}$$

Gleichungssystem bzw. erweiterte Koeffizientenmatrix lauten nunmehr:

$$\begin{aligned} B + 0{,}5M &= 1{,}3 \\ -0{,}5M + 4E &= 0{,}2 \\ -0{,}5M + 6E &= 0{,}7 \end{aligned} \qquad \left(\begin{array}{ccc|c} 1 & 0{,}5 & 0 & 1{,}3 \\ 0 & -0{,}5 & 4 & 0{,}2 \\ 0 & -0{,}5 & 6 & 0{,}7 \end{array}\right)$$

Die Variable B steht jetzt nur noch in der ersten Gleichung (Zeile). Im nächsten Schritt wird die zweite Gleichung (Zeile) mit −2 multipliziert, um zu erreichen, daß M in dieser Gleichung den Faktor 1 hat. Die zweite Gleichung (Zeile) lautet dann:

$$M - 8E = -0{,}4 \qquad \textit{bzw.} \qquad 0 \;\; 1 \;\; -8 \;|\; -0{,}4$$

Jetzt wird ein geeignetes Vielfaches dieser neuen zweiten Zeile zur ersten und dritten addiert, um die Variable M aus diesen Gleichungen zu eliminieren bzw. in der ersten und dritten Zeile der zweiten Spalte eine Null zu erzeugen:

Addition des (0,5)-fachen der neuen zweiten Gleichung (Zeile) zur ersten:

$$\begin{array}{rcl} B+0{,}5M & & =1{,}3 \\ -0{,}5M & +4E & =0{,}2 \\ \hline B & +4E & =1{,}5 \end{array} \qquad \begin{array}{rrr|r} 1 & 0{,}5 & 0 & 1{,}3 \\ 0 & -0{,}5 & 4 & 0{,}2 \\ \hline 1 & 0 & 4 & 1{,}5 \end{array}$$

Addition des 0,5-fachen der neuen zweiten Gleichung (Zeile) zur dritten:

$$\begin{array}{rrr} -0{,}5M & +6E = & 0{,}7 \\ 0{,}5M & -4E = & -0{,}2 \\ \hline & 2E = & 0{,}5 \end{array} \qquad \begin{array}{rrr|r} 0 & -0{,}5 & 6 & 0{,}7 \\ 0 & 0{,}5 & -4 & -0{,}2 \\ \hline 0 & 0 & 2 & 0{,}5 \end{array}$$

Gleichungssystem bzw. Koeffizientenmatrix lauten nunmehr

$$\begin{array}{rrrr} B & & +4E = & 1{,}5 \\ & M & -8E = & -0{,}4 \\ & & 2E = & 0{,}5 \end{array} \qquad \left(\begin{array}{rrr|r} 1 & 0 & 4 & 1{,}5 \\ 0 & 1 & -8 & -0{,}4 \\ 0 & 0 & 2 & 0{,}5 \end{array}\right)$$

Hier wird bereits deutlich, daß im linken Teil der erweiterten Koeffizientenmatrix nacheinander Einheitsvektoren erzeugt werden. In der ersten Spalte ein 1. Einheitsvektor, in der zweiten Spalte ein 2. Einheitsvektor.

Im nächsten Schritt wird die dritte Gleichung (Zeile) so umgeformt, daß E den Faktor 1 hat. Dazu wird die Gleichung (Zeile) mit 0,5 multipliziert:

$$E = 0{,}25 \qquad 0\ \ 0\ \ 1|\ 0{,}25$$

Damit liegt für E bereits der Lösungswert vor. Jetzt werden geeignete Vielfache dieser neuen dritten Gleichung (Zeile) zu den beiden anderen addiert, um die Variable E aus diesen Gleichungen zu eliminieren bzw. in der ersten und zweiten Zeile der dritten Spalte Nullen zu erzeugen.

Addition des (−4)-fachen der neuen dritten Gleichung (Zeile) zur ersten:

$$\begin{array}{rrr} B & +4E & =1{,}5 \\ & -4E & =-1 \\ \hline B & & =0{,}5 \end{array} \qquad \begin{array}{rrr|r} 1 & 0 & 4 & 1{,}5 \\ 0 & 0 & -4 & -1 \\ \hline 1 & 0 & 0 & 0{,}5 \end{array}$$

Addition des 8-fachen der neuen dritten Gleichung (Zeile) zur zweiten:

$$\begin{array}{rrr} M & -8E = & -0{,}4 \\ & 8E = & 2 \\ \hline M & = & 1{,}6 \end{array} \qquad \begin{array}{rrr|r} 0 & 1 & -8 & -0{,}4 \\ 0 & 0 & 8 & 2 \\ \hline 0 & 1 & 0 & 1{,}6 \end{array}$$

Gleichungssystem bzw. erweiterte Koeffzientenmatrix lauten jetzt:

$$\begin{array}{rrrl} B & & & =0{,}5 \\ & M & & =1{,}6 \\ & & E & =0{,}25 \end{array} \qquad \left(\begin{array}{rrr|l} 1 & 0 & 0 & 0{,}5 \\ 0 & 1 & 0 & 1{,}6 \\ 0 & 0 & 1 & 0{,}25 \end{array}\right)$$

Damit ist die Lösung des Gleichungssystems bestimmt. Es wird auch unmittelbar deutlich, wie die Lösung aus der erweiterten Koeffizientenmatrix abzulesen ist, denn die erweiterte Koeffizientenmatrix entspricht dem danebenstehenden Gleichungssystem.

Das Beispiel zeigt, wie bereits oben erwähnt wurde, daß zur Lösung eines in Normalform gegebenen inhomogenen Gleichungssystems die Lösung durch Umformung der erweiterten Koeffizientenmatrix gefunden werden kann. Um diesen Ansatz als Regel zu definieren, werden zunächst die in R 18.2.8 eingeführten Operationen für Gleichungen eines Gleichungssystems als Zeilenoperationen für Matrizen definiert:

D 18.3.2

Zeilenoperationen für Matrizen
Unter **Zeilenoperationen** versteht man die folgenden Rechenoperationen für eine Matrix:
(1) Multiplikation aller Elemente einer Zeile mit einer von Null verschiedenen Zahl.
(2) Addition einer mit einem Skalar multiplizierten Zeile zu einer anderen Zeile.
(3) Vertauschung zweier Zeilen.

Bezüglich der erweiterten Koeffizientenmatrix eines linearen Gleichungssystems entsprechen diese Zeilenoperationen den für R 18.2.8 angegebenen Operationen.

Das in Beispiel 18.3.1 erläuterte Verfahren zur Bestimmung der Lösung eines linearen Gleichungssystems kann für die erweiterte Koeffizientenmatrix unter Verwendung von Zeilenoperationen wie folgt als Regel formuliert werden.

R 18.3.3

Vollständige Elimination
Gegeben sei die Normalform $\mathbf{Ax} = \mathbf{b}$ eines inhomogenen linearen Gleichungssystems, bei dem die Anzahl der Gleichungen mit der Anzahl der Variablen übereinstimmt. Den Lösungsvektor $\mathbf{x}$ des Gleichungssystems kann man bestimmen, indem man die um den Vektor $\mathbf{b}$ erweiterte Koeffizientenmatrix $(\mathbf{A}|\mathbf{b})$ durch Anwendung von Zeilenoperationen (D 18.3.2) in eine Matrix der Form $(\mathbf{E}|\mathbf{b}^*)$ umformt, wobei $\mathbf{E}$ eine Einheitsmatrix entsprechender Ordnung ist. Es gilt dann $\mathbf{x} = \mathbf{b}^*$.

Beim Lösungsverfahren der **vollständigen Elimination** für ein inhomogenes lineares Gleichungssystem geht man von folgendem Gleichungssystem aus:

$$\begin{pmatrix} a_{11} & a_{12} & \dots & a_{1n} \\ a_{21} & a_{22} & \dots & a_{2n} \\ \dots & & \dots & \\ a_{n1} & a_{n2} & \dots & a_{nn} \end{pmatrix} \begin{pmatrix} x_1 \\ x_2 \\ \dots \\ x_n \end{pmatrix} = \begin{pmatrix} b_1 \\ b_2 \\ \dots \\ b_n \end{pmatrix}$$

Der erste Lösungsschritt besteht darin, daß man die Koeffizientenmatrix um den Vektor $\mathbf{b}$ zur erweiterten Koeffizientenmatrix ergänzt:

$$\left(\begin{array}{cccc|c} a_{11} & a_{12} & \dots & a_{1n} & b_1 \\ a_{21} & a_{22} & \dots & a_{2n} & b_2 \\ \dots & & \dots & & \dots \\ a_{n1} & a_{n2} & \dots & a_{nn} & b_n \end{array}\right)$$

In der erweiterten Matrix werden nun in den Spalten der Koeffizientenmatrix schrittweise Einheitsvektoren erzeugt, so daß an Stelle der Koeffizientenmatrix schließlich eine Einheitsmatrix steht. Das geschieht durch Anwendung der in D 18.3.2 definierten Zeilenoperationen. Die erweiterte Matrix lautet dann schließlich:

$$\left(\begin{array}{cccc|c} 1 & 0 & \dots & 0 & b_1^* \\ 0 & 1 & \dots & 0 & b_2^* \\ \dots & & \dots & & \dots \\ 0 & 0 & \dots & 1 & b_n^* \end{array}\right)$$

Die $b_1^*, b_2^*, \dots, b_n^*$ sind die Lösungen des Gleichungssystems, denn eine Rücktransformation der erweiterten Matrix in ein lineares Gleichungssystem ergibt: $x_1 = b_1^*$; $x_2 = b_2^*$; $x_3 = b_3^*; \dots; x_n = b_n^*$. Dazu wird noch ein weiteres ausführliches Beispiel behandelt.

B 18.3.4 $\quad 8x_1 + 3x_2 = 30$
$\quad 5x_1 + 2x_2 = 19$

(1) *Bestimmung der erweiterten Koeffizientenmatrix*

$$\left(\begin{array}{cc|c} 8 & 3 & 30 \\ 5 & 2 & 19 \end{array}\right)$$

(2) *Erzeugung der Einheitsmatrix*

Iteration 1 (*Erzeugung eines* 1. *Einheitsvektors in der* 1. *Spalte*). *Es muß* $a_{11} = 1$ *sein. Dazu wird die* 1. *Zeile mit* $\frac{1}{8}$ *multipliziert. Die erweiterte Matrix lautet dann:*

$$\left(\begin{array}{cc|c} 1 & \frac{3}{8} & \frac{15}{4} \\ 5 & 2 & 19 \end{array}\right)$$

Das zweite Element in der 1. *Spalte muß „0" werden. Dazu wird das* (−5)*-fache der neuen* 1. *Zeile zur* 2. *Zeile addiert.*

$$\begin{array}{rr|r} 5 & 2 & 19 \\ -5 & -\frac{15}{8} & -\frac{75}{4} \\ \hline 0 & \frac{1}{8} & \frac{1}{4} \end{array}.$$

Die erweiterte Matrix lautet nach der 1. Iteration:

$$\left(\begin{array}{cc|c} 1 & \frac{3}{8} & \frac{15}{4} \\ 0 & \frac{1}{8} & \frac{1}{4} \end{array}\right).$$

Iteration 2 (*Erzeugung eines 2. Einheitsvektors in der 2. Spalte*). $a_{22} = 1$ *erreicht man durch Multiplikation der 2. Zeile mit* 8 :

$$\left(\begin{array}{cc|c} 1 & \frac{3}{8} & \frac{15}{4} \\ 0 & 1 & 2 \end{array}\right).$$

Damit das erste Element in der 2. *Spalte* 0 *wird, addiert man das* $(-\frac{3}{8})$-*fache der* 2. *Zeile zur* 1. *Zeile:*

$$\begin{array}{rr|r} 1 & \frac{3}{8} & \frac{15}{4} \\ 0 & -\frac{3}{8} & -\frac{3}{4} \\ \hline 1 & 0 & 3 \end{array}$$

Die erweiterte Matrix lautet dann: $\left(\begin{array}{cc|c} 1 & 0 & 3 \\ 0 & 1 & 2 \end{array}\right)$.

Das Lösungsverfahren ist damit beendet. Die Lösungen des Gleichungssystems lassen sich aus dieser Matrix ablesen: $x_1 = 3$, $x_2 = 2$.

B 18.3.5 *Für das Gleichungssystem aus* B 18.1.13 *ergeben sich schrittweise folgende Matrizen:*

$$\left(\begin{array}{ccc|c} -0{,}2 & 0{,}2 & 0{,}2 & 0 \\ 0{,}1 & -0{,}3 & 0{,}2 & 0 \\ 1 & 1 & 1 & 100 \end{array}\right); \quad \left(\begin{array}{ccc|c} 1 & -1 & -1 & 0 \\ 0 & -0{,}2 & 0{,}3 & 0 \\ 0 & 2 & 2 & 100 \end{array}\right);$$

$$\left(\begin{array}{ccc|c} 1 & 0 & -2{,}5 & 0 \\ 0 & 1 & -1{,}5 & 0 \\ 0 & 0 & 5 & 100 \end{array}\right); \quad \left(\begin{array}{ccc|c} 1 & 0 & 0 & 50 \\ 0 & 1 & 0 & 30 \\ 0 & 0 & 1 & 20 \end{array}\right).$$

Das Marktgleichgewicht liegt also bei folgenden Marktanteilen:
A : 50%; B : 30%; C : 20%.

Das Lösungsverfahren der vollständigen Elimination wurde in R 18.3.3, den nachfolgenden Erläuterungen sowie in den Beispielen sehr stark systematisiert. Für eine eindeutige Regel sowie z.B. für die Verwendung dieses Algorithmus für ein DV-Programm ist das erforderlich. Bei manuellem Lösen von Gleichungssystemen erhält man die Lösung oft schneller, wenn man von der strengen Systematik abweicht. Die Koeffizienten linearer Gleichungssysteme sind nämlich mitunter so, daß bei entsprechender Anwendung der Zeilenoperationen mehrere Nullen in einem Schritt erzeugt werden können.

B 18.3.6 *In dem Gleichungssystem aus* B 18.3.1 *kann als erster oder zweiter Schritt das* (-1)*-fache der zweiten Zeile zur dritten addiert werden. Durch diese Zeilenoperation ändert sich die erweiterte Koeffizientenmatrix wie folgt:*

$$\left(\begin{array}{ccc|c} 2 & 1 & 0 & 2{,}6 \\ 5 & 2 & 4 & 6{,}7 \\ 5 & 2 & 6 & 7{,}2 \end{array}\right) \Rightarrow \left(\begin{array}{ccc|c} 2 & 1 & 0 & 2{,}6 \\ 5 & 2 & 4 & 6{,}7 \\ 0 & 0 & 2 & 0{,}5 \end{array}\right)$$

In der letzten Zeile sind damit zwei der erforderlichen Nullen erzeugt. Addiert man das (-2)*-fache der neuen dritten Zeile zur zweiten, so lautet diese Zeile* $(\,5\;2\;0 \mid 5{,}7)$.

Im dritten Schritt kann jetzt die erste Zeile mit 0,5 *multipliziert werden und im vierten Schritt das* (-5)*-fache der neuen ersten Zeile zur zweiten Zeile addiert werden. Die erweiterte Koeffizientenmatrix lautet dann:*

$$\left(\begin{array}{ccc|c} 1 & 0{,}5 & 0 & 1{,}3 \\ 0 & -0{,}5 & 0 & -0{,}8 \\ 0 & 0 & 2 & 0{,}5 \end{array}\right).$$

Jetzt wird die zweite Zeile zur ersten addiert, die zweite Zeile mit -2 *multipliziert und die dritte Zeile mit* 0,5 *multipliziert. Danach ergibt sich:*

$$\left(\begin{array}{ccc|c} 1 & 0 & 0 & 0{,}5 \\ 0 & 1 & 0 & 1{,}6 \\ 0 & 0 & 1 & 0{,}25 \end{array}\right),$$

d.h. die Lösung des Gleichungssystems. Vergleicht man dieses Vorgehen mit dem in B 18.3.1, *so wird deutlich, daß bei einigem Geschick der Aufwand zur Lösungsbestimmung reduziert werden kann.*

Aufgaben

Ü 18.3.1 *Lösen Sie das folgende Gleichungssystem durch vollständige Elimination:* $x_1 + x_2 - x_3 = 4$; $2x_1 - x_2 + x_3 = 5$; $x_1 + x_2 + x_3 = 6$.

Ü 18.3.2 *Lösen Sie die folgenden Gleichungssysteme durch vollständige Elimination:*

a) $$\begin{aligned} x_1 + 3x_2 - 4x_3 &= 10 \\ 3x_1 + 10x_2 - 6x_3 &= 40 \\ 4x_1 + 12x_2 - 12x_3 &= 48 \end{aligned}$$

b) $$\begin{aligned} x + 4y + z &= 0 \\ x + z &= 4 \\ 0{,}5x - 3y + 2z &= 5 \end{aligned}$$

Ü 18.3.3 *Der Ökonomie-Student Paul finanziert sein Studium durch eine kleine Landwirtschaft. Er war heute auf dem Viehmarkt und hat Ziegen zu je DM 200,-, Kühe zu je DM 1.000,- und Enten zu je DM 30,- gekauft. Insgesamt hat er DM 3.600,- ausgegeben und zehnmal soviel Enten wie Kühe gekauft. Auf dem Nachhauseweg hat er 68 Beine bei seinen Tieren gezählt. Wieviel Enten, Ziegen und Kühe hat er gekauft?*

18.4 Vollständige Elimination bei mehrdeutigen und bei nicht lösbaren Gleichungssystemen

Ist ein Gleichungssystem mit n Variablen und n Gleichungen nicht eindeutig lösbar, sondern nur mehrdeutig, dann läßt sich das Lösungsverfahren der vollständigen Elimination nicht bis zum Schluß durchführen, weil in mindestens einer Zeile lauter Nullen erscheinen.

B 18.4.1
$$\left.\begin{aligned} 2x_1 - x_2 + 6x_3 &= 10 \\ x_1 + x_2 - 2x_3 &= 4 \\ x_1 - 2x_2 + 8x_3 &= 6 \end{aligned}\right\} \Rightarrow \left(\begin{array}{ccc|c} 2 & -1 & 6 & 10 \\ 1 & 1 & -2 & 4 \\ 1 & -2 & 8 & 6 \end{array}\right) \Rightarrow$$

$$\left(\begin{array}{ccc|c} 1 & -\frac{1}{2} & 3 & 5 \\ 0 & \frac{3}{2} & -5 & -1 \\ 0 & -\frac{3}{2} & 5 & 1 \end{array}\right) \Rightarrow \left(\begin{array}{ccc|c} 1 & 0 & \frac{4}{3} & \frac{14}{3} \\ 0 & 1 & -\frac{10}{3} & -\frac{2}{3} \\ 0 & 0 & 0 & 0 \end{array}\right).$$

Die letzte Zeile enthält nur Nullen und das Lösungsverfahren muß deshalb abgebrochen werden. Das Gleichungssystem ist nicht eindeutig sondern nur **mehrdeutig** *lösbar. Um die unendlich vielen Lösungen dieses Gleichungssystems zu bestimmen, kann man aus der erweiterten Koeffizientenmatrix folgendes Gleichungssystem ablesen:*

$$x_1 + \tfrac{4}{3}x_3 = \tfrac{14}{3} \quad \textit{und} \quad x_2 - \tfrac{10}{3}x_3 = -\tfrac{2}{3}.$$

Löst man nach x_1 und nach x_2 auf, so erhält man:

$$x_1 = \tfrac{14}{3} - \tfrac{4}{3}x_3 \quad \textit{und} \quad x_2 = -\tfrac{2}{3} + \tfrac{10}{3}x_3.$$

Gibt man x_3 vor, so sind x_1 und x_2 eindeutig bestimmt. x_3 ist aber frei wählbar. Deshalb gibt es unendlich viele Lösungen. Einige davon sind:

(1) $x_3 = 1,\ x_1 = \frac{10}{3},\ x_2 = \frac{8}{3}$; (2) $x_3 = 2,\ x_1 = 2,\ x_2 = 6$;

(3) $x_3 = 3,\ x_1 = \frac{2}{3},\ x_2 = \frac{28}{3}$; (4) $x_3 = -1,\ x_1 = 6,\ x_2 = -4$.

Allgemein gilt folgendes:

R 18.4.2 **Mehrdeutige Lösbarkeit**

Ergeben sich bei der Bestimmung der Lösung eines inhomogenen linearen Gleichungssystems $\mathbf{Ax} = \mathbf{b}$ mit n Gleichungen in n Variablen mit der vollständigen Elimination in **wenigstens einer Zeile** der erweiterten Koeffizientenmatrix nur **Nullen**, so ist das Gleichungssystem nur **mehrdeutig lösbar**.

Enthalten k Zeilen nur Nullen, dann erhält man die allgemeine Lösung, indem nach $n - k$ Variablen aufgelöst wird. k Variablenwerte können dann beliebig vorgegeben werden, um die übrigen Variablen eindeutig zu bestimmen.

Hier wird ein weiteres Beispiel betrachtet.

B 18.4.3

$$\begin{aligned} x_1 + 5x_2 + 2x_3 + 3x_4 &= 4 \\ 4x_1 + 18x_2 + 2x_3 + 8x_4 &= 12 \\ 3x_1 + 11x_2 - 6x_3 + x_4 &= 4 \\ 2x_2 + 6x_3 + 4x_4 &= 4 \end{aligned}$$

Die erweiterte Koeffizientenmatrix lautet:

$$\left(\begin{array}{cccc|c} 1 & 5 & 2 & 3 & 4 \\ 4 & 18 & 2 & 8 & 12 \\ 3 & 11 & -6 & 1 & 4 \\ 0 & 2 & 6 & 4 & 4 \end{array}\right)$$

Durch Anwendung der vollständigen Elimination erhält man:

$$\left(\begin{array}{cccc|c} 1 & 5 & 2 & 3 & 4 \\ 0 & -2 & -6 & -4 & -4 \\ 0 & -4 & -12 & -8 & -8 \\ 0 & 2 & 6 & 4 & 4 \end{array}\right)$$

und im zweiten Schritt:

$$\left(\begin{array}{cccc|c} 1 & 0 & -13 & -7 & -6 \\ 0 & 1 & 3 & 2 & 2 \\ 0 & 0 & 0 & 0 & 0 \\ 0 & 0 & 0 & 0 & 0 \end{array}\right)$$

Daraus erhält man die Gleichungen:

$$\begin{aligned} x_1 \qquad - 13x_3 - 7x_4 &= -6 \\ x_2 + 3x_3 + 2x_4 &= 2 \end{aligned}$$

bzw.

$$\begin{aligned} x_1 &= -6 + 13x_3 + 7x_4 \\ x_2 &= 2 - 3x_3 - 2x_4 \end{aligned}$$

x_1 und x_2 können erst eindeutig bestimmt werden, wenn man für x_3 und x_4 Werte vorgibt. Man kann in diesem Beispiel für zwei der vier Variablen beliebige Werte vorgeben und erhält dann eindeutige Lösungen für die beiden übrigen Variablen.

Allgemein ergibt sich für inhomogene mehrdeutig lösbare Gleichungssysteme mit n Gleichungen in n Variablen folgendes:

Gegeben ist ein Gleichungssystem mit der zugehörigen erweiterten Koeffizientenmatrix:

$$\begin{array}{l} a_{11}x_1 + a_{12}x_2 + \ldots + a_{1n}x_n = b_1 \\ a_{21}x_1 + a_{22}x_2 + \ldots + a_{2n}x_n = b_2 \\ \ldots \qquad \ldots \\ a_{n1}x1 + a_{n2}x_2 + \ldots + a_{nn}x_n = b_n \end{array} \qquad \left(\begin{array}{cccc|c} a_{11} & a_{12} & \ldots & a_{1n} & b_1 \\ a_{21} & a_{22} & \ldots & a_{2n} & b_2 \\ \ldots & & \ldots & & \ldots \\ a_{n1} & a_{n2} & \ldots & a_{nn} & b_n \end{array}\right)$$

Bei Mehrdeutigkeit erhält man mit der vollständigen Elimination folgende erweiterte Koeffizientenmatrix:

$$\left(\begin{array}{cccccccc|c} 1 & 0 & 0 & \ldots & 0 & a^*_{1,r+1} & \ldots & a^*_{1n} & b^*_1 \\ 0 & 1 & 0 & \ldots & 0 & a^*_{2,r+1} & \ldots & a^*_{2n} & b^*_2 \\ \ldots & & & \ldots & & & \ldots & & \ldots \\ 0 & 0 & 0 & \ldots & 1 & a^*_{r,r+1} & \ldots & a^*_{r,n} & b^*_r \\ 0 & 0 & 0 & \ldots & 0 & 0 & \ldots & 0 & 0 \\ \ldots & & & \ldots & & & \ldots & & \ldots \\ 0 & 0 & 0 & \ldots & 0 & 0 & \ldots & 0 & 0 \end{array}\right)$$

Zur Erzeugung einer Einheitsmatrix im linken oberen Teil der Koeffizientenmatrix muß man in manchen Fällen Spalten vertauschen. Dabei ist darauf zu achten, daß die den betreffenden Spalten zugeordneten Variablen mit vertauscht werden.

Die sich ergebende erweiterte Koeffizientenmatrix entspricht folgendem Gleichungssystem:

$$\begin{array}{l} x_1 + a^*_{1,r+1}x_{r+1} + \ldots + a^*_{1n}x_r = b^*_1 \\ x_2 + a^*_{2,r+1}x_{r+1} + \ldots + a^*_{2n}x_n = b^*_2 \\ \ldots \qquad \ldots \qquad \ldots \\ x_r + a^*_{r,r+1}x_{r+1} + \ldots + a^*_{rn}x_n = b^*_r \end{array}$$

bzw.

$$\begin{aligned} x_1 &= b_1^* - a_{1,r+1}^* x_{r+1} - \ldots - a_{1n}^* x_n \\ x_2 &= b_2^* - a_{2,r+1}^* x_{r+1} - \ldots - a_{2n}^* x_n \\ &\ldots \qquad\qquad \ldots \\ x_r &= b_r^* - a_{r,r+1}^* x_{r+1} - \ldots - a_{rn}^* x_n \end{aligned}$$

Gibt man für die $n-r$ Variablen $x_{r+1}, \ldots, x_n$ beliebige Werte vor, so sind $x_1, \ldots, x_r$ eindeutig bestimmt (vgl. dazu auch die Beispiele 18.4.1 und 18.4.3).

Eine mehrdeutige Lösung kann sich bei der Lösung eines linearen Gleichungssystems auch ergeben, wenn die Anzahl m der Gleichungen kleiner ist als die Anzahl n der Variablen.

B 18.4.4 *Für das Gleichungssystem:*
$$\begin{aligned} 3x + 9y + 6z &= 12 \\ 5x + 17y + 16z &= 30 \end{aligned}$$
ergeben sich nacheinander folgende erweiterte Koeffizientenmatrizen:

$$\left(\begin{array}{ccc|c} 3 & 9 & 6 & 12 \\ 5 & 17 & 16 & 30 \end{array}\right) \Rightarrow \left(\begin{array}{ccc|c} 1 & 3 & 2 & 4 \\ 0 & 2 & 6 & 10 \end{array}\right) \Rightarrow \left(\begin{array}{ccc|c} 1 & 0 & -7 & -11 \\ 0 & 1 & 3 & 5 \end{array}\right)$$

Das der letzten erweiterten Koeffizientenmatrix entsprechende Gleichungssystem lautet:

$$\begin{aligned} x - 7z &= -11 \\ y + 3z &= 5 \end{aligned} \quad \text{bzw.} \quad \begin{aligned} x &= -11 + 7z \\ y &= 5 - 3z \end{aligned}.$$

Zu jedem (beliebigen) Wert von z gibt es eindeutige Lösungswerte von x und y. Das Gleichungssystem ist nur mehrdeutig lösbar.

Allgemein gilt:

R 18.4.5

> **Mehrdeutige Lösbarkeit**
> Gegeben sei ein inhomogenes lineares Gleichungssystem mit m Gleichungen in n Variablen und $m < n$. Können durch Zeilenoperationen in den ersten m Spalten der erweiterten Koeffizientenmatrix Einheitsvektoren erzeugt werden, so ist das Gleichungssystem mehrdeutig lösbar.

Ist die **Anzahl der Gleichungen größer als die Anzahl der Variablen**, so ergibt sich für ein lösbares Gleichungssystem bei Anwendung der vollständigen Elimination immer mindestens eine Zeile mit lauter Nullen. Bei m Gleichungen mit n Variablen ($m > n$) kann die (definitionsgemäß quadratische) Einheitsmatrix, die im linken Teil der erweiterten Koeffizientenmatrix erzeugt wird, höchstens von der Ordnung n sein. Die übrigen Zeilen müssen dann Nullen enthalten.

B 18.4.6 *Das Gleichungssystem* $4x+2y=10$; $3x+8y=1$ *und* $5x+y=14$ *mit der erweiterten Koeffizientenmatrix*

$$\begin{pmatrix} 4 & 2 & | & 10 \\ 3 & 8 & | & 1 \\ 5 & 1 & | & 14 \end{pmatrix} \text{ ergibt } \begin{pmatrix} 1 & 0{,}5 & | & 2{,}5 \\ 0 & 6{,}5 & | & -6{,}5 \\ 0 & -1{,}5 & | & 1{,}5 \end{pmatrix} \text{ und } \begin{pmatrix} 1 & 0 & | & 3 \\ 0 & 1 & | & -1 \\ 0 & 0 & | & 0 \end{pmatrix}.$$

Die eindeutige Lösung lautet: $x = 3$ *und* $y = -1$.

Die bisherigen Überlegungen können zu folgender Regel zusammengefaßt werden:

R 18.4.7 Gegeben sei ein lösbares inhomogenes lineares Gleichungssystem $\mathbf{Ax} = \mathbf{b}$. Die eindeutige oder mehrdeutige Lösung des Gleichungssystems kann dadurch bestimmt werden, daß der linke (obere) Teil der erweiterten Koeffizientenmatrix durch Anwendung von Zeilenoperationen auf die Form einer Einheitsmatrix gebracht wird. Aus dem der umgeformten erweiterten Koeffizientenmatrix entsprechenden Gleichungssystem kann dann die Lösung abgelesen werden.

Es ist jetzt noch die Frage zu klären, welches Ergebnis die vollständige Elimination bei einem nicht lösbaren Gleichungssystem liefert. Dazu wird zunächst folgendes Beispiel betrachtet.

B 18.4.8 *Für das Gleichungssystem*

$$\begin{aligned} 2x + 3y - z &= 12 \\ 4x - 3y + 7z &= 6 \\ 6x + 9y - 3z &= 18 \end{aligned}$$

ergibt die Umformung der erweiterten Koeffizientenmatrix schrittweise:

$$\begin{pmatrix} 2 & 3 & -1 & | & 12 \\ 4 & -3 & 7 & | & 6 \\ 6 & 9 & -3 & | & 18 \end{pmatrix} \Rightarrow \begin{pmatrix} 1 & 1{,}5 & -0{,}5 & | & 6 \\ 0 & -9 & 9 & | & -18 \\ 0 & 0 & 0 & | & -18 \end{pmatrix} \Rightarrow \begin{pmatrix} 1 & 0 & 1 & | & 3 \\ 0 & 1 & -1 & | & 2 \\ 0 & 0 & 0 & | & 18 \end{pmatrix}$$

Die dritte Zeile der letzten erweiterten Koeffizientenmatrix enthält im linken Teil nur Nullen und in der letzten Spalte eine von Null verschiedene Zahl. Daraus folgt, daß das Gleichungssystem nicht lösbar ist. Die Gleichungen enthalten einen Widerspruch. Das sieht man sofort, wenn die dritte Gleichung mit 1/3 multipliziert wird.
Erste und dritte Gleichung lauten dann: $2x + 3y - z = 12$ *und* $2x + 3y - z = 6$. *Die linken Seiten sind gleich, die rechten aber nicht. Es liegt ein Widerspruch vor.*

Die Überlegungen des Beispiels ergeben allgemein:

R 18.4.9

> **Nicht lösbares Gleichungssystem**
> Gegeben sei ein inhomogenes lineares Gleichungssystem. Entsteht bei Anwendung von Zeilenoperationen zur Durchführung der vollständigen Elimination in der erweiterten Koeffizientenmatrix eine Zeile, die in der letzten Spalte eine von Null verschiedene Zahl und sonst nur Nullen enthält, so enthält das Gleichungssystem einen Widerspruch und ist **nicht lösbar**.

Damit sind alle drei Fälle der Lösbarkeit eines linearen Gleichungssystems - eindeutig, mehrdeutig, nicht lösbar - mit der vollständigen Elimination behandelt.

Aufgaben

Ü 18.4.1 *Lösen Sie das folgende Gleichungssystem:*
$x - 2y - 3z = 2$; $x - 4y - 13z = 14$; $-3x + 5y + 4z = 0$.

Ü 18.4.2 *Lösen Sie das folgende Gleichungssystem:*

$$\begin{aligned} x_1 + x_2 + \qquad\qquad\qquad\quad + 3x_5 &= 3 \\ x_1 + 4x_2 + 15x_3 - 9x_4 + 6x_5 &= 3 \\ x_2 + 3x_3 - 2x_4 + x_5 &= 2 \end{aligned}$$

Ü 18.4.3 *Lösen Sie das folgende Gleichungssystem:*
$x + 3y - 5z = 8$; $2x - y + 6z = 9$; $3x + 2y + z = 20$.

Ü 18.4.4 *Lösen Sie das folgende Gleichungssystem:*

$$\begin{aligned} x_1 + 2x_2 + 3x_3 - 10x_4 &= 11 \\ x_1 + 5x_2 + 9x_3 - 22x_4 &= 20 \\ x_1 - x_2 - 3x_3 + 2x_4 &= 2 \\ 2x_1 + 4x_2 + 6x_3 - 20x_4 &= 22 \end{aligned}$$

18.5 Lösung eines inhomogenen linearen Gleichungssystems mit Hilfe des GAUSSschen Algorithmus

Eines der bekanntesten Verfahren zur Lösung linearer Gleichungssysteme ist der sogenannte **GAUSSsche Algorithmus**. Unter Verwendung von Matrizen wird er ähnlich durchgeführt, wie die in den beiden vorhergehenden Abschnitten beschriebene vollständige Elimination.

R 18.5.1

> **Gaussscher Algorithmus**
> Die Lösung des eindeutig lösbaren inhomogenen linearen Gleichungssystems $\mathbf{Ax} = \mathbf{b}$ mit m Gleichungen in n Variablen und $m \geq n$ können dadurch bestimmt werden, daß man durch Anwendung von Zeilenoperationen auf die erweiterte Koeffizientenmatrix $(\mathbf{A}|\mathbf{b})$ den oberen quadratischen Teil von $\mathbf{A}$ in eine obere Dreiecksmatrix umwandelt. Durch sukzessives Einsetzen kann man aus dem sich ergebenden Gleichungssystem die Lösungen bestimmen.

Im einzelnen läuft der Gausssche Algorithmus wie folgt ab:
Gleichungssystem:

$$\begin{pmatrix} a_{11} & a_{12} & \dots & a_{1n} \\ a_{21} & a_{22} & \dots & a_{2n} \\ \dots & & \dots & \\ a_{m1} & a_{m2} & \dots & a_{mn} \end{pmatrix} \begin{pmatrix} x_1 \\ x_2 \\ \dots \\ x_n \end{pmatrix} = \begin{pmatrix} b_1 \\ b_2 \\ \dots \\ b_m \end{pmatrix}$$

(1) **Erweiterung der Koeffizientenmatrix**:

$$\left(\begin{array}{cccc|c} a_{11} & a_{12} & \dots & a_{1n} & b_1 \\ a_{21} & a_{22} & \dots & a_{2n} & b_2 \\ \dots & & \dots & & \dots \\ a_{m1} & a_{m2} & \dots & a_{mn} & b_m \end{array}\right)$$

(2) **Umwandlung der erweiterten Matrix durch Anwendung von Zeilenoperationen, so daß aus dem oberen quadratischen Teil der Koeffizientenmatrix eine obere Dreiecksmatrix wird**:

$$\left(\begin{array}{ccccc|c} a_{11} & a_{12} & a_{13} & \dots & a_{1n} & b_1 \\ 0 & a_{22}^* & a_{23}^* & \dots & a_{2n}^* & b_2^* \\ 0 & 0 & a_{33}^* & \dots & a_{3n}^* & b_3^* \\ \dots & & & \dots & & \dots \\ 0 & 0 & 0 & \dots & a_{nn}^* & b_n^* \\ 0 & 0 & 0 & \dots & 0 & 0 \\ \dots & & & \dots & & \dots \\ 0 & 0 & 0 & \dots & 0 & 0 \end{array}\right)$$

Diese erweiterte Matrix entspricht folgendem Gleichungssystem:

$$\begin{aligned} a_{11} + a_{12}x_2 + a_{13}x_3 + \dots + a_{1n}x_n &= b_1 \\ a_{22}^*x_2 + a_{23}^*x_3 + \dots + a_{2n}^*x_n &= b_2^* \\ a_{33}^*x_3 + \dots + a_{3n}^*x_n &= b_3^* \\ \dots \quad \dots \quad \dots \quad & \dots \\ a_{nn}^*x_n &= b_n^* \end{aligned}$$

(3) **Bestimmung der Lösungen durch sukzessives Einsetzen der bereits bekannten Lösungswerte:**

Aus der letzten Gleichung kann man $x_n = \frac{b_n^*}{a_{nn}^*}$ ausrechnen. Setzt man den Lösungswert für x_n in die vorletzte Gleichung ein, so kann man daraus dann den Lösungswert für x_{n-1} bestimmen. Durch Einsetzen der Lösungswerte für x_n und x_{n-1} in die $(n-2)$-te Gleichung kann x_{n-2} ausgerechnet werden usw.

Das Verfahren wird an folgendem Beispiel näher erläutert:

B 18.5.2
$$\begin{aligned} x_1 + 2x_2 - x_3 + 6x_4 &= 33 \\ 2x_1 - 4x_2 + 2x_3 - 2x_4 &= -6 \\ -x_1 + 4x_2 + x_3 + 4x_4 &= 13 \\ 3x_1 - 2x_2 + 3x_3 + x_4 &= 11 \end{aligned}$$

In Matrizenschreibweise lautet das Gleichungssystem:

$$\begin{pmatrix} 1 & 2 & -1 & 6 \\ 2 & -4 & 2 & -2 \\ -1 & 4 & 1 & 4 \\ 3 & -2 & 3 & 1 \end{pmatrix} \begin{pmatrix} x_1 \\ x_2 \\ x_3 \\ x_4 \end{pmatrix} = \begin{pmatrix} 33 \\ -6 \\ 13 \\ 11 \end{pmatrix}$$

(1) **Erweiterung der Koeffizientenmatrix:**

$$\left(\begin{array}{rrrr|r} 1 & 2 & -1 & 6 & 33 \\ 2 & -4 & 2 & -2 & -6 \\ -1 & 4 & 1 & 4 & 13 \\ 3 & -2 & 3 & 1 & 11 \end{array}\right)$$

(2) **Umformung der erweiterten Koeffizientenmatrix:**

Iteration 1 (*Erzeugung der erforderlichen Nullen in der* 1. *Spalte*). *Dazu werden geeignete Vielfache der* 1. *Zeile zu den anderen Zeilen addiert.*

a_{21} *wird Null, indem man das* (-2)*-fache der* 1. *Zeile zur* 2. *Zeile addiert.*

a_{31} *wird Null wenn man die* 1. *Zeile zur* 3. *Zeile addiert und*
a_{41} *wird Null durch Addition des* (-3)*-fachen der* 1. *Zeile zur* 4. *Zeile:*

$$\begin{array}{rrrrr} 2 & -4 & 2 & -2 & -6 \\ -2 & -4 & 2 & -12 & -66 \\ \hline 0 & -8 & 4 & -14 & -72 \end{array} \qquad \begin{array}{rrrrr} -1 & 4 & 1 & 4 & 13 \\ 1 & 2 & -1 & 6 & 33 \\ \hline 0 & 6 & 0 & 10 & 46 \end{array} \qquad \begin{array}{rrrrr} 3 & -2 & 3 & 1 & 11 \\ -3 & -6 & 3 & -18 & -99 \\ \hline 0 & -8 & 6 & -17 & -88 \end{array}$$

Die erweiterte Matrix lautet jetzt:

$$\left(\begin{array}{rrrr|r} 1 & 2 & -1 & 6 & 33 \\ 0 & -8 & 4 & -14 & -72 \\ 0 & 6 & 0 & 10 & 46 \\ 0 & -8 & 6 & -17 & -88 \end{array}\right)$$

Iteration 2 (*Erzeugung der Nullen in der 2. Spalte*).
Dazu werden geeignete Vielfache der 2. Zeile zur 3. und 4. Zeile addiert. Addition des 0,75-fachen der 2. Zeile zur 3. Zeile und Addition des (−1)-fachen der 2. Zeile zur 4 Zeile:

$$\begin{array}{rrrrr} 0 & 6 & 0 & 10 & 46 \\ 0 & -6 & 3 & -10{,}5 & -54 \\ \hline 0 & 0 & 3 & -0{,}5 & -8 \end{array} \qquad \begin{array}{rrrrr} 0 & -8 & 6 & -17 & -88 \\ 0 & 8 & -4 & 14 & 72 \\ \hline 0 & 0 & 2 & -3 & -16 \end{array}$$

Nach der 2. Iteration lautet die erweiterte Matrix:

$$\left(\begin{array}{rrrr|r} 1 & 2 & -1 & 6 & 33 \\ 0 & -8 & 4 & -14 & -72 \\ 0 & 0 & 3 & -0{,}5 & -8 \\ 0 & 0 & 2 & -3 & -16 \end{array}\right)$$

Iteration 3 (*Erzeugung einer Null in der 3. Spalte*).
Dazu wird das $\left(-\frac{2}{3}\right)$*-fache der 3. Zeile zur 4. Zeile addiert:*

$$\begin{array}{rrrrr} 0 & 0 & 2 & -3 & -16 \\ 0 & 0 & -2 & \frac{1}{3} & \frac{16}{3} \\ \hline 0 & 0 & 0 & -\frac{8}{3} & -\frac{32}{3} \end{array}$$

Die erweiterte Matrix und das zugehörige Gleichungssystem lauten:

$$\left(\begin{array}{rrrr|r} 1 & 2 & -1 & 6 & 33 \\ 0 & -8 & 4 & -14 & -72 \\ 0 & 0 & 3 & -0{,}5 & -8 \\ 0 & 0 & 0 & -\frac{8}{3} & -\frac{32}{3} \end{array}\right) \qquad \begin{array}{rcl} x_1 + 2x_2 - x_3 + 6x_4 &=& 33 \\ -8x_2 + 4x_3 - 14x_4 &=& -72 \\ 3x_3 - 0{,}5x_4 &=& -8 \\ -\frac{8}{3}x_4 &=& -\frac{32}{3} \end{array}$$

(3) **Sukzessive Auflösung des umgewandelten Gleichungssystems:**

Aus der 4. Gleichung folgt $x_4 = 4$. *Mit* $x_4 = 4$ *folgt aus der 3. Gleichung:*
$3x_3 - 0{,}5 \cdot 4 = -8$ *oder* $3x_3 = -6$ *oder* $x_3 = -2$.
Mit $x_4 = 4$ *und* $x_3 = -2$ *folgt aus der 2. Gleichung:*
$-8x_2 + 4 \cdot (-2) - 14 \cdot 4 = -72$ *oder* $-8x_2 = -8$ *oder* $x_2 = 1$.
Mit $x_4 = 4$, $x_3 = -2$ *und* $x_2 = 1$ *folgt aus der 1. Gleichung:*
$x_1 + 2 \cdot 1 - 1 \cdot (-2) + 6 \cdot 4 = 33$ *oder* $x_1 = 5$.
Damit sind alle Lösungswerte bestimmt.

Ebenso wie für die vollständige Elimination gilt für den GAUSSschen Algorithmus folgendes:
Ist das Gleichungssystem mehrdeutig lösbar, dann ergeben sich bei der Umformung der erweiterten Koeffizientenmatrix mehr als $m-n$ Zeilen mit lauter Nullen. Es kann dann keine Dreiecksmatrix n-ter Ordnung erzeugt werden.

Ist das Gleichungssystem nicht lösbar (Widerspruch), dann ergeben sich bei der Umformung der erweiterten Matrix in wenigstens einer Zeile im linken Teil nur Nullen und in der letzten Spalte eine von Null verschiedene Zahl.

Aufgaben

Ü 18.5.1 *Lösen Sie die folgenden Gleichungssysteme mit Hilfe des GAUSSschen Algorithmus:*

a) $\begin{aligned} 2x + y - 2z &= 10 \\ 3x + 2y + 2z &= 1 \\ 5x + 4y + 3z &= 4 \end{aligned}$ **b)** $\begin{aligned} 5x + 7y + 15z &= 6 \\ x + 2y + 3z &= 6 \\ 2x + 4y + 12z &= 6 \end{aligned}$

Ü 18.5.2 *Gegeben sei das lineare inhomogene Gleichungssystem* $\mathbf{Ax} = \mathbf{b}$ *mit:*

$$\mathbf{A} = \begin{pmatrix} 1 & 2 & 2-t \\ 1 & 3 & 3-t \\ 0 & 2-t & t^2 \end{pmatrix} \quad \textit{und} \quad \mathbf{b} = \begin{pmatrix} t^2 \\ t^2+2 \\ t^2+t+6 \end{pmatrix}.$$

Für welche Werte von t ist das Gleichungssystem lösbar bzw. eindeutig lösbar? Lösen Sie das System für $t = 0$.

18.6 Inversen-Bestimmung mit vollständiger Elimination

In Abschnitt 17.7 bzw. D 17.7.1 wurde die inverse Matrix bzw. Inverse einer Matrix eingeführt. Zu einer quadratischen Matrix $\mathbf{A}$ ist die Inverse $\mathbf{A}^{-1}$ eine Matrix mit der Eigenschaft $\mathbf{AA}^{-1} = \mathbf{A}^{-1}\mathbf{A} = \mathbf{E}$. Die Bestimmung der Inversen kann auf die Lösung mehrerer linearer Gleichungssysteme zurückgeführt werden, wie die folgenden Überlegungen zeigen:
Die gesuchte inverse Matrix zu $\mathbf{A}$ wird mit $\mathbf{X}$ bezeichnet. Es ist:

$$\mathbf{A} = \begin{pmatrix} a_{11} & a_{12} & \dots & a_{1n} \\ a_{21} & a_{22} & \dots & a_{2n} \\ \dots & & \dots & \\ a_{n1} & a_{n2} & \dots & a_{nn} \end{pmatrix} \quad \text{und} \quad \mathbf{X} = \begin{pmatrix} x_{11} & x_{12} & \dots & x_{1n} \\ x_{21} & x_{22} & \dots & x_{2n} \\ \dots & & \dots & \\ x_{n1} & x_{n2} & \dots & x_{nn} \end{pmatrix}.$$

Es soll gelten: $\mathbf{AX} = \mathbf{E}$. Die Spalten von $\mathbf{E}$ erhält man nach der Definition der Matrizenmultiplikation (vgl. D 17.6.2), indem man die Spalten von $\mathbf{X}$ mit den Zeilen von $\mathbf{A}$ multipliziert. Daraus ergeben sich folgende Gleichungen für die Spalten von $\mathbf{E}$:

$$\begin{pmatrix} a_{11} & a_{12} & \dots & a_{1n} \\ a_{21} & a_{22} & \dots & a_{2n} \\ \dots & & \dots & \\ a_{n1} & a_{n2} & \dots & a_{nn} \end{pmatrix} \begin{pmatrix} x_{11} \\ x_{21} \\ \dots \\ x_{n1} \end{pmatrix} = \begin{pmatrix} 1 \\ 0 \\ \dots \\ 0 \end{pmatrix}$$

$$\begin{pmatrix} a_{11} & a_{12} & \dots & a_{1n} \\ a_{21} & a_{22} & \dots & a_{2n} \\ \dots & & \dots & \\ a_{n1} & a_{n2} & \dots & a_{nn} \end{pmatrix} \begin{pmatrix} x_{12} \\ x_{22} \\ \dots \\ x_{n2} \end{pmatrix} = \begin{pmatrix} 0 \\ 1 \\ \dots \\ 0 \end{pmatrix}$$

usw. bis hin zu:

$$\begin{pmatrix} a_{11} & a_{12} & \dots & a_{1n} \\ a_{21} & a_{22} & \dots & a_{2n} \\ \dots & & \dots & \\ a_{n1} & a_{n2} & \dots & a_{nn} \end{pmatrix} \begin{pmatrix} x_{1n} \\ x_{2n} \\ \dots \\ x_{nn} \end{pmatrix} = \begin{pmatrix} 0 \\ 0 \\ \dots \\ 1 \end{pmatrix}$$

Die Auflösung dieser insgesamt n Gleichungssysteme ergibt die Spalten der inversen Matrix. Sofern die Inverse existiert, sind alle Gleichungssysteme eindeutig lösbar.

Da alle Gleichungssysteme die gleiche Koeffizientenmatrix besitzen, nämlich $\mathbf{A}$, ist es möglich, sie simultan zu lösen. Anstelle von n erweiterten Koeffizientenmatrizen $(\mathbf{A}|\mathbf{e}_i)$, wobei $\mathbf{e}_i$ ein i-ter Einheitsvektor ist, verwendet man dazu die um eine Einheitsmatrix erweiterte Koeffizientenmatrix $(\mathbf{A}|\mathbf{E})$.

Die Bestimmung der Inversen einer Matrix geschieht dann unter Anwendung der Zeilenoperationen wie folgt:

R 18.6.1

Inversenbestimmung mit Hilfe der erweiterten Matrix

Gegeben sei eine quadratische Matrix $\mathbf{A}$, zu der die Inverse $\mathbf{A}^{-1}$ existiert. Die **Inverse** kann wie folgt bestimmt werden:

(1) Erweiterung der Matrix $\mathbf{A}$ um eine Einheitsmatrix geeigneter Ordnung zu $(\mathbf{A}|\mathbf{E})$.

(2) Transformation der erweiterten Matrix $(\mathbf{A}|\mathbf{E})$ durch Anwendung von Zeilenoperationen derart, daß anstelle von $\mathbf{A}$ die Einheitsmatrix steht. Im rechten Teil der erweiterten Matrix steht dann die Inverse: $(\mathbf{E}|\mathbf{A}^{-1})$.

Die Transformation der erweiterten Matrix kann, wie bei der in Abschnitt 18.3 beschriebenen vollständigen Elimination, systematisch dadurch erfolgen, daß man sich in den Spalten des linken Teils nacheinander geeignete Einheitsvektoren erzeugt, und zwar jeweils zuerst die 1 an der entsprechenden Stelle und danach die Nullen. Das folgende Beispiel zeigt die Einzelheiten des Vorgehens.

B 18.6.2

$$\mathbf{A} = \begin{pmatrix} a_{11} & a_{12} & a_{13} \\ a_{21} & a_{22} & a_{23} \\ a_{31} & a_{32} & a_{33} \end{pmatrix} = \begin{pmatrix} 3 & 1 & 6 \\ 2 & 2 & 4 \\ 9 & 3 & 20 \end{pmatrix}$$

(1) **Eweiterung der Matrix um eine Einheitsmatrix gleicher Ordnung**:

$$\left(\begin{array}{ccc|ccc} 3 & 1 & 6 & 1 & 0 & 0 \\ 2 & 2 & 4 & 0 & 1 & 0 \\ 9 & 3 & 20 & 0 & 0 & 1 \end{array}\right)$$

(2) **Transformation der erweiterten Matrix**:

Iteration 1 (*Erzeugung eines Einheitsvektors in der ersten Spalte*)
Multiplikation der ersten Zeile mit 1/3 *ergibt*:

$$1 \;\; \tfrac{1}{3} \;\; 2 \;|\; \tfrac{1}{3} \;\; 0 \;\; 0$$

Addition des (−2)*-fachen dieser neuen ersten Zeile zur* 2. *Zeile und des* (−9)*-fachen zur dritten Zeile ergibt*:

$$\begin{array}{ccc|ccc} 2 & 2 & 4 & 0 & 1 & 0 \\ -2 & -\frac{2}{3} & -4 & -\frac{2}{3} & 0 & 0 \\ \hline 0 & \frac{4}{3} & 0 & -\frac{2}{3} & 1 & 0 \end{array} \qquad \begin{array}{ccc|ccc} 9 & 3 & 20 & 0 & 0 & 1 \\ -9 & -3 & -18 & -3 & 0 & 0 \\ \hline 0 & 0 & 2 & -3 & 0 & 1 \end{array}$$

Nach der ersten Iteration erhält man dann folgende erweiterte Matrix:

$$\left(\begin{array}{ccc|ccc} 1 & \frac{1}{3} & 2 & \frac{1}{3} & 0 & 0 \\ 0 & \frac{4}{3} & 0 & -\frac{2}{3} & 1 & 0 \\ 0 & 0 & 2 & -3 & 0 & 1 \end{array}\right)$$

Iteration 2 (*Erzeugung eines Einheitsvektors in der* 2. *Spalte*)
Die 2. *Zeile wird mit* $\frac{3}{4}$ *multipliziert und das* (−1/3)*-fache dieser neuen* 2. *Zeile zur ersten addiert*:

$$0 \;\; 1 \;\; 0 \;|\; -\tfrac{1}{2} \;\; \tfrac{3}{4} \;\; 0 \qquad \begin{array}{ccc|ccc} 1 & \frac{1}{3} & 2 & \frac{1}{3} & 0 & 0 \\ 0 & -\frac{1}{3} & 0 & \frac{1}{6} & -\frac{1}{4} & 0 \\ \hline 1 & 0 & 2 & \frac{1}{2} & -\frac{1}{4} & 0 \end{array}$$

Nach der zweiten Iteration ergibt sich:

$$\left(\begin{array}{ccc|ccc} 1 & 0 & 2 & \frac{1}{2} & -\frac{1}{4} & 0 \\ 0 & 1 & 0 & -\frac{1}{2} & \frac{3}{4} & 0 \\ 0 & 0 & 2 & -3 & 0 & 1 \end{array}\right)$$

Iteration 3 (*Erzeugung eines Einheitsvektors in der 3. Spalte*)
Es ergibt sich:

$$\left(\begin{array}{ccc|ccc} 1 & 0 & 0 & \frac{7}{2} & -\frac{1}{4} & -1 \\ 0 & 1 & 0 & -\frac{1}{2} & \frac{3}{4} & 0 \\ 0 & 0 & 1 & -\frac{3}{2} & 0 & \frac{1}{2} \end{array}\right)$$

Jetzt steht in der linken Hälfte der erweiterten Koeffizientenmatrix anstelle der ursprünglichen Matrix eine Einheitsmatrix. Der rechte Teil der erweiterten Matrix stellt die Inverse dar. Es ergibt sich:

$$\mathbf{A}^{-1} = \begin{pmatrix} \frac{7}{2} & -\frac{1}{4} & -1 \\ -\frac{1}{2} & \frac{3}{4} & 0 \\ -\frac{3}{2} & 0 & \frac{1}{2} \end{pmatrix}.$$

Das Beispiel zeigt, daß man nicht mehr Iterationen braucht als die Matrix Zeilen bzw. Spalten hat.

Ob man die Inverse richtig berechnet hat, kann man dadurch überprüfen, daß man die ursprüngliche Matrix und die Inverse miteinander multipliziert. Das Ergebnis muß eine Einheitsmatrix sein.

B 18.6.3 *Für* B 18.6.2 *erhält man:*

$$\begin{pmatrix} 3 & 1 & 6 \\ 2 & 2 & 4 \\ 9 & 3 & 20 \end{pmatrix} \begin{pmatrix} \frac{7}{2} & -\frac{1}{4} & -1 \\ -\frac{1}{2} & \frac{3}{4} & 0 \\ -\frac{3}{2} & 0 & \frac{1}{2} \end{pmatrix} = \begin{pmatrix} 1 & 0 & 0 \\ 0 & 1 & 0 \\ 0 & 0 & 1 \end{pmatrix}.$$

Das beschriebene Verfahren zur Matrizeninversion durch Anwendung von Zeilenoperationen ist so aufgebaut, daß die Umformung der Matrix spaltenweise geschieht. In der linken Hälfte der erweiterten Matrix werden die Spalten nacheinander zu Einheitsvektoren umgeformt. Dabei erzeugt man immer zuerst die eins und anschließend die Nullen. Dieses systematische Vorgehen ist, wie das bei der vollständigen Elimination in Abschnitt 18.3 bereits gesagt wurde, nicht zwingend. Bei der Erzeugung der Einheitsmatrix in der linken Hälfte der erweiterten Matrix kann man grundsätzlich die Elemente in beliebiger Reihenfolge entsprechend umwandeln. Dieses unsystematische Vorgehen kann mitunter schneller zum Ziel führen, birgt aber die Gefahr von Fehlern in sich. Man sollte von dem systematischen Vorgehen nur abweichen, wenn man eine gewisse Übung und Sicherheit im Durchführen der Zeilenoperationen besitzt.

Das folgende Beispiel knüpft an B 17.7.3 an.

B 18.6.4 *In* B 17.7.3 *wurde der Vektor* $\mathbf{x}$ *des gesamten Outputs bestimmt, also*:

$$\mathbf{x} = (\mathbf{E} - \mathbf{A})^{-1}\mathbf{y},$$

wobei $\mathbf{A}$ *die Matrix der Input-Output-Koeffizienten darstellt und* $\mathbf{y}$ *der Vektor der Endnachfrage ist. Es ist*:

$$\mathbf{A} = \begin{pmatrix} \frac{1}{8} & \frac{1}{3} & \frac{1}{7} \\ \frac{3}{8} & \frac{1}{6} & 0 \\ \frac{1}{8} & \frac{1}{3} & \frac{1}{7} \end{pmatrix} \quad \textit{und} \quad (\mathbf{E} - \mathbf{A}) = \begin{pmatrix} \frac{7}{8} & -\frac{1}{3} & -\frac{1}{7} \\ -\frac{3}{8} & \frac{5}{6} & 0 \\ -\frac{1}{8} & -\frac{1}{3} & \frac{6}{7} \end{pmatrix}.$$

Bei der Bestimmung von $(\mathbf{E} - \mathbf{A})^{-1}$ *erhält man folgende Zwischenergebnisse*:

$$\left(\begin{array}{ccc|ccc} \frac{7}{8} & -\frac{1}{3} & -\frac{1}{7} & 1 & 0 & 0 \\ -\frac{3}{8} & \frac{5}{6} & 0 & 0 & 1 & 0 \\ -\frac{1}{8} & -\frac{1}{3} & \frac{6}{7} & 0 & 0 & 1 \end{array}\right) \qquad \left(\begin{array}{ccc|ccc} 1 & -\frac{8}{21} & -\frac{8}{49} & \frac{8}{7} & 0 & 0 \\ 0 & \frac{29}{42} & -\frac{3}{49} & \frac{3}{7} & 1 & 0 \\ 0 & -\frac{8}{21} & \frac{41}{49} & \frac{1}{7} & 0 & 1 \end{array}\right)$$

$$\left(\begin{array}{ccc|ccc} 1 & 0 & -\frac{40}{203} & \frac{40}{29} & \frac{16}{29} & 0 \\ 0 & 1 & -\frac{18}{203} & \frac{18}{29} & \frac{42}{29} & 0 \\ 0 & 0 & \frac{163}{203} & \frac{11}{29} & \frac{16}{29} & 1 \end{array}\right) \qquad \left(\begin{array}{ccc|ccc} 1 & 0 & 0 & \frac{240}{163} & \frac{112}{163} & \frac{40}{163} \\ 0 & 1 & 0 & \frac{108}{163} & \frac{246}{163} & \frac{18}{163} \\ 0 & 0 & 1 & \frac{77}{163} & \frac{112}{163} & \frac{203}{163} \end{array}\right)$$

Es ist also:

$$(\mathbf{E} - \mathbf{A})^{-1} = \begin{pmatrix} \frac{240}{163} & \frac{112}{163} & \frac{40}{163} \\ \frac{108}{163} & \frac{246}{163} & \frac{18}{163} \\ \frac{77}{163} & \frac{112}{163} & \frac{203}{163} \end{pmatrix}$$

Da alle Elemente der Matrix Brüche mit dem Nenner 163 *sind, ist es zweckmäßig,* 163 *als skalaren Faktor vor die Matrix* $(\mathbf{E} - \mathbf{A})^{-1}$ *zu ziehen. Es ist*

$$\mathbf{x} = \frac{1}{163}\begin{pmatrix} 240 & 112 & 40 \\ 108 & 246 & 18 \\ 77 & 112 & 203 \end{pmatrix}\begin{pmatrix} 4 \\ 2 \\ 3 \end{pmatrix} = \begin{pmatrix} 8 \\ 6 \\ 7 \end{pmatrix}$$

Man beachte, daß nicht alle quadratischen Matrizen eine inverse Matrix besitzen. Das beschriebene Verfahren zur Bestimmung der Inversen läßt sich in einem solchen Fall nicht bis zu Ende führen, weil in einer Zeile oder mehreren Zeilen der linken Hälfte der erweiterten Matrix nur Nullen stehen.

B 18.6.5 *Es ist die Inverse der Matrix*

$$\begin{pmatrix} 1 & 5 & 2 & 3 \\ 4 & 9 & 1 & 7 \\ 3 & 4 & -1 & 4 \\ 0 & 11 & 7 & 5 \end{pmatrix}$$

zu bestimmen. Die erweiterte Matrix lautet:

$$\left(\begin{array}{cccc|cccc} 1 & 5 & 2 & 3 & 1 & 0 & 0 & 0 \\ 4 & 9 & 1 & 7 & 0 & 1 & 0 & 0 \\ 3 & 4 & -1 & 4 & 0 & 0 & 1 & 0 \\ 0 & 11 & 7 & 5 & 0 & 0 & 0 & 1 \end{array}\right)$$

Die Erzeugung der Einheitsmatrix im linken Teil der Koeffizientenmatrix ergibt:

$$\left(\begin{array}{cccc|cccc} 1 & 5 & 2 & 3 & 1 & 0 & 0 & 0 \\ 0 & -11 & -7 & -5 & -4 & 1 & 0 & 0 \\ 0 & -11 & -7 & -5 & -3 & 0 & 1 & 0 \\ 0 & 11 & 7 & 5 & 0 & 0 & 0 & 1 \end{array}\right)$$

$$\left(\begin{array}{cccc|cccc} 1 & 0 & -\frac{13}{11} & \frac{8}{11} & -\frac{9}{11} & \frac{5}{11} & 0 & 0 \\ 0 & 1 & \frac{7}{11} & \frac{5}{11} & \frac{4}{11} & -\frac{1}{11} & 0 & 0 \\ 0 & 0 & 0 & 0 & 1 & -1 & 1 & 0 \\ 0 & 0 & 0 & 0 & -4 & 1 & 0 & 1 \end{array}\right).$$

In der linken Hälfte der erweiterten Matrix stehen in der 3. und 4. Zeile nur Nullen. Es ist damit unmöglich, in der 3. bzw. 4. Spalte einen 3. bzw. 4. Einheitsvektor zu erzeugen.

Aufgaben

Ü 18.6.1 *Bestimmen Sie die Inverse der Matrix*

$$\mathbf{A} = \begin{pmatrix} 2 & 3 & 1 \\ 1 & 2 & -1 \\ 2 & 1 & 2 \end{pmatrix}$$

Ü 18.6.2 *Bestimmen Sie die Inverse der Matrix*

$$\mathbf{A} = \begin{pmatrix} 2 & 8 \\ 1 & 4 \end{pmatrix}$$

Ü 18.6.3 *Bestimmen Sie zu folgenden Matrizen die Inversen:*

a) $\mathbf{A} = \begin{pmatrix} 2 & 1 \\ 3 & 1 \end{pmatrix}$; b) $\mathbf{B} = \begin{pmatrix} 5 & 7 \\ 4 & -3 \end{pmatrix}$;

c) $\mathbf{C} = \begin{pmatrix} 1 & 3 & 3 \\ 1 & 4 & 3 \\ 1 & 3 & 4 \end{pmatrix}$; d) $\mathbf{D} = \begin{pmatrix} 1 & 0 & 1 \\ 0 & 1 & -1 \\ 0 & -1 & 2 \end{pmatrix}$; e) $\mathbf{F} = \begin{pmatrix} 4 & 5 & 9 \\ 7 & 8 & 4 \\ 1 & 2 & 14 \end{pmatrix}$.

18.7 Lösung eines inhomogenen linearen Gleichungssystems mit Hilfe der Inversen der Koeffizientenmatrix

In Matrizenschreibweise ergibt ein lineares Gleichungssystem mit n Gleichungen in n Variablen die Matrizengleichung:

$$\mathbf{Ax} = \mathbf{b}$$

Multipliziert man beide Seiten der Gleichung von links mit der Inversen der Koeffizientenmatrix, so ergibt sich:

$$\mathbf{A}^{-1}\mathbf{Ax} = \mathbf{A}^{-1}\mathbf{b} \Rightarrow \mathbf{Ex} = \mathbf{A}^{-1}\mathbf{b} \Rightarrow \mathbf{x} = \mathbf{A}^{-1}\mathbf{b}$$

Die Lösung eines linearen Gleichungssystems (den Lösungsvektor $\mathbf{x}$) kann man also dadurch bestimmen, daß man den Vektor der absoluten Glieder der Gleichungen von links mit der Inversen der Koeffizientenmatrix multipliziert. Es gilt somit:

R 18.7.1 Gegeben sei ein eindeutig lösbares inhomogenes lineares Gleichungssystem mit n Gleichungen in n Variablen: $\mathbf{Ax} = \mathbf{b}$.
Dann gilt: $\mathbf{x} = \mathbf{A}^{-1}\mathbf{b}$.

B 18.7.2 $\begin{matrix} 8x_1 + 3x_2 = 30 \\ 5x_1 + 2x_2 = 19 \end{matrix}$ *bzw.* $\begin{pmatrix} 8 & 3 \\ 5 & 2 \end{pmatrix} \begin{pmatrix} x_1 \\ x_2 \end{pmatrix} = \begin{pmatrix} 30 \\ 19 \end{pmatrix}$.

Die Berechnung der Inversen der Koeffizientenmatrix ergibt:

$$\left(\begin{array}{cc|cc} 8 & 3 & 1 & 0 \\ 5 & 2 & 0 & 1 \end{array}\right) \quad \left(\begin{array}{cc|cc} 1 & \frac{3}{8} & \frac{1}{8} & 0 \\ 0 & \frac{1}{8} & -\frac{5}{8} & 1 \end{array}\right) \quad \left(\begin{array}{cc|cc} 1 & 0 & 2 & -3 \\ 0 & 1 & -5 & 8 \end{array}\right)$$

Es ist also $\mathbf{A}^{-1} = \begin{pmatrix} 2 & -3 \\ -5 & 8 \end{pmatrix}$ *und für die Lösung des Gleichungssystems erhält man:*

$$\begin{pmatrix} x_1 \\ x_2 \end{pmatrix} = \begin{pmatrix} 2 & -3 \\ -5 & 8 \end{pmatrix} \begin{pmatrix} 30 \\ 19 \end{pmatrix} = \begin{pmatrix} 60 - 57 \\ -150 + 152 \end{pmatrix} = \begin{pmatrix} 3 \\ 2 \end{pmatrix}$$

Aufgaben

Ü 18.7.1 *Lösen Sie, sofern möglich, die folgenden Gleichungssysteme mit Hilfe der Inversen der Koeffizientenmatrix:*

a)
$$\begin{aligned} 4x_1 + 5x_3 &= 19 \\ x_2 - 6x_3 &= -19 \\ 3x_1 + 4x_3 &= 15 \end{aligned}$$

b)
$$\begin{aligned} 2x_1 + 3x_2 + x_3 &= 15 \\ x_1 + 2x_2 - x_3 &= 3 \\ 2x_1 + x_2 + 2x_3 &= 13 \end{aligned}$$

c)
$$\begin{aligned} x_1 - 2x_2 - 3x_3 &= 2 \\ x_1 - 4x_2 - 13x_3 &= 14 \\ -3x_1 + 5x_2 + 4x_3 &= 0 \end{aligned}$$

d)
$$\begin{aligned} x + y &= 1 \\ x - y &= 3 \\ 2x + 2y &= 2 \end{aligned}$$

Ü 18.7.2 *Für die Herstellung der Erzeugnisse A, B und C sind die Materialien R, S und T erforderlich.*
Materialverbrauch pro Einheit der Erzeugnisse und verfügbarer Materialbestand werden in der folgenden Tabelle aufgeführt:

	A	B	C	Bestand
R	1	2	3	25
S	3	1	4	25
T	2	5	2	50

Das Materiallager soll geräumt werden, da der Betrieb in Zukunft neuartiges Material verwenden will. Bestimmen Sie dazu, wie viele Einheiten der Erzeugnisse mit dem noch vorhandenen Material hergestellt werden können.

a) *Formulieren Sie das Problem als lineares Gleichungssystem.*
b) *Geben Sie das unter* **a)** *entwickelte Gleichungssystem in Matrizenschreibweise an.*
c) *Lösen Sie das Gleichungssystem mit Hilfe der Inversen der Koeffizientenmatrix.*

18.8 Linear abhängige bzw. unabhängige Gleichungen und Vektoren

Im Abschnitt 18.4 wurden nicht eindeutig lösbare Gleichungssysteme behandelt. Ist ein Gleichungssystem nur mehrdeutig lösbar, so liegt das häufig an der Tatsache, daß eine Gleichung (oder mehrere Gleichungen) aus den übrigen Gleichungen durch zulässige Operationen gewonnen werden können.

B 18.8.1 *In* B 18.4.1 *war das nachfolgende Gleichungssystem gegeben. Es ist nicht eindeutig lösbar.*

$$\begin{aligned} 2x_1 - x_2 + 6x_3 &= 10 \\ x_1 + x_2 - 2x_3 &= 4 \\ x_1 - 2x_2 + 8x_3 &= 6 \end{aligned}$$

Der Grund ist: Jede Gleichung kann aus den beiden übrigen durch zulässige Operationen gewonnen werden. Z.B. ergibt sich die 3. Gleichung durch Addition des (−1)-fachen der 2. Gleichung zur 1. Gleichung. Die 3. Gleichung enthält zu den beiden anderen Gleichungen keine neue Information.

$$\begin{array}{r} 2x_1 - x_2 + 6x_3 = 10 \\ -x_1 - x_2 + 2x_3 = -4 \\ \hline x_1 - 2x_2 + 8x_3 = 6 \end{array}$$

Betrachtet man die erweiterte Koeffizientenmatrix, dann ist die 3. Zeile (bzw. der entsprechende Vektor) eine Linearkombination der beiden anderen Zeilen:

$$(2; -1; 6|10) - (1; 1; -2|4) = (1; -2; 8|6)$$

Für diese Gleichung kann man auch schreiben:

$$(2; -1; 6|10) - (1; 1; -2|4) - (1; -2; 8|6) = (0; 0; 0|0)$$

In dem Beispiel sind 3 Vektoren gegeben, für die eine Linearkombination existiert, die den Nullvektor ergibt. Die Gleichungen und die den Koeffizienten entsprechenden Vektoren sind voneinander abhängig in dem Sinne, daß (wenigstens) eine Gleichung bzw. ein Vektor als Linearkombination der übrigen Gleichungen bzw. Vektoren darstellbar ist. Es gilt:

D 18.8.2

Linear abhängige und unabhängige Vektoren

Die n Vektoren $\mathbf{a}_1, \mathbf{a}_2, \ldots, \mathbf{a}_n$ gleicher Ordnung heißen **linear abhängig**, wenn sich der Nullvektor $\mathbf{0}$ als nichttriviale Linearkombination dieser Vektoren darstellen läßt:

$$\mathbf{0} = \sum_{i=1}^{n} c_i \mathbf{a}_i \quad \text{mit} \quad \mathbf{c} \neq 0.$$

Die n Vektoren $\mathbf{a}_i$ $(i = 1, \ldots, n)$ heißen **linear unabhängig**, wenn sich der Nullvektor nur durch die triviale Linearkombination mit $c_i = 0$ für $i = 1, \ldots, n$ darstellen läßt.

B 18.8.3 a) *Die Vektoren*

$$\mathbf{a}_1 = \begin{pmatrix} 4 \\ 2 \\ -2 \end{pmatrix}; \quad \mathbf{a}_2 = \begin{pmatrix} 1 \\ -5 \\ 4 \end{pmatrix}; \quad \mathbf{a}_3 = \begin{pmatrix} 3 \\ -4 \\ 3 \end{pmatrix}$$

sind linear abhängig, denn es gilt:

$$2\mathbf{a}_1 + 4\mathbf{a}_2 - 4\mathbf{a}_3 = 2\begin{pmatrix} 4 \\ 2 \\ -2 \end{pmatrix} + 4\begin{pmatrix} 1 \\ -5 \\ 4 \end{pmatrix} - 4\begin{pmatrix} 3 \\ -4 \\ 3 \end{pmatrix}$$

$$= \begin{pmatrix} 8 \\ 4 \\ -4 \end{pmatrix} + \begin{pmatrix} 4 \\ -20 \\ 16 \end{pmatrix} - \begin{pmatrix} 12 \\ -16 \\ 12 \end{pmatrix} = \begin{pmatrix} 0 \\ 0 \\ 0 \end{pmatrix}$$

b) *Die m Einheitsvektoren m-ter Ordnung:*

$$\begin{pmatrix} 1 \\ 0 \\ 0 \\ \vdots \\ 0 \end{pmatrix}; \begin{pmatrix} 0 \\ 1 \\ 0 \\ \vdots \\ 0 \end{pmatrix}; \begin{pmatrix} 0 \\ 0 \\ 1 \\ \vdots \\ 0 \end{pmatrix}; \ldots; \begin{pmatrix} 0 \\ 0 \\ 0 \\ \vdots \\ 1 \end{pmatrix}$$

sind linear unabhängig, denn die Linearkombination

$$c_1 \begin{pmatrix} 1 \\ 0 \\ 0 \\ \vdots \\ 0 \end{pmatrix} + c_2 \begin{pmatrix} 0 \\ 1 \\ 0 \\ \vdots \\ 0 \end{pmatrix} + c_3 \begin{pmatrix} 0 \\ 0 \\ 1 \\ \vdots \\ 0 \end{pmatrix} + \ldots + c_m \begin{pmatrix} 0 \\ 0 \\ 0 \\ \vdots \\ 1 \end{pmatrix} = \begin{pmatrix} c_1 \\ c_2 \\ c_3 \\ \vdots \\ c_m \end{pmatrix}$$

ergibt nur dann den Nullvektor, wenn gilt: $c_1 = c_2 = \ldots = c_m = 0$.

Aus B 18.8.1, dem nachfolgenden Text und D 18.8.2 ergibt sich:

R 18.8.4 Sind die m Vektoren $a_1, a_2, \ldots, a_m$ **linear abhängig**, dann ist jeder Vektor als Linearkombination der übrigen Vektoren darstellbar.

B 18.8.5 *Für die Vektoren aus* B 18.8.3a) *gilt z.B.* $\mathbf{a}_3 = \frac{1}{2}\mathbf{a}_1 + \mathbf{a}_2$:

$$\frac{1}{2}\begin{pmatrix} 4 \\ 2 \\ -2 \end{pmatrix} + \begin{pmatrix} 1 \\ -5 \\ 4 \end{pmatrix} = \begin{pmatrix} 2 \\ 1 \\ -1 \end{pmatrix} + \begin{pmatrix} 1 \\ -5 \\ 4 \end{pmatrix} = \begin{pmatrix} 3 \\ -4 \\ 3 \end{pmatrix}.$$

Speziell gilt:

R 18.8.6

Vektoren sind linear abhängig, wenn
- es zwei gleiche Vektoren gibt;
- ein Vektor einem anderen proportional ist, d.h. wenn ein Vektor sich aus einem anderen Vektor durch Multiplikation mit einer Zahl ergibt oder
- die Anzahl m der Vektoren größer ist als deren Ordnung n, d.h. $m > n$.

In gleicher Weise, wie die lineare Abhängigkeit und Unabhängigkeit von Vektoren definiert ist, kann auch die lineare Abhängigkeit und Unabhängigkeit von Gleichungen eingeführt werden. Das wird hier nicht im einzelnen behandelt.

Ob ein gegebenes System von Vektoren (oder linearen Gleichungen) linear abhängig oder unabhängig ist, kann mit Hilfe von Zeilenoperationen überprüft werden.

R 18.8.7

Gegeben seien m Vektoren n-ter Ordnung $\mathbf{a}'_1, \mathbf{a}'_2, \ldots, \mathbf{a}'_m$ mit $m < n$. Mit Hilfe von Zeilenoperationen können die Vektoren wie folgt auf lineare Abhängigkeit überprüft werden:

(1) Fasse die Zeilenvektoren zu einer Matrix zusammen.

(2) Erzeuge im linken quadratischen Teil der Matrix eine obere Dreiecksmatrix.

(3) Entsteht dabei eine Zeile mit lauter Nullen oder enthält die Hauptdiagonale des quadratischen Teils Nullen, so sind die Vektoren linear abhängig, andernfalls nicht.

B 18.8.8 **a)** *Für die Vektoren aus* B 18.8.3a) *ergibt sich*:

$$\begin{pmatrix} 4 & 2 & -2 \\ 1 & -5 & 4 \\ 3 & -4 & 3 \end{pmatrix} \Rightarrow \begin{pmatrix} 4 & 2 & -2 \\ 0 & -5{,}5 & 4{,}5 \\ 0 & -5{,}5 & 4{,}5 \end{pmatrix} \Rightarrow \begin{pmatrix} 4 & 2 & -2 \\ 0 & -5{,}5 & 4{,}5 \\ 0 & 0 & 0 \end{pmatrix}$$

b) *Für* $(3, 2, -1)$, $(6, 4, 0)$, $(9, 6, -2)$ *ergibt sich*:

$$\begin{pmatrix} 3 & 2 & -1 \\ 6 & 4 & 0 \\ 9 & 6 & -2 \end{pmatrix} \Rightarrow \begin{pmatrix} 3 & 2 & -1 \\ 0 & 0 & 2 \\ 0 & 0 & 1 \end{pmatrix}$$

In beiden Fällen sind die Vektoren linear abhängig.

Aufgaben

Ü 18.8.1 *In welchen Fällen sind die Vektoren linear abhängig?*

a) $\mathbf{a} = \begin{pmatrix} 1 \\ 1 \end{pmatrix}$, $\mathbf{b} = \begin{pmatrix} -2 \\ -2 \end{pmatrix}$; **b)** $\mathbf{a} = \begin{pmatrix} 1 \\ 0 \\ 1 \end{pmatrix}$, $\mathbf{b} = \begin{pmatrix} 1 \\ 1 \\ 0 \end{pmatrix}$, $\mathbf{c} = \begin{pmatrix} 0 \\ 1 \\ 1 \end{pmatrix}$;

c) $\mathbf{a}' = (2, 0, 3, 4)$, $\mathbf{b}' = (-1, 2, -2, -3)$, $\mathbf{c}' = (3, -3, 2, 4)$, $\mathbf{d}' = (4, -1, 3, 5)$;

d) $\mathbf{a} = \begin{pmatrix} 1 \\ 2 \\ 1 \end{pmatrix}$, $\mathbf{b} = \begin{pmatrix} 2 \\ -1 \\ -1 \end{pmatrix}$, $\mathbf{c} = \begin{pmatrix} 1 \\ 1 \\ 0 \end{pmatrix}$, $\mathbf{d} = \begin{pmatrix} 0 \\ 0 \\ 1 \end{pmatrix}$;

e) $\mathbf{a} = \begin{pmatrix} 1 \\ 0 \end{pmatrix}$, $\mathbf{b} = \begin{pmatrix} 1 \\ 1 \end{pmatrix}$.

Ü 18.8.2 *Wie ist d zu wählen, damit die Vektoren* **a**, **b**, **c** *linear abhängig sind?*

a) $\mathbf{a} = \begin{pmatrix} 1 \\ -1 \\ d \end{pmatrix}$, $\mathbf{b} = \begin{pmatrix} d \\ 0 \\ 2 \end{pmatrix}$, $\mathbf{c} = \begin{pmatrix} 1 \\ -1 \\ 1 \end{pmatrix}$;

b) $\mathbf{a} = \begin{pmatrix} 1 \\ 0 \\ d \end{pmatrix}$, $\mathbf{b} = \begin{pmatrix} 0 \\ 1 \\ 0 \end{pmatrix}$, $\mathbf{c} = \begin{pmatrix} 0 \\ 0 \\ 1 \end{pmatrix}$.

18.9 Rang einer Matrix

Zu jedem System von Vektoren gibt es eine maximale Anzahl linear unabhängiger Vektoren.

D 18.9.1

> **Rang eines Vektorsystems**
> Gegeben sei ein System von n Vektoren $\mathbf{a}_1, \ldots, \mathbf{a}_n$. Die maximale Anzahl der linear unabhängigen Vektoren des Vektorsystems heißt **Rang** des Vektorsystems.

Eine Matrix besteht aus Zeilen und Spalten, die als Vektoren betrachtet werden können. Der Begriff des Rangs kann deshalb auf Matrizen übertragen werden. Dazu ist zunächst folgende Regel festzuhalten:

R 18.9.2

> Bei einer Matrix ist die Maximalzahl der linear unabhängigen Zeilen immer gleich der Maximalzahl der linear unabhängigen Spalten.

D 18.9.3

> **Rang einer Matrix**
> Die Maximalzahl linear unabhängiger Zeilen bzw. Spalten einer Matrix **A** heißt **Rang der Matrix** und wird bezeichnet mit rang(**A**).

Für den Rang einer Matrix gelten verschiedene Regeln, die ohne Herleitung bzw. Beweis angegeben werden.

R 18.9.4

> **a)** Für eine $m \times n$-Matrix **A** ist der Rang höchstens gleich dem Minimum von Zeilenzahl m und Spaltenzahl n: $\text{rang}(\mathbf{A}_{mn}) \leq \min(m, n)$.
> **b)** Zeilenoperationen verändern den Rang nicht.
> **c)** Für beliebige Matrizen gilt: $\text{rang}(\mathbf{A}) = \text{rang}(\mathbf{A}')$.

Zu R 18.9.4b) ist zu bemerken, daß analog zu den Zeilenoperationen auch Spaltenoperationen definiert werden können. Durch Anwendung dieser Spaltenoperationen wird der Rang ebenfalls nicht verändert.

Die Rangbestimmung einer gegebenen Matrix kann mittels Zeilenoperationen erfolgen.

R 18.9.5

> **Bestimmung des Rangs einer Matrix**
> Der Rang einer Matrix kann wie folgt bestimmt werden: Erzeuge in den Spalten (in beliebiger Reihenfolge) Einheitsvektoren $\mathbf{e}_i$, wobei für je zwei Einheitsvektoren $\mathbf{e}_i$, $\mathbf{e}_j$ gelten muß $i \neq j$. Die maximale Anzahl von Einheitsvektoren, die erzeugt werden können, stimmt mit dem Rang der Matrix überein.

B 18.9.6 *In den folgenden beiden Beispielen sind die Spalten gekennzeichnet, in denen jeweils Einheitsvektoren erzeugt wurden.*

a)

$$\mathbf{A} = \begin{pmatrix} 2 & 3 & 1 & 4 & -2 \\ 8 & 12 & 4 & 16 & -4 \\ 4 & 8 & -4 & 11 & -3 \\ 2 & 5 & -5 & 7 & -1 \end{pmatrix} \Rightarrow \begin{pmatrix} \overset{\downarrow}{1} & 1{,}5 & 0{,}5 & 2 & -1 \\ 0 & 0 & 0 & 0 & 4 \\ 0 & 2 & -6 & 3 & 1 \\ \underset{\uparrow}{0} & 2 & -6 & 3 & 1 \end{pmatrix}$$

$$\Rightarrow \begin{pmatrix} 1 & \overset{\downarrow}{0} & 5 & -0{,}25 & -1{,}75 \\ 0 & 0 & 0 & 0 & 4 \\ 0 & 1 & -3 & 1{,}5 & 0{,}5 \\ 0 & \underset{\uparrow}{0} & 0 & 0 & 0 \end{pmatrix} \Rightarrow \begin{pmatrix} 1 & 0 & 5 & -0{,}25 & \overset{\downarrow}{0} \\ 0 & 0 & 0 & 0 & 1 \\ 0 & 1 & -3 & 1{,}5 & 0 \\ 0 & 0 & 0 & 0 & \underset{\uparrow}{0} \end{pmatrix}$$

Damit sind 3 Einheitsvektoren bestimmt. Mehr können nicht gefunden werden. Es gilt: $\text{rang}(\mathbf{A}) = 3$.

b)

$$\mathbf{B} = \begin{pmatrix} 1 & 5 & 2 & 3 \\ 4 & 9 & 1 & 7 \\ 3 & 4 & -1 & 4 \\ 0 & 11 & 7 & 5 \end{pmatrix} \Rightarrow \begin{pmatrix} 1 & 5 & 2 & 3 \\ 0 & -11 & -7 & -5 \\ 0 & -11 & -7 & -5 \\ 0 & 11 & 7 & 5 \end{pmatrix} \Rightarrow \begin{pmatrix} 1 & 0 & -\frac{13}{11} & \frac{8}{11} \\ 0 & 1 & \frac{7}{11} & \frac{5}{11} \\ 0 & 0 & 0 & 0 \\ 0 & 0 & 0 & 0 \end{pmatrix}$$

Es ist: $\text{rang}(\mathbf{B}) = 2$.

Mit Hilfe des Rangs von Matrizen können **Kriterien für die Lösbarkeit linearer Gleichungsysteme** formuliert werden. Dabei spielt für ein Gleichungssystem $\mathbf{Ax} = \mathbf{b}$ die Koeffizientenmatrix $\mathbf{A}$ und die erweiterte Koeffizientenmatrix $(\mathbf{A}|\mathbf{b})$ eine Rolle.

R 18.9.7 **Kriterien für die Lösbarkeit eines linearen Gleichungssystems**

Gegeben sei ein Gleichungssystem $\mathbf{Ax} = \mathbf{b}$ mit m Gleichungen in n Variablen. Für die Lösbarkeit des Gleichungssystems gilt dann:

$\text{rang}(\mathbf{A}) < \text{rang}(\mathbf{A}\|\mathbf{b})$	$\Rightarrow \mathbf{Ax} = \mathbf{b}$	ist nicht lösbar.
$\text{rang}(\mathbf{A}) = \text{rang}(\mathbf{A}\|\mathbf{b}) = r < n$	$\Rightarrow \mathbf{Ax} = \mathbf{b}$	ist mehrdeutig lösbar. $n - r$ Variablenwerte können beliebig vorgegeben werden.
$\text{rang}(\mathbf{A}) = \text{rang}(\mathbf{A}\|\mathbf{b}) = n$	$\Rightarrow \mathbf{Ax} = \mathbf{b}$	ist eindeutig lösbar.

Die eindeutige Lösbarkeit setzt voraus, daß die Anzahl der Gleichungen nicht kleiner ist als die Anzahl der Variablen.

Aufgaben

Ü 18.9.1 *Bestimmen Sie den Rang folgender Matrizen:*

a) $\mathbf{A} = \begin{pmatrix} 4 & 5 & 6 \\ 6 & 8 & 4 \\ 1 & 2 & 10 \end{pmatrix}$; **b)** $\mathbf{B} = \begin{pmatrix} 1 & 2 & 3 & 4 \\ -4 & 0 & 5 & 6 \\ 5 & 2 & -2 & -2 \end{pmatrix}$;

c) $\mathbf{C} = \begin{pmatrix} 2 & 3 & -2 \\ 3 & -\frac{3}{2} & 1 \\ 3 & 2 & 3 \end{pmatrix}$.

Ü 18.9.2 *Deuten Sie die Vektoren mit zwei bzw. drei Komponenten als Pfeile in einem Koordinatensystem und übertragen Sie auf dieses Modell den Begriff der linearen Abhängigkeit.*

Ü 18.9.3 *Überprüfen Sie die folgenden Gleichungssysteme hinsichtlich ihrer Lösbarkeit:*

a)
$$\begin{aligned} x_1 + x_2 + x_3 &= 1 \\ x_1 - x_2 + x_3 &= 1 \\ x_1 + x_2 - x_3 &= 1 \end{aligned}$$

b)
$$\begin{aligned} 5x + 3y &= 8 \\ 5x - 3y &= 2 \\ -10x + 6y &= 4 \\ 3x + \tfrac{3}{5}y &= \tfrac{8}{5} \end{aligned}$$

c)
$$\begin{aligned} x_1 + x_2 - 3x_3 + 4x_4 &= 1 \\ 2x_1 - x_2 + x_3 + x_4 &= 9 \\ -2x_1 - 2x_2 + 6x_3 - 8x_4 &= -2 \\ x_1 - x_2 - 3x_3 + 4x_4 &= 1 \\ -x_1 - 3x_2 + 3x_3 - 4x_4 &= -1 \end{aligned}$$

Ü 18.9.4 *In der Analytischen Geometrie stellt die Gleichung* $a_1x_1 + a_2x_2 = b$ *eine Gerade im* (x_1, x_2)*-Koordinatensystem dar.*

Interpretieren Sie mit dieser Deutung die Begriffe „Lösung" und „Lösbarkeitskriterien" von Gleichungssystemen mit zwei Unbekannten.

19 Determinanten

19.1 Begriff der Determinanten

Eine Determinante ist eine reelle Zahl, die aus den Elementen einer **quadratischen** Matrix, deren Elemente reelle Zahlen sind, nach bestimmten Vorschriften berechnet wird. Da die allgemeine Definition (siehe D 19.1.4) sehr unanschaulich ist, werden zunächst Determinanten für quadratische Matrizen 2. und 3. Ordnung behandelt.

D 19.1.1 **Determinante 2. und 3. Ordnung**

Gegeben seien quadratische Matrizen 2. und 3. Ordnung. Unter der **Determinante** $\det(\mathbf{A}) = |\mathbf{A}|$ bzw. $\det(\mathbf{B}) = |\mathbf{B}|$ versteht man die nach den folgenden Vorschriften berechneten Zahlen:

$$\det(\mathbf{A}) = |\mathbf{A}| = \begin{vmatrix} a_{11} & a_{12} \\ a_{21} & a_{22} \end{vmatrix} = a_{11}a_{22} - a_{21}a_{12}$$

$$\det(\mathbf{B}) = |\mathbf{B}| = \begin{vmatrix} b_{11} & b_{12} & b_{13} \\ b_{21} & b_{22} & b_{23} \\ b_{31} & b_{32} & b_{33} \end{vmatrix} = \begin{array}{l} b_{11}b_{22}b_{33} - b_{11}b_{23}b_{32} \\ +b_{12}b_{23}b_{31} - b_{12}b_{21}b_{33} \\ +b_{13}b_{21}b_{32} - b_{13}b_{22}b_{31} \end{array}$$

Die Determinante der quadratischen Matrix **A** wird mit $\det(\mathbf{A})$ oder $|\mathbf{A}|$ (mit senkrechten Strichen) oder durch vollständiges Hinschreiben der Elemente der Matrix zwischen zwei senkrechte Striche bezeichnet.

B 19.1.2 a) $\begin{vmatrix} 3 & 1 \\ 7 & 2 \end{vmatrix} = 3 \cdot 2 - 7 \cdot 1 = -1$

b) $\begin{vmatrix} 3 & -1 & 0 \\ 5 & 8 & 1 \\ -1 & 3 & 2 \end{vmatrix} = \begin{array}{l} 3 \cdot 8 \cdot 2 - 3 \cdot 1 \cdot 3 + (-1) \cdot 1 \cdot (-1) - (-1) \cdot 5 \cdot 2 \\ +0 \cdot 5 \cdot 3 - 0 \cdot 8 \cdot (-1) = 48 - 9 + 1 + 10 = 50 \end{array}$

D 19.1.3 Die Determinante $|\mathbf{A}|$ einer quadratischen Matrix n-ter Ordnung heißt **Determinante n-ter Ordnung**.

Für Determinanten n-ter Ordnung gilt allgemein:

D 19.1.4 **Determinante n-ter Ordnung**

Unter der Determinante

$$\det(\mathbf{A}) = |\mathbf{A}| = \begin{vmatrix} a_{11} & a_{12} & a_{13} & \dots & a_{1n} \\ a_{21} & a_{22} & a_{23} & \dots & a_{2n} \\ a_{31} & a_{32} & a_{33} & \dots & a_{3n} \\ \dots & & & \dots & \\ a_{n1} & a_{n2} & a_{n3} & \dots & a_{nn} \end{vmatrix}$$

der quadratischen, reellwertigen Matrix $\mathbf{A}$ versteht man die folgende Funktion der Elemente der Matrix:

$$|\mathbf{A}| = \sum_R (-1)^\zeta \, a_{1j_1} a_{2j_2} a_{3j_3} \cdot \ldots \cdot a_{nj_n}$$

$j_1, j_2, \ldots, j_n$ durchläuft dabei alle Permutationen der Zahlen von 1 bis n, d.h. es wird über die Menge R dieser Permutationen summiert. ζ gibt die Anzahl der Inversionen (paarweise Vertauschung von Elementen) der jeweiligen Permutation an.

Die Determinante einer Matrix, deren Elemente reelle Zahlen sind, ist also eine reelle Zahl, die aus den Elementen nach der angegebenen Vorschrift berechnet wird. Da für $j_1, j_2, \ldots, j_n$ **alle** Permutationen stehen (in jedem Summanden eine andere), enthält die Summe $n!$ Summanden. (Vgl. dazu Abschnitt 5.5 in Band 1.) Jede paarweise Vertauschung von Zahlen bei einer Permutation heißt **Inversion**. Die Permutation 2,3,5,1,4 der Zahlen 1,2,3,4 und 5 enthält 4 Inversionen, da man 4 Vertauschungen von Zahlenpaaren vornehmen muß, um die natürliche Reihenfolge der Zahlen wieder herzustellen. Die Schritte sind in F 19.1.5 gekennzeichnet.

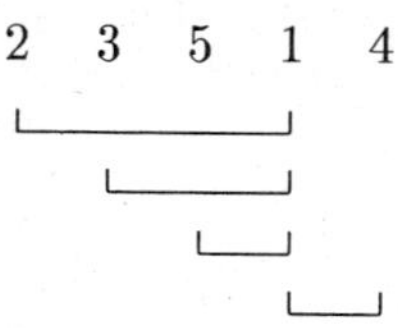

F 19.1.5

19.2 Grundlegende Begriffe und Regeln für Determinanten

Die Berechnung von Determinanten über die Vorschrift in D 19.1.4 ist sehr aufwendig. In diesem Abschnitt werden daher zusammen mit einigen grundlegenden Begriffen einige Regeln behandelt, die das Berechnen einer Determinante erleichtern.

D 19.2.1 **Unterdeterminante**
Streicht man in einer Determinante n-ter Ordnung $|\mathbf{A}|$ die i-te Zeile und die j-te Spalte, so erhält man eine Determinante $(n-1)$-ter Ordnung. Man nennt diese Determinante die **Unterdeterminante** oder auch **Minor** des Elements a_{ij} und bezeichnet sie mit $|\mathbf{A}|_{ij}$. Zu einer Determinante n-ter Ordnung gibt es n^2 Unterdeterminanten.

B 19.2.2 **a)** *Bei der Determinante 4. Ordnung*

$$\begin{vmatrix} a_{11} & a_{12} & a_{13} & a_{14} \\ a_{21} & a_{22} & a_{23} & a_{24} \\ a_{31} & a_{32} & a_{33} & a_{34} \\ a_{41} & a_{42} & a_{43} & a_{44} \end{vmatrix}$$

hat a_{23} *die nebenstehende Unterdeterminante*

$$\begin{vmatrix} a_{11} & a_{12} & a_{14} \\ a_{31} & a_{32} & a_{34} \\ a_{41} & a_{42} & a_{44} \end{vmatrix}.$$

b) *Die Determinante 3. Ordnung*

$$|\mathbf{A}| = \begin{vmatrix} a_{11} & a_{12} & a_{13} \\ a_{21} & a_{22} & a_{23} \\ a_{31} & a_{32} & a_{33} \end{vmatrix}$$

hat die neun Unterdeterminanten

$$|\mathbf{A}|_{11} = \begin{vmatrix} a_{22} & a_{23} \\ a_{32} & a_{33} \end{vmatrix}; \quad |\mathbf{A}|_{12} = \begin{vmatrix} a_{21} & a_{23} \\ a_{31} & a_{33} \end{vmatrix}; \quad |\mathbf{A}|_{13} = \begin{vmatrix} a_{21} & a_{22} \\ a_{31} & a_{32} \end{vmatrix};$$

$$|\mathbf{A}|_{21} = \begin{vmatrix} a_{12} & a_{13} \\ a_{32} & a_{33} \end{vmatrix}; \quad |\mathbf{A}|_{22} = \begin{vmatrix} a_{11} & a_{13} \\ a_{31} & a_{33} \end{vmatrix}; \quad |\mathbf{A}|_{23} = \begin{vmatrix} a_{11} & a_{12} \\ a_{31} & a_{32} \end{vmatrix};$$

$$|\mathbf{A}|_{31} = \begin{vmatrix} a_{12} & a_{13} \\ a_{22} & a_{23} \end{vmatrix}; \quad |\mathbf{A}|_{32} = \begin{vmatrix} a_{11} & a_{13} \\ a_{21} & a_{23} \end{vmatrix}; \quad |\mathbf{A}|_{33} = \begin{vmatrix} a_{11} & a_{12} \\ a_{21} & a_{22} \end{vmatrix}.$$

D 19.2.3 **Adjunkte**
Multipliziert man die Unterdeterminante $|\mathbf{A}|_{ij}$ mit $(-1)^{i+j}$, so erhält man die **Adjunkte** oder den **Kofaktor** α_{ij} des Elements a_{ij}:
$\alpha_{ij} = (-1)^{i+j}|\mathbf{A}|_{ij}$.

Ist die Summe $i + j$ von Zeilenindex und Spaltenindex eine gerade Zahl, so ist das Vorzeichen „+“, ergibt $i + j$ eine ungerade Zahl, ist das Vorzeichen „−“. Die Zuordnung der Vorzeichen kann man sich an der folgenden Darstellung einprägen, in der an der Stelle der Elemente die Vorzeichen der zugehörigen Adjunkten stehen.

$$\begin{vmatrix} + & - & + & - & + & - & \dots \\ - & + & - & + & - & + & \dots \\ + & - & + & - & + & - & \dots \\ - & + & - & + & - & + & \dots \\ + & - & + & - & + & - & \dots \\ \dots & & & & & & \dots \end{vmatrix}$$

B 19.2.4 *Zu der Determinante* $\begin{vmatrix} 3 & 2 & 4 \\ 1 & 0 & 2 \\ 3 & 7 & 5 \end{vmatrix}$

gehören die Unterdeterminanten und Adjunkten:

$$|\mathbf{A}|_{11} = \begin{vmatrix} 0 & 2 \\ 7 & 5 \end{vmatrix} = -14; \quad |\mathbf{A}|_{12} = \begin{vmatrix} 1 & 2 \\ 3 & 5 \end{vmatrix} = -1; \quad |\mathbf{A}|_{13} = \begin{vmatrix} 1 & 0 \\ 3 & 7 \end{vmatrix} = 7;$$

$$|\mathbf{A}|_{21} = \begin{vmatrix} 2 & 4 \\ 7 & 5 \end{vmatrix} = -18; \quad |\mathbf{A}|_{22} = \begin{vmatrix} 3 & 4 \\ 3 & 5 \end{vmatrix} = 3; \quad |\mathbf{A}|_{23} = \begin{vmatrix} 3 & 2 \\ 3 & 7 \end{vmatrix} = 15;$$

$$|\mathbf{A}|_{31} = \begin{vmatrix} 2 & 4 \\ 0 & 2 \end{vmatrix} = 4; \quad |\mathbf{A}|_{32} = \begin{vmatrix} 3 & 4 \\ 1 & 2 \end{vmatrix} = 2; \quad |\mathbf{A}|_{33} = \begin{vmatrix} 3 & 2 \\ 1 & 0 \end{vmatrix} = -2.$$

$$\alpha_{11} = (-1)^2|\mathbf{A}|_{11} = -14; \quad \alpha_{12} = (-1)^3|\mathbf{A}|_{12} = 1; \quad \alpha_{13} = (-1)^4|\mathbf{A}|_{13} = 7;$$

$$\alpha_{21} = (-1)^3|\mathbf{A}|_{21} = 18; \quad \alpha_{22} = (-1)^4|\mathbf{A}|_{22} = 3; \quad \alpha_{23} = (-1)^5|\mathbf{A}|_{23} = -15;$$

$$\alpha_{31} = (-1)^4|\mathbf{A}|_{31} = 4; \quad \alpha_{32} = (-1)^5|\mathbf{A}|_{32} = -2; \quad \alpha_{33} = (-1)^6|\mathbf{A}|_{33} = -2.$$

Man kann die Adjunkten einer Determinante in einer Matrix zusammenzufassen, indem man an die Stelle des Elementes a_{ij} der Matrix die Adjunkte α_{ij} dieses Elementes setzt:

$$\begin{pmatrix} \alpha_{11} & \alpha_{12} & \dots & \alpha_{1n} \\ \alpha_{21} & \alpha_{22} & \dots & \alpha_{2n} \\ \dots & & \dots & \\ \alpha_{n1} & \alpha_{n2} & \dots & \alpha_{nn} \end{pmatrix}$$

Das ist die **Matrix der Adjunkten** der Determinante bzw. der ursprünglichen Matrix.

D 19.2.5

Adjungierte Matrix
Gegeben sei eine quadratische Matrix $\mathbf{A} = (a_{ij})$ und die zugehörige Matrix der Adjunkten (α_{ij}).
Die Transponierte der Matrix der Adjunkten heißt **adjungierte Matrix** und wird mit $\mathbf{A}_{\text{ad}}$ bezeichnet.

$$\mathbf{A}_{\text{ad}} = (\alpha_{ij})' = \begin{pmatrix} \alpha_{11} & \alpha_{21} & \dots & \alpha_{n1} \\ \alpha_{12} & \alpha_{22} & \dots & \alpha_{n2} \\ \dots & & \dots & \\ \alpha_{1n} & \alpha_{2n} & \dots & \alpha_{nn} \end{pmatrix}$$

B 19.2.6 *Zu* B 19.2.4 *lautet die Matrix der Adjunkten und die daraus durch Transponieren bestimmte adjungierte Matrix:*

$$(\alpha_{ij}) = \begin{pmatrix} -14 & 1 & 7 \\ 18 & 3 & -15 \\ 4 & -2 & -2 \end{pmatrix}; \ \mathbf{A}_{\text{ad}} = \begin{pmatrix} -14 & 18 & 4 \\ 1 & 3 & -2 \\ 7 & -15 & -2 \end{pmatrix}.$$

D 19.2.7

Singuläre und reguläre Matrix
Eine Matrix $\mathbf{A}$, deren Determinante verschwindet ($\det(\mathbf{A}) = 0$), heißt **singulär**. Ist die Determinante von Null verschieden, so heißt die Matrix **nichtsingulär** oder **regulär**.

B 19.2.8 **a)** *Die Matrizen der Determinanten in* B 19.1.2 *sind regulär.*

b) $\begin{pmatrix} 5 & 3 \\ -15 & -9 \end{pmatrix}$ *ist wegen* $\begin{vmatrix} 5 & 3 \\ -15 & -9 \end{vmatrix} = -45 + 45 = 0$ *singulär.*

D 19.2.9 **Haupt- und Nebendiagonalen einer Matrix**
Gegeben sei eine $m \times n$ Matrix. Die Elemente
$a_{1+r,1}; a_{2+r,2}; \ldots; a_{n+r,n}; \quad r = 0, \ldots, m-n$; falls $m > n$
bzw.
$a_{1,1+r}; a_{2,2+r}; \ldots; a_{m,m+r}; \quad r = 0, \ldots, n-m$; falls $n > m$
ergeben die $m-n+1$ bzw. $n-m+1$ **Hauptdiagonalen** der Matrix.
Die Elemente
$a_{n+r,1}; a_{n-1+r,2}; \ldots; a_{1+r,n}; \quad r = 0, \ldots, m-n$; falls $m > n$
bzw.
$a_{m,1+r}; a_{m-1,2+r}; \ldots; a_{1,m+r}; r = 0, \ldots, n-m$; falls $n > m$
ergeben die $m-n+1$ bzw. $n-m+1$ **Nebendiagonalen** der Matrix.

Das folgende Beispiel veranschaulicht die beiden Begriffe.

B 19.2.10 a)
$$\begin{pmatrix} a_{11} & a_{12} & a_{13} \\ a_{21} & a_{22} & a_{23} \\ a_{31} & a_{32} & a_{33} \\ a_{41} & a_{42} & a_{43} \\ a_{51} & a_{52} & a_{53} \end{pmatrix}$$

Die Hauptdiagonalen entsprechen den durchgezogenen Linien, die Nebendiagonalen den gestrichelten Linien.

b)
$$\begin{pmatrix} a_{11} & a_{12} & a_{13} & a_{14} & a_{15} & a_{16} \\ a_{21} & a_{22} & a_{23} & a_{24} & a_{25} & a_{26} \\ a_{31} & a_{32} & a_{33} & a_{34} & a_{35} & a_{36} \end{pmatrix}$$

Aufgaben

Ü 19.2.1 *Berechnen Sie die Determinanten der Matrizen*

a) $\mathbf{A} = \begin{pmatrix} 2 & 1 \\ -5 & 3 \end{pmatrix}$; **b)** $\mathbf{B} = \begin{pmatrix} 0 & 1 \\ -1 & 0 \end{pmatrix}$; **c)** $\mathbf{C} = \begin{pmatrix} 2 & -5 \\ -4 & 10 \end{pmatrix}$

d) $\mathbf{D} = \begin{pmatrix} 3 & 1 \\ -5 & 2 \\ 4 & 7 \end{pmatrix}$.

Ü 19.2.2 *Wann verschwindet die Determinante* $\begin{vmatrix} a_{11} & a_{12} \\ a_{21} & a_{22} \end{vmatrix}$*?*

Ü 19.2.3 *Bestimmen Sie zu folgenden Matrizen die adjungierten Matrizen:* $\mathbf{A} = \begin{pmatrix} 3 & -2 \\ 1 & 4 \end{pmatrix}$; $\mathbf{B} = \begin{pmatrix} 3 & 1 & 2 \\ 0 & 2 & 1 \\ 2 & 0 & 0 \end{pmatrix}$.

19.3 Berechnung von Determinanten

Die Berechnung von Determinanten 2. und 3. Ordnung ergibt sich unmittelbar aus D 19.1.1. Für Determinanten 3. Ordnung ermöglicht die folgende Regel eine einfache Berechnung.

R 19.3.1

SARRUSsche Regel zur Berechnung einer Determinante 3. Ordnung

(1) Erweitere die 3×3-Matrix zu einer 3×5-Matrix, indem die 1. und 2. Spalte als 4. und 5. Spalte ergänzt werden:

$$\begin{pmatrix} a_{11} & a_{12} & a_{13} & a_{11} & a_{12} \\ a_{21} & a_{22} & a_{23} & a_{21} & a_{22} \\ a_{31} & a_{32} & a_{33} & a_{31} & a_{32} \end{pmatrix}$$

(2) Bestimmen Sie für die drei Hauptdiagonalen und für die drei Nebendiagonalen das Produkt der jeweiligen Elemente:

$$a_{11}a_{22}a_{33};\ a_{12}a_{23}a_{31};\ a_{13}a_{21}a_{32}$$
$$a_{31}a_{22}a_{13};\ a_{32}a_{23}a_{11};\ a_{33}a_{21}a_{12}$$

(3) Multipliziere die Produkte der Elemente der Nebendiagonalen mit -1 und addiere dann alle Produkte.

Die Summe ergibt die gesuchte Determinante.

Zur Veranschaulichung der SARRUSschen Regel kann die nachstehende Matrix herangezogen werden.

$$\begin{pmatrix} a_{11} & a_{12} & a_{13} & a_{11} & a_{12} \\ a_{21} & a_{22} & a_{23} & a_{21} & a_{22} \\ a_{31} & a_{32} & a_{33} & a_{31} & a_{32} \end{pmatrix}$$

Man bestimmt zunächst die Produkte der Elemente auf den Hauptdiagonalen (durchgezogene Linien). Dann berechnet man die Produkte der Elemente auf den Nebendiagonalen (gestrichelte Linien), die mit -1 multipliziert werden. Die Summe der Produkte ergibt den Wert der Determinante.

B 19.3.2

a) *Es ist* $\begin{vmatrix} 3 & 9 & 7 \\ 6 & -1 & 8 \\ 2 & 5 & 2 \end{vmatrix}$ *zu bestimmen.* $\begin{pmatrix} 3 & 9 & 7 & 3 & 9 \\ 6 & -1 & 8 & 6 & -1 \\ 2 & 5 & 2 & 2 & 5 \end{pmatrix}$

Nach der SARRUS*schen Regel ergibt sich:*

$3 \cdot (-1) \cdot 2 + 9 \cdot 8 \cdot 2 + 7 \cdot 6 \cdot 5 - 2 \cdot (-1) \cdot 7 - 5 \cdot 8 \cdot 3 - 2 \cdot 6 \cdot 9$
$= -6 + 144 + 210 + 14 - 120 - 108 = 134$

b)
Es ist $\begin{vmatrix} -4 & 15 & 8 \\ 6 & 1 & -7 \\ 4 & -1 & 3 \end{vmatrix}$ *zu bestimmen.*

$$\begin{pmatrix} -4 & 15 & 8 & -4 & 15 \\ 6 & 1 & -7 & 6 & 1 \\ 4 & -1 & 3 & 4 & -1 \end{pmatrix}$$

Nach der SARRUS*schen Regel ergibt sich:*

$(-4) \cdot 1 \cdot 3 + 15 \cdot (-7) \cdot 4 + 8 \cdot 6 \cdot (-1) - 4 \cdot 1 \cdot 8 - (-1) \cdot (-7) \cdot (-4) - 3 \cdot 6 \cdot 15$
$= -12 - 420 - 48 - 32 + 28 - 270 = -754$

Die SARRUSsche Regel kann auch so abgewandelt werden, daß die Matrix zu einer (5×3)-Matrix durch Hinzufügen der 1. und 2. Zeile als 4. und 5. Zeile erweitert wird. Es wird dann entsprechend verfahren.

Zu beachten ist folgendes: **Die SARRUSsche Regel ist nur auf die Berechnung von Determinanten dritter Ordnung anwendbar**.

Für die praktische Berechnung von Determinanten vierter und höherer Ordnung spielt der **LAPLACEsche Entwicklungssatz** für Determinanten in der nachstehend angegebenen speziellen Formulierung eine wichtige Rolle.

Es gilt:

R 19.3.3

LAPLACEscher Entwicklungssatz
Multipliziert man jedes Element a_{ij} einer beliebigen Zeile oder Spalte einer Determinante n-ter Ordnung

$$|\mathbf{A}| = \begin{vmatrix} a_{11} & a_{12} & \dots & a_{1n} \\ a_{21} & a_{22} & \dots & a_{2n} \\ \dots & & \dots & \\ a_{n1} & a_{n2} & \dots & a_{nn} \end{vmatrix}$$

mit seiner zugehörigen Adjunkten α_{ij}, so ergibt die Summe dieser n Produkte den Wert der Determinante. Man spricht dann von der **Entwicklung der Determinante** nach der i-ten Zeile bzw. nach der j-ten Spalte.

Bei Entwicklung der Determinante nach der i-ten Zeile ergibt sich ihr Wert als:

$$|\mathbf{A}| = a_{i1}\alpha_{i1} + a_{i2}\alpha_{i2} + \ldots + a_{in}\alpha_{in} = \sum_{j=1}^{n} a_{ij}\alpha_{ij}$$

Durch Entwicklung nach der j-ten Spalte ergibt sich der Wert der Determinante als:

$$|\mathbf{A}| = a_{1j}\alpha_{1j} + a_{2j}\alpha_{2j} + \ldots + a_{nj}\alpha_{nj} = \sum_{i=1}^{n} a_{ij}\alpha_{ij}$$

B 19.3.4 a) $\begin{vmatrix} 3 & 4 & 7 & 1 \\ 0 & 2 & 1 & -1 \\ 4 & 5 & -2 & 0 \\ 1 & 2 & 1 & 3 \end{vmatrix}$ *ist nach der zweiten Zeile zu entwickeln.*

Man erhält:

$$-0 \cdot \begin{vmatrix} 4 & 7 & 1 \\ 5 & -2 & 0 \\ 2 & 1 & 3 \end{vmatrix} + 2 \cdot \begin{vmatrix} 3 & 7 & 1 \\ 4 & -2 & 0 \\ 1 & 1 & 3 \end{vmatrix} - 1 \cdot \begin{vmatrix} 3 & 4 & 1 \\ 4 & 5 & 0 \\ 1 & 2 & 3 \end{vmatrix} - 1 \cdot \begin{vmatrix} 3 & 4 & 7 \\ 4 & 5 & -2 \\ 1 & 2 & 1 \end{vmatrix}$$

Nach der Berechnung der Determinanten 3. Ordnung mit Hilfe der SARRUS*schen Regel ergibt sich:*

$$-0 \cdot (-120) + 2 \cdot (-96) - 1 \cdot 0 - 1 \cdot 24 = -216$$

b) $\begin{vmatrix} 3 & 1 & 9 \\ 2 & 0 & 4 \\ 5 & 1 & 6 \end{vmatrix}$ *ist nach der dritten Spalte zu entwickeln.*

Man erhält:

$$9 \cdot \begin{vmatrix} 2 & 0 \\ 5 & 1 \end{vmatrix} - 4 \cdot \begin{vmatrix} 3 & 1 \\ 5 & 1 \end{vmatrix} + 6 \cdot \begin{vmatrix} 3 & 1 \\ 2 & 0 \end{vmatrix}$$

Nach Berechnung der Determinanten 2. Ordnung ergibt sich dann:

$$9 \cdot 2 - 4 \cdot (-2) + 6 \cdot (-2) = 18 + 8 - 12 = 14$$

Die Bedeutung des LAPLACEschen Entwicklungssatzes für die praktische Berechnung von Determinanten liegt vor allem darin, daß man bei Entwicklung einer Determinante n-ter Ordnung nach einer Zeile oder einer Spalte bei den Adjunkten Determinanten $(n-1)$-ter Ordnung erhält. Diese Determinanten lassen sich wieder nach einer Zeile oder Spalte entwickeln. Auf diese Weise kann man eine Determinante stufenweise soweit entwickeln, daß man schließlich nur noch Determinanten dritter (oder zweiter) Ordnung zu berechnen braucht. Diese können, wie oben gezeigt wurde, leicht bestimmt werden.

Grundsätzlich ist es beliebig, nach welcher Zeile oder welcher Spalte eine Determinante entwickelt wird. Man sollte aber immer bestrebt sein, den Rechenaufwand möglichst gering zu halten. Enthält die Matrix Nullen, sollte deshalb immer nach der Zeile oder Spalte mit den meisten Nullen entwickelt werden. Das Produkt mit den Adjunkten ergibt dann auch Null, so daß die Adjunkten nicht berechnet zu werden brauchen.

B 19.3.5 *Es wird jeweils nach der markierten Spalte entwickelt.*

$$\begin{vmatrix} 3 & 2 & \overset{\Downarrow}{0} & 2 \\ 0 & 2 & 0 & 1 \\ 1 & 4 & 2 & 8 \\ 0 & 1 & 0 & 2 \end{vmatrix} = 2 \cdot \begin{vmatrix} \overset{\Downarrow}{3} & 2 & 2 \\ 0 & 2 & 1 \\ 0 & 1 & 2 \end{vmatrix} = 2 \cdot 3 \cdot \begin{vmatrix} 2 & 1 \\ 1 & 2 \end{vmatrix} = 2 \cdot 3 \cdot 3 = 18$$

Zum Abschluß ist hier auf die am Ende des folgenden Abschnitts angegebene Methode zur Berechnung einer Determinante zu verweisen.

Aufgaben

Ü 19.3.1 *Berechnen Sie die Determinanten folgender Matrizen:*

$$\text{a) } \mathbf{A} = \begin{pmatrix} 5-\lambda & 6 \\ 7 & 8-\lambda \end{pmatrix}; \text{ b) } \mathbf{B} = \begin{pmatrix} 1 & 2 & 10 \\ 2 & 3 & 9 \\ 4 & 5 & 11 \end{pmatrix}; \text{ c) } \mathbf{C} = \begin{pmatrix} 1 & -2 & 0 & 5 \\ 2 & 3 & 1 & -2 \\ 1 & 2 & 0 & 3 \\ 3 & 1 & 0 & 2 \end{pmatrix}.$$

Ü 19.3.2 *Berechnen Sie die Determinante der Matrix:*

$$\begin{pmatrix} -5 & 4 & 3 & 18 \\ 0 & 2 & 17 & 5 \\ 0 & 0 & 1 & 91 \\ 0 & 0 & 0 & 8 \end{pmatrix}$$

19.4 Wichtige Eigenschaften von Determinanten

In diesem Abschnitt sind einige Eigenschaften von Determinanten zusammengestellt, die insbesondere für deren Berechnng nützlich sind.

R 19.4.1 Die Determinante $|\mathbf{A}|$ einer Matrix $\mathbf{A}$ ist gleich der Determinante $|\mathbf{A}'|$ der transponierten Matrix $\mathbf{A}'$.

R 19.4.2 Für zwei Matrizen **A** und **B** gleicher Ordnung gilt:
$|\mathbf{A}| \cdot |\mathbf{B}| = |\mathbf{AB}|$

B 19.4.3 $\mathbf{A} = \begin{pmatrix} 2 & 3 \\ 4 & 1 \end{pmatrix}$; $\mathbf{B} = \begin{pmatrix} 5 & 1 \\ 2 & 4 \end{pmatrix}$; $\mathbf{AB} = \begin{pmatrix} 16 & 14 \\ 22 & 8 \end{pmatrix}$;

$|\mathbf{A}| = 2 - 12 = -10$; $|\mathbf{B}| = 20 - 2 = 18$; $|\mathbf{AB}| = 128 - 308 = -180$

$|\mathbf{A}||\mathbf{B}| = (-10) \cdot 18 = -180 = |\mathbf{AB}|$

R 19.4.4 Eine Determinante hat den Wert Null, wenn alle Elemente einer Zeile oder einer Spalte gleich Null sind.

Dieser Satz läßt sich leicht bestätigen, wenn man die Determinante nach der betreffenden Zeile oder Spalte entwickelt.

R 19.4.5 Werden **alle Elemente einer Zeile oder einer Spalte** mit einem Faktor c multipliziert, so erhält man den c-fachen Wert der ursprünglichen Determinante.

Man beachte, daß nur die Elemente **einer** Zeile oder einer Spalte multipliziert werden.

B 19.4.6 $\begin{vmatrix} 3 & 2 & 0 \\ 1 & 7 & -1 \\ 0 & 2 & 1 \end{vmatrix} = 25; \quad \begin{vmatrix} 4\cdot 3 & 4\cdot 2 & 4\cdot 0 \\ 1 & 7 & -1 \\ 0 & 2 & 1 \end{vmatrix} = \begin{vmatrix} 12 & 8 & 0 \\ 1 & 7 & -1 \\ 0 & 2 & 1 \end{vmatrix} = 100$

R 19.4.7 Wird eine quadratische Matrix n-ter Ordnung **A** mit dem Skalar c multipliziert, dann gilt: $|c\mathbf{A}| = c^n|\mathbf{A}|$.

Wird also in einer Determinante **jedes** Element mit einem Faktor c multipliziert, dann erhält man den c^n-fachen Wert der ursprünglichen Determinante.

B 19.4.8 *Die Determinante 3. Ordnung ist allgemein in* D 19.1.1 *eingeführt worden. Multipliziert man alle Elemente mit c, so erhält man:*

$$\begin{vmatrix} ca_{11} & ca_{12} & ca_{13} \\ ca_{21} & ca_{22} & ca_{23} \\ ca_{31} & ca_{32} & ca_{33} \end{vmatrix} = \begin{array}{l} ca_{11}ca_{22}ca_{33} + ca_{12}ca_{23}ca_{31} + ca_{13}ca_{21}ca_{32} \\ -ca_{31}ca_{22}ca_{13} - ca_{32}ca_{23}ca_{11} - ca_{33}ca_{21}ca_{12} \end{array}$$

$$c^3(a_{11}a_{22}a_{33} + a_{12}a_{23}a_{31} + a_{13}a_{21}a_{32} - a_{31}a_{22}a_{13} - a_{32}a_{23}a_{11} - a_{33}a_{21}a_{12}) = c^3 \begin{vmatrix} a_{11} & a_{12} & a_{13} \\ a_{21} & a_{22} & a_{23} \\ a_{31} & a_{32} & a_{33} \end{vmatrix}$$

R 19.4.9 Eine Determinante **wechselt ihr Vorzeichen**, wenn man zwei beliebige Zeilen oder Spalten miteinander vertauscht.

B 19.4.10 $\begin{vmatrix} 3 & 1 & 4 \\ 2 & 0 & 1 \\ 3 & 2 & -1 \end{vmatrix} = 15$ *Werden 2. und 3. Spalte vertauscht, ergibt sich:* $\begin{vmatrix} 3 & 4 & 1 \\ 2 & 1 & 0 \\ 3 & -1 & 2 \end{vmatrix} = -15$

R 19.4.11 Addiert man zu einer Zeile bzw. einer Spalte ein Vielfaches einer anderen Zeile bzw. Spalte, so ändert sich der Wert der Determinante nicht.

B 19.4.12
$$\begin{vmatrix} 3 & 1 & 4 \\ 2 & 0 & 1 \\ 3 & 2 & -1 \end{vmatrix} = 3 \cdot 0 \cdot (-1) + 1 \cdot 1 \cdot 3 + 4 \cdot 2 \cdot 2 - 3 \cdot 0 \cdot 4 - 2 \cdot 1 \cdot 3 - (-1) \cdot 2 \cdot 1 = 15$$

Addiert man das 3-fache der dritten Zeile zur ersten Zeile, so erhält man:

$$\begin{vmatrix} 12 & 7 & 1 \\ 2 & 0 & 1 \\ 3 & 2 & -1 \end{vmatrix} = 12 \cdot 0 \cdot (-1) + 7 \cdot 1 \cdot 3 + 1 \cdot 2 \cdot 2 - 3 \cdot 0 \cdot 1 - 2 \cdot 1 \cdot 12 - (-1) \cdot 2 \cdot 7 = 15\,.$$

Addiert man das (-2)*-fache der* 2. *Spalte zur* 3. *Spalte, so ergibt sich*:

$$\begin{vmatrix} 3 & 1 & 2 \\ 2 & 0 & 1 \\ 3 & 2 & -5 \end{vmatrix} = 3 \cdot 0 \cdot (-5) + 1 \cdot 1 \cdot 3 + 2 \cdot 2 \cdot 2 - 3 \cdot 0 \cdot 2 - 2 \cdot 1 \cdot 3 - (-5) \cdot 2 \cdot 1 = 15$$

Aus R 19.4.11 und R 19.4.4 ergibt sich unmittelbar:

R 19.4.13 Eine Determinante hat den Wert Null, wenn zwei Zeilen oder zwei Spalten übereinstimmen, oder wenn eine Zeile bzw. eine Spalte ein Vielfaches einer anderen Zeile bzw. Spalte ist.

B 19.4.14

a)
$$\begin{vmatrix} 3 & 2 & 2 & 3 & 1 \\ 4 & 6 & 5 & 4 & -2 \\ 7 & 8 & 6 & 7 & 0 \\ -1 & 4 & 9 & -1 & 9 \\ 0 & 1 & 12 & 0 & 4 \end{vmatrix} = 0, \textit{ da 1. und 4. Spalte übereinstimmen.}$$

b)
$$\begin{vmatrix} 1 & 2 & 5 & 4 \\ 3 & 2 & 0 & 1 \\ 4 & 8 & 20 & 16 \\ 25 & 9 & 1 & 12 \end{vmatrix} = 0,$$ *da die dritte Zeile gleich dem 4fachen der 1. Zeile ist.*

Durch wiederholte Anwendung des LAPLACEschen Entwicklungssatzes (R 19.3.3) auf die Determinante einer oberen bzw. unteren Dreiecksmatrix ergibt sich:

R 19.4.15

Determinante einer Dreiecksmatrix

Die Determinante einer Dreiecksmatrix ergibt sich als Produkt der Elemente auf der Hauptdiagonalen.

$$\begin{vmatrix} a_{11} & a_{12} & a_{13} & \dots & a_{1n} \\ 0 & a_{22} & a_{23} & \dots & a_{2n} \\ 0 & 0 & a_{33} & \dots & a_{3n} \\ \dots & & & \dots & \\ 0 & 0 & 0 & \dots & a_{nn} \end{vmatrix} = \begin{vmatrix} a_{11} & 0 & 0 & \dots & 0 \\ a_{21} & a_{22} & 0 & \dots & 0 \\ a_{31} & a_{32} & a_{33} & \dots & 0 \\ \dots & & & \dots & \\ a_{n1} & a_{n2} & a_{n3} & \dots & a_{nn} \end{vmatrix} = a_{11}a_{22}a_{33} \cdot \ldots \cdot a_{nn}$$

Die Regel ergibt sich, wenn der LAPLACEsche Entwicklungssatz immer wieder auf die jeweils erste Spalte (bei einer oberen Dreiecksmatrix) bzw. die erste Zeile (bei einer unteren Dreiecksmatrix) angewendet wird wird.

Zur Berechnung einer Determinante kann man nun die entsprechende Matrix durch Anwendung von Zeilenoperationen gemäß R 19.4.11 in eine Dreiecksmatrix umwandeln und dann nach R 19.4.15 einfach die Determinante berechnen.

B 19.4.16

$$\begin{pmatrix} 3 & 6 & 3 & 9 \\ 2 & 6 & 1 & 5 \\ 3 & 8 & 1 & 2 \\ 6 & 6 & 2 & 5 \end{pmatrix} \Rightarrow \begin{pmatrix} 3 & 6 & 3 & 9 \\ 0 & 2 & -1 & -1 \\ 0 & 2 & -2 & -7 \\ 0 & -6 & -4 & -13 \end{pmatrix} \Rightarrow \begin{pmatrix} 3 & 6 & 3 & 9 \\ 0 & 2 & -1 & -1 \\ 0 & 0 & -1 & -6 \\ 0 & 0 & -7 & -16 \end{pmatrix} \Rightarrow$$

$$\begin{pmatrix} 3 & 6 & 3 & 9 \\ 0 & 2 & -1 & -1 \\ 0 & 0 & -1 & -6 \\ 0 & 0 & 0 & 26 \end{pmatrix}$$

Für die Determinante erhält man dann gemäß und R 19.4.15:

$$\begin{vmatrix} 3 & 6 & 3 & 9 \\ 2 & 6 & 1 & 5 \\ 3 & 8 & 1 & 2 \\ 6 & 6 & 2 & 5 \end{vmatrix} = \begin{vmatrix} 3 & 6 & 3 & 9 \\ 0 & 2 & -1 & -1 \\ 0 & 0 & -1 & -6 \\ 0 & 0 & 0 & 26 \end{vmatrix} = 3 \cdot 2 \cdot (-1) \cdot 26 = -156$$

Aufgaben

Ü 19.4.1 *Berechnen Sie die Determinanten folgender Matrizen:*

a) $\mathbf{A} = \begin{pmatrix} 1 & 2 & 4 \\ 2 & 3 & 5 \\ 10 & 9 & 11 \end{pmatrix}$; **b)** $\mathbf{B} = \begin{pmatrix} 2 & 4 & 8 \\ 2 & 3 & 5 \\ 10 & 9 & 11 \end{pmatrix}$; **c)** $\mathbf{C} = \begin{pmatrix} 1 & 4 & 2 \\ 2 & 5 & 3 \\ 10 & 11 & 9 \end{pmatrix}$;

d) $\mathbf{D} = \begin{pmatrix} 3 & 5 & 9 \\ 2 & 3 & 5 \\ 10 & 9 & 11 \end{pmatrix}$; **e)** $\mathbf{E} = \begin{pmatrix} 3 & 6 & 12 \\ 6 & 9 & 15 \\ 30 & 27 & 33 \end{pmatrix}$; **f)** $\mathbf{F} = \begin{pmatrix} 1 & 2 & 4 \\ 2 & 4 & 8 \\ 10 & 9 & 11 \end{pmatrix}$.

Hinweis: Die Lösung dieser Aufgabe vereinfacht sich, wenn man die Eigenschaften der Determinanten beachtet.

Ü 19.4.2 *Von einer Matrix* **A** *verschwindet die Determinante ihrer r-ten Potenz. Es gilt also:* $|\mathbf{A}^r| = 0,\ r \in \mathbb{N}$. *Zeigen Sie, daß* **A** *singulär ist.*

19.5 CRAMERsche Regel

Determinanten können auch zur Lösung inhomogener linearer Gleichungssysteme mit n Gleichungen in n Variablen, also mit einer quadratischen Koeffizientenmatrix, verwendet werden, sofern das Gleichungssystem eindeutig lösbar ist.

Zunächst wird folgende Regel festgehalten:

R 19.5.1 Die **Koeffizientenmatrix eines eindeutig lösbaren** inhomogenen linearen **Gleichungssystems** mit n Gleichungen in n Variablen ist **regulär**, die eines nicht **eindeutig lösbaren** Gleichungssystems ist **singulär**.

Für Gleichungssysteme $\mathbf{Ax} = \mathbf{b}$ mit n Gleichungen in n Variablen liefert R 19.5.1 eine Möglichkeit zur Überprüfung der eindeutigen Lösbarkeit:
Gilt $|\mathbf{A}| \neq 0$ ist das Gleichungssystem eindeutig lösbar, bei $|\mathbf{A}| = 0$ nicht.

B 19.5.2 a) *Für das Gleichungssystem aus* B 18.3.1 *gilt:*

$$\begin{vmatrix} 2 & 1 & 0 \\ 5 & 2 & 4 \\ 5 & 2 & 6 \end{vmatrix} = -2, \textit{ das Gleichungssystem ist eindeutig lösbar.}$$

b) *Für das Gleichungssystem aus* B 18.4.8 *gilt:*

$$\begin{vmatrix} 2 & 3 & -1 \\ 4 & -3 & 7 \\ 6 & 9 & -3 \end{vmatrix} = 0, \textit{ es ist nicht eindeutig lösbar.}$$

R 19.5.3

CRAMERsche Regel
Gegeben sei ein inhomogenes lineares Gleichungssystem mit n Gleichungen in n Variablen $\mathbf{Ax} = \mathbf{b}$. Die Lösung kann wie folgt bestimmt werden.
(1) Bestimmen Sie $|\mathbf{A}|$. Gilt $|\mathbf{A}| = 0$, so ist $\mathbf{Ax} = \mathbf{b}$ nicht eindeutig lösbar und das Verfahren ist beendet.
(2) Berechne die n Determinanten $|\mathbf{A}_j|$ $(j = 1, \ldots, n)$ der Matrizen $\mathbf{A}_j$, die man aus der Koeffizientenmatrix $\mathbf{A}$ dadurch erhält, daß man die j-te Spalte durch den Vektor $\mathbf{b}$ der absoluten Glieder ersetzt, also:

$$|\mathbf{A}_1| = \begin{vmatrix} b_1 & a_{12} & a_{13} & \ldots & a_{1n} \\ b_2 & a_{22} & a_{23} & \ldots & a_{2n} \\ \ldots & & & \ldots & \\ b_n & a_{n2} & a_{n3} & \ldots & a_{nn} \end{vmatrix};$$

$$|\mathbf{A}_2| = \begin{vmatrix} a_{11} & b_1 & a_{13} & \ldots & a_{1n} \\ a_{21} & b_2 & a_{23} & \ldots & a_{2n} \\ \ldots & & & \ldots & \\ a_{n1} & b_n & a_{n3} & \ldots & a_{nn} \end{vmatrix};$$

usw.

(3) Bestimmen Sie $x_j = \dfrac{|\mathbf{A}_j|}{|\mathbf{A}|}$, $j = 1, \ldots, n$.

Damit sind die Lösungen bestimmt.

Man sieht an der CRAMERschen Regel, daß für die eindeutige Lösbarkeit $|\mathbf{A}| \neq 0$ sein muß, da sonst die Quotienten $\frac{|\mathbf{A}_j|}{|\mathbf{A}|}$ nicht existieren.

B 19.5.4 a) $\begin{matrix} 8x_1 + 3x_2 = 30 \\ 5x_1 + 2x_2 = 19 \end{matrix}$; $|\mathbf{A}| = \begin{vmatrix} 8 & 3 \\ 5 & 2 \end{vmatrix} = 16 - 15 = 1;$

$$|\mathbf{A}_1| = \begin{vmatrix} 30 & 3 \\ 19 & 2 \end{vmatrix} = 60 - 57 = 3; \; |\mathbf{A}_2| = \begin{vmatrix} 8 & 30 \\ 5 & 19 \end{vmatrix} = 152 - 150 = 2;$$

$$x_1 = \frac{|\mathbf{A}_1|}{|\mathbf{A}|} = \frac{3}{1} = 3; \; x_2 = \frac{|\mathbf{A}_2|}{|\mathbf{A}|} = \frac{2}{1} = 2.$$

b) $\begin{matrix} 2x_1 + 2x_2 + 2x_3 = 18 \\ x_1 \quad\quad - 3x_3 = -5 \\ 2x_1 - 2x_2 + 5x_3 = 19 \end{matrix}$; $|\mathbf{A}| = \begin{vmatrix} 2 & 2 & 2 \\ 1 & 0 & -3 \\ 2 & -2 & 5 \end{vmatrix} = -38;$

$$|\mathbf{A}_1| = \begin{vmatrix} 18 & 2 & 2 \\ -5 & 0 & -3 \\ 19 & -2 & 5 \end{vmatrix} = -152; \; |\mathbf{A}_2| = \begin{vmatrix} 2 & 18 & 2 \\ 1 & -5 & -3 \\ 2 & 19 & 5 \end{vmatrix} = -76;$$

$$|\mathbf{A}_3| = \begin{vmatrix} 2 & 2 & 18 \\ 1 & 0 & -5 \\ 2 & -2 & 19 \end{vmatrix} = -114.$$

Es ist $x_1 = \frac{|\mathbf{A}_1|}{|\mathbf{A}|} = \frac{-152}{-38} = 4; \; x_2 = \frac{|\mathbf{A}_2|}{|\mathbf{A}|} = \frac{-76}{-38} = 2;$

$$x_3 = \frac{|\mathbf{A}_3|}{|\mathbf{A}|} = \frac{-114}{-38} = 3.$$

Aufgaben

Ü 19.5.1 *Lösen Sie die folgenden Gleichungssysteme mit Hilfe der* CRAMER*schen Regel*:

a) $\begin{matrix} 2x_1 + 7x_2 = 13 \\ -2x_1 + 4x_2 = -2 \end{matrix}$ **b)** $\begin{matrix} -3x_1 + 6x_2 + 4x_3 = -10 \\ 2x_1 - 6x_2 - 2x_3 = 12 \\ -x_1 + x_2 + 2x_3 = -1 \end{matrix}$

Ü 19.5.2 *Lösen Sie das Gleichungssystem* $\begin{matrix} 4x + 2y = 10 \\ 2x + 3y = 3 \end{matrix}$

a) *mit Hilfe der* CRAMER*schen Regel*;
b) *durch vollständige Elimination.*

Ü 19.5.3 *Die Quersumme einer dreistelligen Zahl ist* 18. *Die Summe aus der Hunderter- und Einerstelle ergibt die Zehnerstelle. Wenn Hun-*

derter- und Einerstelle vertauscht werden, verringert sich der Wert der Zahl um 99. Finden Sie diese Zahl durch folgendes Vorgehen.

a) *Formulieren Sie das Problem als lineares Gleichungssystem.*

b) *Geben Sie das unter* a) *entwickelte Gleichungssystem in Matrizenschreibweise wieder.*

c) *Lösen Sie das Problem mit Hilfe der* CRAMER*schen Regel.*

19.6 Inversen-Bestimmung mit Hilfe der adjungierten Matrix

Determinanten können auch zur Berechnung der Inversen einer Matrix herangezogen werden. Diesem Ansatz liegt die Bestimmung der Inversen als simultanes Auflösen mehrerer Gleichungssysteme (Abschnitt 18.6) und die CRAMERsche Regel (Abschnitt 19.5) zugrunde.

R 19.6.1 **Inversenbestimmung mit Hilfe der adjungierten Matrix und der Determinanten**

Gegeben sei eine Matrix $\mathbf{A} = (a_{ij})$, deren Inverse existiert, und die adjungierte Matrix $\mathbf{A}_{\text{ad}} = (\alpha_{ij})'$.
Dann gilt:

$$\mathbf{A}^{-1} = \frac{1}{|\mathbf{A}|}\mathbf{A}_{\text{ad}} = \begin{pmatrix} \frac{\alpha_{11}}{|\mathbf{A}|} & \frac{\alpha_{21}}{|\mathbf{A}|} & \cdots & \frac{\alpha_{n1}}{|\mathbf{A}|} \\ \frac{\alpha_{12}}{|\mathbf{A}|} & \frac{\alpha_{22}}{|\mathbf{A}|} & \cdots & \frac{\alpha_{n2}}{|\mathbf{A}|} \\ \cdots & & \cdots & \\ \frac{\alpha_{1n}}{|\mathbf{A}|} & \frac{\alpha_{2n}}{|\mathbf{A}|} & \cdots & \frac{\alpha_{nn}}{|\mathbf{A}|} \end{pmatrix}$$

B 19.6.2 *Für die in* B 18.6.2 *invertierte Matrix*

$$\mathbf{A} = \begin{pmatrix} 3 & 1 & 6 \\ 2 & 2 & 4 \\ 9 & 3 & 20 \end{pmatrix} \quad \textit{und} \quad |\mathbf{A}| = \begin{vmatrix} 3 & 1 & 6 \\ 2 & 2 & 4 \\ 9 & 3 & 20 \end{vmatrix} = 8$$

erhält man folgende Unterdeterminanten:

$$|\mathbf{A}|_{11} = \begin{vmatrix} 2 & 4 \\ 3 & 20 \end{vmatrix} = 28; \quad |\mathbf{A}|_{12} = \begin{vmatrix} 2 & 4 \\ 9 & 20 \end{vmatrix} = 4; \quad |\mathbf{A}|_{13} = \begin{vmatrix} 2 & 2 \\ 9 & 3 \end{vmatrix} = -12;$$

$$|\mathbf{A}|_{21} = \begin{vmatrix} 1 & 6 \\ 3 & 20 \end{vmatrix} = 2; \quad |\mathbf{A}|_{22} = \begin{vmatrix} 3 & 6 \\ 9 & 20 \end{vmatrix} = 6; \quad |\mathbf{A}|_{23} = \begin{vmatrix} 3 & 1 \\ 9 & 3 \end{vmatrix} = 0;$$

$$|\mathbf{A}|_{31} = \begin{vmatrix} 1 & 6 \\ 2 & 4 \end{vmatrix} = -8; \quad |\mathbf{A}|_{32} = \begin{vmatrix} 3 & 6 \\ 2 & 4 \end{vmatrix} = 0; \quad |\mathbf{A}|_{33} = \begin{vmatrix} 3 & 1 \\ 2 & 2 \end{vmatrix} = 4.$$

Die inverse Matrix lautet dann:

$$\mathbf{A}^{-1} = \frac{1}{8}\begin{pmatrix} 28 & -2 & -8 \\ -4 & 6 & 0 \\ -12 & 0 & 4 \end{pmatrix} = \begin{pmatrix} \frac{7}{2} & -\frac{1}{4} & -1 \\ -\frac{1}{2} & \frac{3}{4} & 0 \\ -\frac{3}{2} & 0 & \frac{1}{2} \end{pmatrix}$$

Nach R 19.6.1 läßt sich die Inverse einer Matrix nur berechnen, wenn $|\mathbf{A}| \neq 0$, d.h. wenn die Matrix $\mathbf{A}$ nichtsingulär bzw. regulär ist. Andernfalls ergibt sich eine Division durch Null, und die Inverse existiert nicht.

Es gilt:

R 19.6.3 Die **Inverse** einer quadratischen Matrix existiert genau dann, wenn $|\mathbf{A}| \neq 0$, d.h. wenn die **Matrix regulär** ist.

Wegen R 19.6.3 sollte man bei der Berechnung der Inversen einer Matrix $\mathbf{A}$ mittels der adjungierten Matrix gemäß R 19.6.1 immer zunächst die Determinante von $\mathbf{A}$ berechnen. Verschwindet diese Determinante, dann existiert $\mathbf{A}^{-1}$ nicht, und man kann sich die Berechnung der adjungierten Matrix ersparen.

B 19.6.4 *In* B 18.6.5 *war die Matrix* $\begin{pmatrix} 1 & 5 & 2 & 3 \\ 4 & 9 & 1 & 7 \\ 3 & 4 & -1 & 4 \\ 0 & 11 & 7 & 5 \end{pmatrix}$ *gegeben.*

Entwicklung nach der ersten Spalte ergibt:

$$\begin{vmatrix} 1 & 5 & 2 & 3 \\ 4 & 9 & 1 & 7 \\ 3 & 4 & -1 & 4 \\ 0 & 11 & 7 & 5 \end{vmatrix} = 1 \cdot \begin{vmatrix} 9 & 1 & 7 \\ 4 & -1 & 4 \\ 11 & 7 & 5 \end{vmatrix} - 4 \cdot \begin{vmatrix} 5 & 2 & 3 \\ 4 & -1 & 4 \\ 11 & 7 & 5 \end{vmatrix} + 3 \cdot \begin{vmatrix} 5 & 2 & 3 \\ 9 & 1 & 7 \\ 11 & 7 & 5 \end{vmatrix}$$

$= 1 \cdot 0 - 4 \cdot 0 + 3 \cdot 0 = 0$. *Die Inverse existiert nicht. Das wurde in* B 18.6.5 *bereits auf andere Art festgestellt.*

B 19.6.5 *Für* B 18.6.4 *gilt (vgl. auch* B 17.7.3) :

$$(\mathbf{E}-\mathbf{A}) = \begin{pmatrix} \frac{7}{8} & -\frac{1}{3} & -\frac{1}{7} \\ -\frac{3}{8} & \frac{5}{6} & 0 \\ -\frac{1}{8} & -\frac{1}{3} & \frac{6}{7} \end{pmatrix} \quad \textit{und } |\mathbf{E}-\mathbf{A}| = \frac{163}{336}.$$

Für die Adjunkten und die adjungierte Matrix erhält man:

$$\begin{vmatrix} \frac{5}{6} & 0 \\ -\frac{1}{3} & \frac{6}{7} \end{vmatrix} = \frac{5}{7}; \quad \begin{vmatrix} -\frac{3}{8} & 0 \\ -\frac{1}{8} & \frac{6}{7} \end{vmatrix} = -\frac{9}{28}; \quad \begin{vmatrix} -\frac{3}{8} & \frac{5}{6} \\ -\frac{1}{8} & -\frac{1}{3} \end{vmatrix} = \frac{11}{48};$$

$$\begin{vmatrix} -\frac{1}{3} & -\frac{1}{7} \\ -\frac{1}{3} & \frac{6}{7} \end{vmatrix} = -\frac{1}{3}; \quad \begin{vmatrix} \frac{7}{8} & -\frac{1}{7} \\ -\frac{1}{8} & \frac{6}{7} \end{vmatrix} = \frac{41}{56}; \quad \begin{vmatrix} \frac{7}{8} & -\frac{1}{3} \\ -\frac{1}{8} & -\frac{1}{3} \end{vmatrix} = -\frac{1}{3};$$

$$\begin{vmatrix} -\frac{1}{3} & -\frac{1}{7} \\ \frac{5}{6} & 0 \end{vmatrix} = \frac{5}{42}; \quad \begin{vmatrix} \frac{7}{8} & -\frac{1}{7} \\ -\frac{3}{8} & 0 \end{vmatrix} = -\frac{3}{56}; \quad \begin{vmatrix} \frac{7}{8} & -\frac{1}{3} \\ -\frac{3}{8} & \frac{5}{6} \end{vmatrix} = \frac{29}{48}.$$

$$(\mathbf{E}-\mathbf{A})_{\text{ad}} = \begin{pmatrix} \frac{5}{7} & \frac{1}{3} & \frac{5}{42} \\ \frac{9}{28} & \frac{41}{56} & \frac{3}{56} \\ \frac{11}{48} & \frac{1}{3} & \frac{29}{48} \end{pmatrix}$$

Für die Inverse ergibt sich damit:

$$(\mathbf{E}-\mathbf{A})^{-1} = \frac{336}{163} \begin{pmatrix} \frac{5}{7} & \frac{1}{3} & \frac{5}{42} \\ \frac{9}{28} & \frac{41}{56} & \frac{3}{56} \\ \frac{11}{48} & \frac{1}{3} & \frac{29}{48} \end{pmatrix} = \frac{1}{163} \begin{pmatrix} 240 & 112 & 40 \\ 108 & 246 & 18 \\ 77 & 112 & 203 \end{pmatrix}$$

Aufgaben

Ü 19.6.1 *Bestimmen Sie die Inverse der folgenden Matrizen mit Hilfe der adjungierten Matrix:*

$$\textbf{a) } \mathbf{A} = \begin{pmatrix} 1 & 3 & 3 \\ 1 & 4 & 3 \\ 1 & 3 & 4 \end{pmatrix}; \quad \textbf{b) } \mathbf{B} = \begin{pmatrix} 2 & 0 & 1 \\ 0 & 1 & -1 \\ 0 & -1 & 2 \end{pmatrix}.$$

Ü 19.6.2 *In der Matrizengleichung* $\mathbf{A} = \mathbf{BC}$ *sind* $\mathbf{A}$ *und* $\mathbf{C}$ *bekannt.*

$$\mathbf{A} = \begin{pmatrix} 1 & -1 & 5 \\ -3 & 2 & 1 \\ 1 & 1 & 1 \end{pmatrix}; \quad \mathbf{C} = \begin{pmatrix} 2 & 1 & 3 \\ 4 & -1 & 1 \\ 0 & 1 & 2 \end{pmatrix}.$$ *Bestimmen Sie* $\mathbf{B}$.

20 Grundzüge der linearen Optimierung

20.1 Vorbemerkung

Ein Teilgebiet der Wirtschaftswissenschaften ist die Unternehmensforschung (Operations Research). Darunter versteht man die Anwendung mathematischer Methoden auf die Lösung von Planungs- und Entscheidungsproblemen. Viele der in den vorhergehenden Abschnitten behandelten Ansätze und Verfahren werden innerhalb des Operations Research verwendet.

Zur Behandlung wirtschaftlicher Entscheidungsaufgaben wurden auch spezielle mathematische Verfahren entwickelt. Das bekannteste ist die **lineare Optimierung**, häufig auch **lineare Programmierung** genannt. Sie wird auf die Lösung von Problemen angewendet, bei denen Extremwerte einer linearen Funktion gesucht werden, unter Beachtung von Beschränkungen oder Nebenbedingungen in Form linearer Ungleichungen oder Gleichungen.

In diesem und dem nächsten Kapitel werden die Grundzüge der linearen Optimierung behandelt. Da dazu lineare Ungleichungen in mehreren Variablen und die grafische Darstellung von Ungleichungen in zwei Variablen benötigt werden, wird darauf zunächst eingegangen.

20.2 Lineare Ungleichungen mit mehreren Variablen

Bei linearen Ungleichungen mit mehreren Variablen[1] treten, wie bei linearen Gleichungen, die Variablen nur in der ersten Potenz auf, und es kommen keine Produkte der Variablen vor.

---

[1] Zu Ungleichungen mit einer Variablen vgl. Kapitel 10 von SCHWARZE, J.: Mathematik für Wirtschaftswissenschaftler, Elementare Grundlagen für Studienanfänger, Herne/Berlin, NWB-Verlag.

D 20.2.1

> **Lineare Ungleichungen mit n Variablen**
> Eine Beziehung der Form
>
> $$a_1x_1 + a_2x_2 + \ldots + a_nx_n \leq b \text{ bzw. } \sum_{i=1}^{n} a_ix_i \leq b$$
>
> oder
>
> $$a_1x_1 + a_2x_2 + \ldots + a_nx_n \geq b \text{ bzw. } \sum_{i=1}^{n} a_ix_i \geq b$$
>
> heißt lineare Ungleichung mit n Variablen.

Unter Verwendung der Vektoren $\mathbf{a}' = (a_1, a_2, \ldots, a_n)$ und $\mathbf{x}' = (x_1, x_2, \ldots, x_n)$ kann man auch schreiben: $\mathbf{a}'\mathbf{x} \leq b$ oder $\mathbf{a}'\mathbf{x} \geq b$.

Anstelle von $\leq$ bzw. $\geq$ kann auch $<$ oder $>$ gelten.

Das folgende Beispiel zeigt eine wirtschaftliche Anwendung von linearen Ungleichungen mit mehreren Variablen, wie sie auch bei der linearen Optimierung vorkommt.

B 20.2.2 *Eine Unternehmung hat eine Maschine, die bei normaler Arbeitszeit* 2.100 *Minuten in der Woche für die Produktion zur Verfügung steht. Mit Hilfe der Maschine werden zwei Güter G_1 und G_2 produziert. Die Herstellung von einem Stück des Gutes G_1 auf der Maschine dauert* 6 *Minuten und von einem Stück des Gutes G_2* 10 *Minuten. Die wöchentlichen Produktionsmengen der beiden Güter seien mit x_1 und x_2 bezeichnet.*
Produziert die Unternehmung nur das Gut G, so können offensichtlich in einer Woche maximal 350 *Stück* (2.100 : 6) *hergestellt werden. Es gilt dann $0 \leq x_1 \leq 350$. Der Bereich der möglichen Poduktionsmengen kann also durch eine doppelte Ungleichung beschrieben werden. Wird nur das zweite Gut hergestellt, so folgt $0 \leq x_2 \leq 210$.*
Werden beide Güter produziert, so wird die Maschine $6x_1$ Minuten in der Woche für die Produktion des ersten Gutes und $10x_2$ Minuten in der Woche für die Produktion des zweiten Gutes beansprucht. Insgesamt wird also die Maschine in $6x_1 + 10x_2$ Minuten für die Produktion genutzt. Diese produktive Zeit kann höchstens 2.100 *Minuten betragen, d.h. es gilt: $6x_1 + 10x_2 \leq 2.100$.*
Lösungen dieser Ungleichung sind alle Wertepaare (x_1, x_2), für die die Ungleichung erfüllt ist. Also beispielsweise $x_1 = 10$, $x_2 = 200$, da $6 \cdot 10 + 10 \cdot 200 \leq 2.100$ ist. Diese einfache Ungleichung mit zwei Variablen (x_1 und x_2) drückt die Beschränkung der Produktionsmengen durch die begrenzte Maschinenzeit aus. Man spricht von einer sogenannten Kapazitätsbedingung oder Kapazitätsbeschränkung.
Sollen alle zulässigen bzw. möglichen Mengenkombinationen beschrieben werden, dann sind dazu noch die beiden Ungleichungen $x_1 \geq 0$

und $x_2 \geq 0$ erforderlich. Diese Ungleichungen, die angeben, daß beide Variablen nicht negativ werden können, bezeichnet man als ***Nichtnegativitätsbedingungen****. Alle Kombinationen von Produktionsmengen (x_1, x_2), die die Ungleichungen $6x_1 + 10x_2 \leq 2.100$, $x_1 \geq 0$ und $x_2 \geq 0$ erfüllen, können von der Unternehmung in einer Woche produziert werden.*

Ungleichungen mit zwei Variablen können grafisch veranschaulicht werden. Während sich bei einer Ungleichung mit einer Variablen ein Intervall auf der Zahlengeraden ergibt[2], beschreiben lineare Ungleichungen mit zwei Variablen einen durch eine Gerade begrenzten Teil der Ebene.

R 20.2.3 **Lösungsmenge einer Ungleichung mit 2 Variablen**
Die Lösungsmenge der Ungleichung $a_1x_1 + a_2x_2 \leq b$ ist grafisch in einem rechtwinkligen (x_1, x_2)-Koordinatensystem ein durch die Gerade $a_1x_1 + a_2x_2 = b$ begrenzter Teil der Ebene.

Man spricht in diesem Zusammenhang auch von einer sogenannten **Halbebene**. Jede Gerade teilt die Ebene in zwei Halbebenen.

Um festzustellen, welches Zeichen ($\leq$ oder $\geq$) in einer der beiden durch die (Begrenzungs-) Gerade erhaltenen Halbebene gilt, wähle man einen beliebigen Punkt aus der Halbebene und prüfen Sie, welches Zeichen für diesen Punkt gilt. Für alle anderen Punkte dieser Halbebene gilt dann dasselbe Zeichen.

B 20.2.4 *Um die möglichen Produktionsmengen aus* B 20.2.2 *zu zeichnen, ist zunächst die zu $6x_1 + 10x_2 = 2100$ gehörige Gerade darzustellen. Das geschieht am einfachsten dadurch, daß man die Achsenschnittpunkte bestimmt, diese verbindet und die Verbindungslinie verlängert. Für $x_1 = 0$ ergibt sich $x_2 = 210$ und für $x_2 = 0$ erhält man $x_1 = 350$ (vgl.* F 20.2.5a)*). Der schraffierte Bereich ist dann der durch die Ungleichung $6x_1 + 10x_2 \leq 2.100$ beschriebene.*

Um nun alle zulässigen Kombinationen der Produktionsmengen grafisch darzustellen, müssen noch die beiden Nichtnegativitätsbedingungen $x_1 \geq 0$ und $x_2 \geq 0$ berücksichtigt werden. Zu $x_1 \geq 0$ gehört die x_2-Achse und die Fläche rechts davon und zu $x_2 \geq 0$ die x_1-Achse und die Fläche darüber. Für die möglichen Produktmengenkombinationen ergibt sich dann die in F 20.2.5b) *schraffierte Fläche.*

[2] Vgl. SCHWARZE, J.: Mathematik für Wirtschaftswissenschaftler, Elementare Grundlagen für Studienanfänger, Herne/Berlin, NWB-Verlag, F 10.5.2 und F 10.5.3.

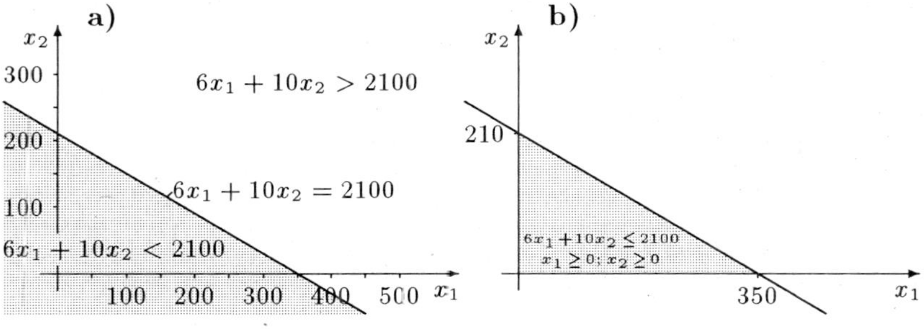

F 20.2.5

Aufgaben

Ü 20.2.1 *Eine Unternehmung produziert zwei Güter in den Mengen x_1 und x_2. Die Herstellung erfolgt so, daß jedes Stück auf den beiden Maschinen A und B bearbeitet wird. Für die Bearbeitungszeiten je Stück ergeben sich folgende Werte:*

		1. *Gut*	2. *Gut*
Bearbeitungszeit auf der Maschine	*A*	2 *Minuten*	5 *Minuten*
	B	6 *Minuten*	3 *Minuten*

Die wöchentliche Arbeitszeit beträgt 40 Stunden oder 2.400 Minuten. Beschreiben Sie die in einer Woche produzierbaren Mengen durch Ungleichungen. Stellen Sie die produzierbaren Mengen grafisch dar.

Ü 20.2.2 *Gegeben ist folgendes System von Ungleichungen in zwei Variablen:*

(I) $x_1 + x_2 \geq 9$ (II) $-x_1 + x_2 \leq 3$

(III) $-2x_1 + x_2 \geq -8$ (IV) $2x_1 + x_2 \leq 20$

Stellen Sie die Menge der Kombinationen von x_1 und x_2, die das System der Ungleichungen erfüllen, grafisch dar.

Ü 20.2.3 *Ein Geflügelfarmer verfüttert zwei Sorten von Futter. Jedes kg der Sorte A enthält 0,1 kg Eiweiß, 0,2 kg Fett und 0,1 kg Kohlehydrate. In Sorte B sind 0,2 kg Eiweiß, 0,1 kg Fett und 0,6 kg Kohlehydrate enthalten. Der Rest jeder Sorte besteht aus unverdaulichen Ballaststoffen. Der Farmer möchte nun aus den Futtermitteln A und B eine Mischung C herstellen, die* ***insgesamt mindestens*** *1 kg Eiweiß, 0,8 kg Fett und 1,8 kg Kohlehydrate enthält.*
Beschreiben Sie die zur Mischung eines Futters mit den verlangten Mindestmengen an Eiweiß, Fett und Kohlehydraten zulässigen Mengen der Futtermittel A und B durch ein System von Ungleichungen. Stellen Sie die zulässigen Mengenkombinationen der beiden Futtermittel grafisch dar.

Ü 20.2.4 *In einer Möbelfabrik werden in einem gegebenen Zeitraum Tische und Stühle in den Mengen x_1 und x_2 hergestellt. Beide Produkte werden auf Sägemaschinen, Hobelmaschinen und anschließend in der Lackiererei bearbeitet. Die Kapazitäten der Maschinen und der Lackiererei werden durch die Zeit, in der sie während des betrachteten Zeitraums zur Verfügung stehen, angegeben. Die verfügbaren Kapazitäten sowie die Bearbeitungszeiten je Stuhl bzw. Tisch auf den beiden Maschinen und in der Lackiererei sind in der folgenden Tabelle zusammengestellt:*

	Bearbeitungszeit für		*verfügbare*
	1 *Stuhl*	1 *Tisch*	*Kapazität*
Sägemaschinen	2 *Std.*	5 *Std.*	1.000 *Std.*
Hobelmaschinen	5 *Std.*	4 *Std.*	1.000 *Std.*
Lackiererei	2 *Std.*	1 *Std.*	320 *Std.*

a) *Beschreiben Sie alle Mengenkombinationen von Tischen und Stühlen, die von der Möbelfabrik innerhalb des Zeitraumes hergestellt werden können, durch ein System von Ungleichungen.*

b) *Stellen Sie den Bereich der realisierbaren Mengenkombinationen grafisch dar.*

c) *Gibt es eine (oder mehrere) Mengenkombination(en), bei der alle Kapazitäten voll ausgelastet sind?*

d) *Die Bedingungen der Aufgabe lassen eine gleichzeitige, vollständige Auslastung aller Kapazitäten nicht zu. Durch welche Maßnahme kann man eine Vollauslastung aller Kapazitäten herbeiführen?*

20.3 Grafische Einführung in die lineare Optimierung

Es wird ein Betrieb betrachtet, in dem die Produkte X_1 und X_2 während des Fertigungsprozesses die Maschinentypen A, B und C passieren müssen. Die wöchentliche Arbeitszeit des Betriebs beträgt 40 Stunden. Für die Bearbeitung einer Produkteinheit auf den Maschinen ergeben sich die in der folgenden Tabelle zusammengestellten Werte, aus der auch die Anzahl der vorhandenen Maschinen jedes Typs zu entnehmen ist:

		Produkt		Anzahl der vorhandenen Maschinen	Maschinen-kapazität
		X_1	X_2		
Maschinen-typ	A	2 h/Stück	1 h/Stück	5	200 h/Woche
	B	1 h/Stück	1 h/Stück	3	120 h/Woche
	C	1 h/Stück	3 h/Stück	6	240 h/Woche

Den Angaben der Tabelle ist zu entnehmen, daß bei Vollauslastung der Maschinen A, B bzw. C in einer Woche auf den einzelnen Maschinen z.B. die folgenden Mengenkombinationen hergestellt werden können:

auf A		auf B		auf C	
Stück X_1	Stück X_2	Stück X_1	Stück X_2	Stück X_1	Stück X_2
100	0	120	0	240	0
80	40	100	20	180	20
50	100	60	60	120	40
20	160	20	100	60	60
0	200	0	120	0	80

Natürlich ist es auch möglich, solche Mengenkombinationen zu bearbeiten, die unterhalb der Kapazitätsgrenze liegen.

Die Angaben in den Tabellen gelten für die isolierte Betrachtung eines Maschinentyps. Für den Gesamtbetrieb kommen jedoch nur solche Mengenkombinationen in Frage, die gleichzeitig auf allen drei Maschinen durchgeführt werden können. Dabei wird unterstellt, daß keine halbfertigen Fabrikate gelagert werden müssen, sondern daß alle Produkte auf allen 3 Maschinen vollständig bearbeitet werden.

Die in einer Woche gleichzeitig realisierbaren Mengenkombinationen sollen grafisch dargestellt werden. Dazu werden die wöchentlichen Stückzahlen von X_1 mit x_1 und die von X_2 mit x_2 bezeichnet.

Maschinentyp A wird in einer Woche $2x_1$ Stunden für die Produktion des ersten und x_2 Stunden für die Produktion des zweiten Gutes eingesetzt. Insgesamt wird sie dann $2x_1 + x_2$ Stunden in Anspruch genommen. Die bei Vollauslastung auf Maschinentyp A möglichen Produktionsmengenkombinationen werden dann durch die folgende Gleichung gegeben:

G 20.3.1 $$2x_1 + x_2 = 200$$

Dabei sind nur solche Werte für x_1 und x_2 zugelassen, die größer als 0 sind, d.h. es muß gelten $x_1 \geq 0$ und $x_2 \geq 0$.

Maschinentyp A muß nun aber nicht voll ausgelastet sein, sondern es sind auch Produktionsmengenkombinationen (x_1, x_2) zulässig, deren benötigte Maschinenzeit unter der verfügbaren Zeit von 200 Stunden liegt, wobei die Nichtnegativitätsbedingungen $x_1 \geq 0$ und $x_2 \geq 0$ zu beachten sind. Man erhält somit alle zulässigen Kombinationen (x_1, x_2) für Maschinentyp A durch die Ungleichungen:

G 20.3.2 $2x_1 + x_2 \leq 200,\ x_1 \geq 0$ und $x_2 \geq 0$

In F 20.3.3 sind in einem (x_1, x_2)-Koordinatensystem die zulässigen Mengenkombinationen grafisch dargestellt. Die maximal auf Maschinentyp A in einer Woche herstellbaren Mengen liegen auf der Strecke $\overline{P_1P_2}$, die der Gleichung 20.3.1 entspricht. So bedeutet z.B. der Punkt Q_1 auf dieser Strecke mit den Koordinaten $x_1 = 20$ und $x_2 = 160$ die Bearbeitung von 20 Stück des Produktes X_1 und 160 Stück des Produktes X_2.

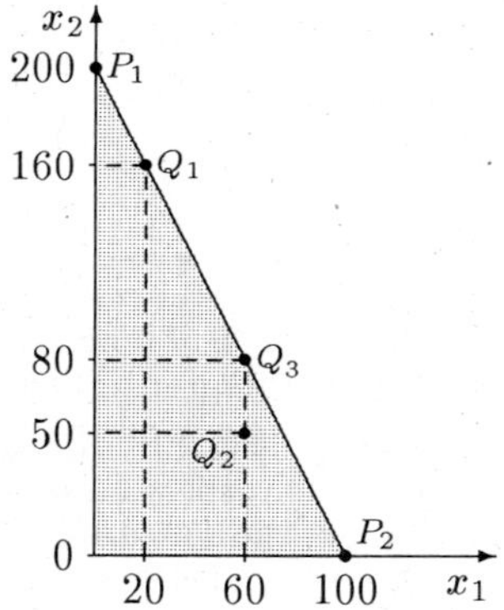

F 20.3.3

Da auch eine Nicht-Vollauslastung der Maschine möglich ist, sind alle auf Maschinentyp A realisierbaren Kombinationen durch die Punkte des schraffierten Dreiecks OP_1P_2 dargestellt. Dabei sind die beiden Nichtnegativitätsbedingungen $x_1 \geq 0$ und $x_2 \geq 0$ bereits berücksichtigt (Beschränkung auf den ersten Quadranten). Der Punkt Q_2 entspricht der Kombination $x_1 = 60$, $x_2 = 50$; sie ist auf A durchführbar, es entstehen dabei aber Leerzeiten, denn bei $x_1 = 60$ Stück je Woche könnte man bis zu $x_2 = 80$ Stück bearbeiten (Punkt Q_3). Die Leerzeit beträgt bei Q_2: $200 - 2 \cdot 60 - 50 = 30$ Stunden.

Durch entsprechende Überlegungen erhält man zu den Maschinentypen B und C als Bedingungen für eine Vollauslastung die Gleichungen:

G 20.3.4 $x_1 + x_2 = 120$

G 20.3.5 $x_1 + 3x_2 = 240$

In F 20.3.8 entsprechen diese Gleichungen den Strecken $\overline{P_3P_4}$ und $\overline{P_5P_6}$, wenn man noch $x_1 \geq 0$ und $x_2 \geq 0$ berücksichtigt. Die mit Maschinentyp B bzw. C realisierbaren Kombinationen (x_1, x_2) entsprechen der Fläche des Dreiecks OP_3P_4 bzw. des Dreiecks OP_5P_6.

Diese Dreiecke gehören zu den Ungleichungen:

G 20.3.6 $x_1 + x_2 \leq 120,\ x_1 \geq 0,\ x_2 \geq 0$ (Maschinentyp B)

und

G 20.3.7 $x_1 + 3x_2 \leq 240,\ x_1 \geq 0,\ x_2 \geq 0$ (Maschinentyp C).

Da der Betrieb nur ein Produktionsprogramm in einer Woche verwirklichen kann, das auf allen drei Maschinen bearbeitbar ist, sind die realisierbaren Produktionsmengenkombinationen diejenigen Punkte im (x_1, x_2)-Koordinatensystem, die sowohl im Dreieck OP_1P_2 als auch in den Dreiecken OP_3P_4 und OP_5P_6 liegen.

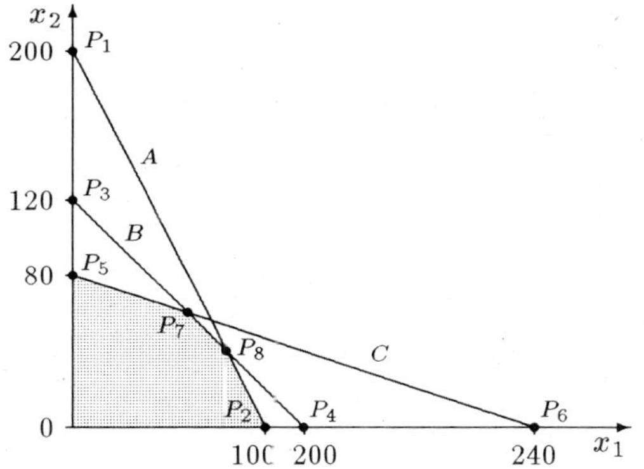

F 20.3.8

Die allen Dreiecken gemeinsame Fläche ist das in F 20.3.8 schraffierte Fünfeck $OP_5P_7P_8P_2$. Analytisch wird dieses Fünfeck durch die Ungleichungen in G 20.3.2, G 20.3.5 und G 20.3.7 beschrieben.

Die Produktionsmöglichkeiten des betrachteten Betriebs sind damit grafisch und analytisch dargestellt. Es erhebt sich nun die Frage, welche der Möglichkeiten realisiert werden soll. Unterstellt man als Ziel des Betriebs die Erzielung eines maximalen Gewinns, so müssen die „Stückgewinne“ g_1 und g_2 bekannt sein. Ist etwa $g_1 = 2$ DM und $g_2 = 3$ DM, dann ergibt sich der Wochengewinn zu:

G 20.3.9 $G = 2x_1 + 3x_2$

Alle Mengenkombinationen (x_1, x_2), die zu einem bestimmten Gewinn G_0 führen, liegen auf einer Geraden im (x_1, x_2)-Koordinatensystem. Einen Gewinn von 150 kann man z.B. mit den folgenden Mengenkombinationen erzielen:

Gewinn: $G = 150$

x_1 Stück von X_1	x_2 Stück von X_2
0	50
15	40
30	30
45	20
60	10
75	0

Alle genannten Mengenkombinationen liegen auf einer Geraden der Form:

$$2x_1 + 3x_2 = 150$$

Allgemein liegen alle Mengenkombinationen der beiden Produkte, die zu einem Gewinn in Höhe von G_0 führen, auf einer Geraden der Form:

$$2x_1 + 3x_2 = G_0 \quad \text{oder} \quad x_2 = -\tfrac{2}{3}x_1 + \frac{G_0}{3}$$

Mit den Stückgewinnen g_1 und g_2 ergibt sich allgemein:

$$g_1x_1 + g_2x_2 = G_0 \quad \text{oder} \quad x_2 = -\frac{g_1}{g_2} + \frac{G_0}{g_2}$$

Diese Geraden gleichen Gewinns, die man auch als **Isogewinngeraden** bezeichnet, sind sämtlich parallel zueinander. Ihre Steigung wird durch das Verhältnis der Stückgewinne g_1 und g_2 bestimmt. Je weiter eine Isogewinngerade vom Nullpunkt des Koordinatensystems entfernt liegt, desto höher ist der Gewinn, der dazu gehört.[3]

In F 20.3.10 sind neben dem Fünfeck der technisch möglichen Kombinationen vier Isogewinnlinien eingezeichnet, und zwar für $G_1 = 100$ DM, $G_2 = 200$ DM, $G_3 = 300$ DM und $G_4 = 400$ DM.

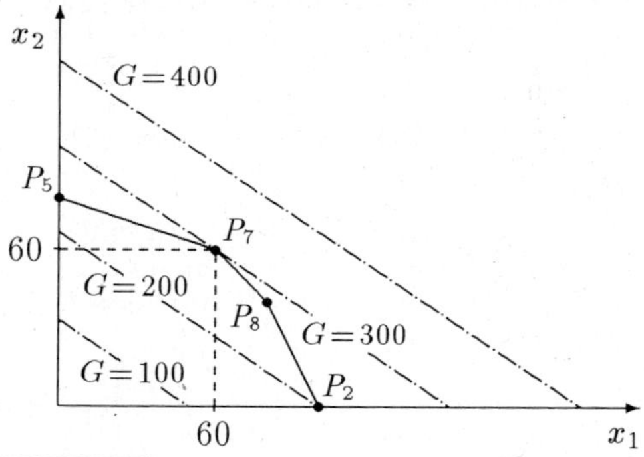

F 20.3.10

[3] Vgl. hierzu auch die Ausführungen über die Darstellung einer linearen Funktion mit zwei unabhängigen Variablen in Band I, Abschnitt 7.2.

Zur Ermittlung des Produktionsprogramms, das zum größtmöglichen Gewinn führt, ist in dem Fünfeck der zulässigen Mengenkombinationen derjenige Punkt zu bestimmen, zu dem der größte Gewinn gehört. Dieser liegt auf einer möglichst weit vom Koordinatenursprung entfernten Isogewinngeraden. Für das Beispiel (vgl. F 20.3.10) ergibt sich der Punkt P_7 mit den Koordinaten $x_1 = 60$, $x_2 = 60$ mit:

$$G = 2 \cdot 60 + 3 \cdot 60 = 300$$

Das gewinnmaximale Produktionsprogramm kann man grafisch allgemein dadurch finden, daß eine durch den Bereich der zulässigen Mengenkombinationen gehende Isogewinngerade solange parallel verschoben wird, bis der zulässige Bereich verlassen wird. An der „Grenze" (in F 20.3.10 Punkt P_7) liegt die Lösung.

Bei einem anderen Verhältnis der „Stückgewinne" kann sich ein anderes Gewinnmaximum ergeben. Ist z.B. $g_1 = 3$ DM und $g_2 = 2$ DM, dann verlaufen die Isogewinngeraden steiler (vgl. F 20.3.11). Das Gewinnmaximum liegt jetzt im Punkt P_8 mit den Koordinaten $x_1 = 80$, $x_2 = 40$ mit:

$$G = 3 \cdot 80 + 2 \cdot 40 = 320.$$

Falls $g_1 = 2$ DM, $g_2 = 8$ DM, liegt das Gewinnmaximum im Punkt P_5, also $x_1 = 0$, $x_2 = 80$, $G = 640$. Den Punkt P_2 erhält man als Lösung beispielsweise bei $g_1 = 8$ DM und $g_2 = 2$ DM.

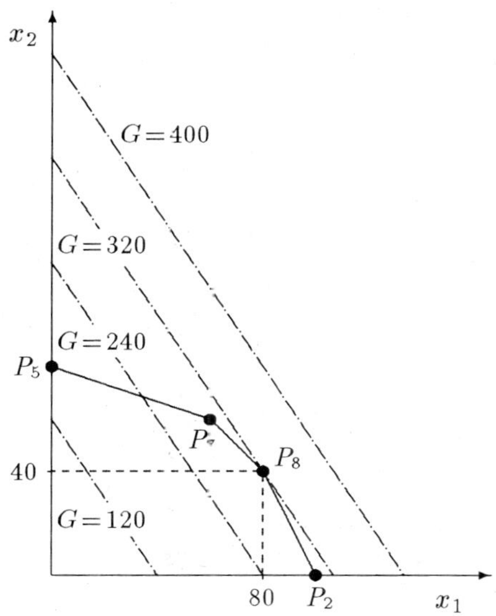

F 20.3.11

Bei den betrachteten vier verschiedenen Wertepaaren (g_1, g_2) der Stückgewinne liegen die Gewinnmaxima jeweils in einem anderen Eckpunkt des Fünfecks $OP_5P_7P_8P_2$. Das Maximierungsproblem hat in allen vier Fällen eine eindeutige Lösung. Man beachte dabei, daß die Lage des Gewinnmaximums bei gegebenen Beschränkungen nicht von den absoluten Werten der Stückgewinne, sondern nur von der Steigung der Isogewinngeraden, d.h. vom Verhältnis der Stückgewinne abhängt.

Hat man für gegebene Stückgewinne ein bestimmtes Gewinnmaximum erreicht, dann kann man das Verhältnis der Stückgewinne in bestimmten Grenzen variieren, ohne daß sich die Lage des Optimums verändert. An F 20.3.10 kann man sich diesen Sachverhalt verdeutlichen. Es gilt: $\frac{g_1}{g_2} = \frac{2}{3}$. Das Gewinnmaximum liegt im Punkt P_7. Eine Veränderung des Verhältnisses $g_1 : g_2$ führt zu einer Änderung der Steigung, die man sich als Drehung der durch den Punkt P_7 gehenden Isogewinngeraden anschaulich vorstellen kann. (Dabei kann sich wegen der Änderung von g_1 und/oder g_2 der Gewinn der durch P_7 gehenden Isogewinngeraden natürlich ändern). Man kann die Isogewinngerade nun jeweils bis zu den sich in P_7 schneidenden Kapazitätsbeschränkungsgeraden drehen, ohne daß sich das Gewinnmaximum in seiner Lage verändert. Da man bei der Behandlung derartiger Fragestellungen einen Parameter des Problems (hier das Gewinnverhältnis) variiert, spricht man in diesem Zusammenhang von **parametrischer linearer Optimierung**.

In bestimmten Situationen kann es mehrere gewinnmaximale Produktionsmengenkombinationen geben. Sei etwa $g_1 = g_2 = 2$ DM, dann verlaufen die Isogewinngeraden parallel zur Strecke $\overline{P_7P_8}$ (vgl. F 20.3.12) und die Isogewinngerade mit $G = 240$ fällt mit der durch P_7 und P_8 gehenden Geraden zusammen.

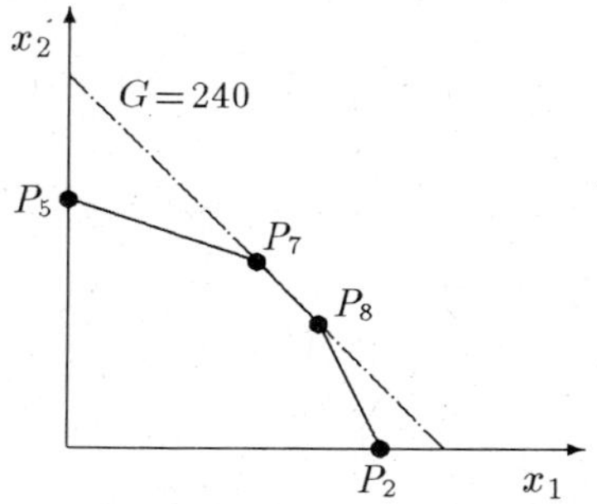

F 20.3.12

Alle Punkte der Strecke $\overline{P_7P_8}$ führen also zu demselben Maximalgewinn von $G = 240$. Bei den „Stückgewinnen“ $g_1 = 2$ DM, $g_2 = 6$ DM bzw. $g_1 = 4$ DM, $g_2 = 2$ DM liegen die Gewinnmaxima auf den Strecken $\overline{P_5P_7}$ bzw. $\overline{P_8P_2}$.

Führen mehrere Mengenkombinationen zu dem gleichen maximalen Gewinn, dann spricht man von einer **mehrdeutigen Lösung**.

In keinem der diskutierten Fälle werden im Gewinnmaximum alle drei Maschinen A, B, C voll ausgenutzt. Bei $g_1 = 2$ DM, $g_2 = 3$ DM ergeben sich, wie F 20.3.8 deutlich macht, Leerzeiten der Maschine A. Das Gewinnmaximum liegt im Punkt P_7. P_7 liegt auf den Strecken $\overline{P_3P_4}$ und $\overline{P_5P_6}$ (vgl. F 20.3.8). Diese Strecken stellen Kombinationen voller Auslastung der Maschinen B bzw. C dar. P_7 aber liegt im Inneren des Dreiecks OP_1P_2, dessen Seite $\overline{P_1P_2}$ der Vollauslastung der Maschine A entspricht.

Erhöht man die Kapazität der Maschine B auf 128 Stunden, dann schneiden sich alle 3 Beschränkungsgeraden in einem Punkt. Das zeigt F 20.3.13, wobei F 20.3.8 nur entsprechend ergänzt wurde. In dem Schnittpunkt P_9 aller Geraden gilt $x_1 = 72$ und $x_2 = 56$. Bei diesen Mengen sind alle Maschinen voll ausgelastet. Man sieht an F 20.3.13, daß in dem dargestellten Fall die Kapazitätsbeschränkung der Maschine B überflüssig ist, da sie gegenüber den Beschränkungen durch A und C keine zusätzlichen Informationen liefert.

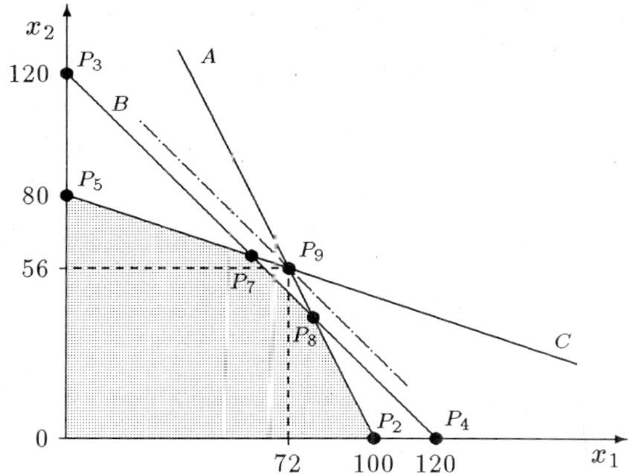

F 20.3.13

Man spricht in einem solchen Fall auch von **Degeneration** bzw. von einer **degenerierten Lösung**. Mathematisch kann Degeneration Probleme bereiten. Betriebswirtschaftlich ist sie erwünscht, da es dann einen Produktionsplan gibt, bei dem **alle** Kapazitäten voll ausgelastet sind.

Anstelle eines konvexen Fünfecks hätte man bei einer noch größeren Anzahl von unterschiedlichen Maschinen konvexe Sechsecke, Siebenecke usw. als Bereich für die technisch möglichen Kombinationen erhalten.

Der geometrischen Problemstellung entspricht die folgende analytische:

Bestimmen Sie das Maximum der linearen Gewinnfunktion (Zielfunktion):

$G = 2x_1 + 3x_2$

unter den Bedingungen:

$$2x_1 + x_2 \leq 200;\ x_1 + x_2 \leq 120;\ x_1 + 3x_2 \leq 240;\ x_1 \geq 0,\ x_2 \geq 0$$

Eine solche Aufgabenstellung ist typisch für die Probleme der linearen Optimierung.

Die grafische Darstellung der Zusammenhänge und die Ableitung einer Lösung auf grafischem Wege ist bei zwei Produkten, so wie bei dem betrachtetem Beispiel, leicht möglich. Bei drei Produkten bereitet die grafische Darstellung und Lösung schon erhebliche Schwierigkeiten, da man von der Darstellung in der Ebene zur Darstellung im dreidimensionalen Raum übergehen muß. Bei vier und mehr Produkten ist eine grafische Darstellung überhaupt nicht mehr möglich.

Grafisch lassen sich also nur sehr einfache Beispiele lösen. Es existieren aber verschiedene analytische Lösungsverfahren, von denen das bekannteste die Simplex-Methode ist. Auf sie wird im übernächsten Abschnitt näher eingegangen. Zuvor wird im folgenden Abschnitt die dem behandelten Beispiel zugrunde liegende Maximierungsaufgabe der linearen Optimierung allgemein formuliert.

Aufgaben

Ü 20.3.1 *Eine Unternehmung produziert zwei Güter in den Mengen x_1 und x_2. Bei der Produktion werden die Maschinen A, B und C eingesetzt und zwar maximal 200 Stunden im Monat. Die Bearbeitungszeiten in Stunden pro Stück betragen:*

	x_1	x_2
Maschine A	4	4
Maschine B	8	4
Maschine C	2	10

a) *Beschreiben Sie die in einem Monat produzierbaren Mengenkombinationen durch ein System von Ungleichungen.*

b) *Stellen Sie die zulässigen Mengenkombinationen grafisch dar.*

c) *Welche Kapazitätsbeschränkung ist überflüssig?*

Ü 20.3.2 *Gesucht ist das Maximum der Funktion $G = 2x_1 + 3x_2$ unter Berücksichtigung der Nebenbedingungen:*

$$x_1 + x_2 \leq 15;\ x_1 + 2x_2 \leq 20;\ x_1 \geq 0;\ x_2 \geq 0$$

a) *Stellen Sie die Wertepaare* (x_1, x_2), *die die Nebenbedingungen erfüllen, grafisch dar.*

b) *Stellen Sie die Zielfunktion für* $G = 18$ *und* $G = 30$ *grafisch dar.*

c) *Bestimmen Sie grafisch das Maximum von* G.

Ü 20.3.3 *In einem Betrieb werden die Produkte* X_1 *und* X_2 *nacheinander auf den Maschinen* A, B *und* C *bearbeitet. Die Maschinenzeit bei* A *ist für* X_1 *doppelt so groß wie für* X_2, *bei* B *sind die Maschinenzeiten gleich und bei* C *ist die Maschinenzeit für* X_2 *dreimal so groß wie für* X_1. *Auf* A *können in der Woche maximal* 60 *Stück von* X_1 *oder* 120 *Stück von* X_2 *bearbeitet werden. Auf Maschine* B *können in einer Woche höchstens* 70 *Stück von* X_1 *oder* X_2 *bearbeitet werden und auf Maschine* C 150 *Stück* X_1 *oder* 50 *Stück* X_2 *je Woche.*

a) *Beschreiben Sie alle Mengenkombinationen* (x_1, x_2) *der beiden Produkte, die in einer Woche produziert werden können, durch ein System von Ungleichungen.*

b) *Stellen Sie den Bereich der realisierbaren Mengenkombinationen grafisch dar.*

c) *Gibt es eine (oder mehrere) Mengenkombination(en), bei der (denen) alle Maschinen voll ausgelastet sind?*

d) *Wenn es keine gleichzeitige Vollauslastung aller Maschinen gibt, kann man sie durch Veränderung der wöchentlichen Einsatzzeit der Maschine* B *erreichen. Um wieviel Stunden muß die Einsatzzeit der Maschine* B *verändert werden, wenn man davon ausgeht, daß in der ursprünglichen Aufgabenstellung die wöchentliche Einsatzzeit* 40 *Stunden beträgt?*

e) *Für das Produkt* X_1 *erzielt das Unternehmen einen Stückgewinn von* $g_1 = 10$ *DM und für das Produkt* X_2 *einen Stückgewinn von* $g_2 = 15$ *DM. Zeichnen Sie die Isogewinngeraden für* $G_1 = 300$, $G_2 = 600$, $G_3 = 900$ *und* $G_4 = 1200$ *und bestimmen Sie grafisch die gewinnmaximale Mengenkombination der beiden Produkte.*

20.4 Maximierungsaufgabe der linearen Optimierung

Dem im vorhergehenden Abschnitt besprochenen Beispiel liegt folgende allgemeine Aufgabe zugrunde:

D 20.4.1

Allgemeines Maximierungsproblem der linearen Optimierung

Gegeben ist die lineare Funktion (**Zielfunktion**):

$$G = g_1x_1 + g_2x_2 + \ldots + g_nx_n = \sum_{j=1}^{n} g_jx_j$$

Gesucht sind reelle Zahlen $x_j \quad (j = 1, \ldots, n)$, für die der Wert der Zielfunktion maximal wird und die den folgenden Nebenbedingungen genügen:

$$\begin{array}{lll}
a_{11}x_1 + a_{12}x_2 + \ldots + a_{1n}x_n \leq b_1 & \text{bzw.} & \sum_{j=1}^{n} a_{1j}x_j \leq b_1 \\
a_{21}x_1 + a_{22}x_2 + \ldots + a_{2n}x_n \leq b_2 & \text{bzw.} & \sum_{j=1}^{n} a_{2j}x_j \leq b_2 \\
\ldots \qquad \ldots & & \\
a_{m1}x_1 + a_{m2}x_2 + \ldots + a_{mn}x_n \leq b_m & \text{bzw.} & \sum_{j=1}^{n} a_{mj}x_j \leq b_m
\end{array}$$

und den Nichtnegativitätsbedingungen:

$x_j \geq 0 \ (j = 1, \ldots, n)$.

$a_{ij} \in \mathbb{R},\ g_j \in \mathbb{R},\ b_i \in \mathbb{R} \ (j = 1, \ldots, n;\ i = 1, \ldots, m)$.

Unter Verwendung von Matrizen erhält man anstelle von D 20.4.1:

D 20.4.2

Maximierungsproblem der linearen Optimierung in Matrizenschreibweise

Maximiere:

$$G = (g_1, g_2, \ldots, g_n) \begin{pmatrix} x_1 \\ x_2 \\ \vdots \\ x_n \end{pmatrix} \quad \text{bzw. } G = \mathbf{g}'\mathbf{x},$$

unter der Bedingung:

$$\begin{pmatrix} a_{11} & a_{12} & \ldots & a_{1n} \\ a_{21} & a_{22} & \ldots & a_{2n} \\ \ldots & & \ldots & \\ a_{m1} & a_{m2} & \ldots & a_{mm} \end{pmatrix} \begin{pmatrix} x_1 \\ x_2 \\ \ldots \\ x_n \end{pmatrix} \leq \begin{pmatrix} b_1 \\ b_2 \\ \ldots \\ b_m \end{pmatrix} \quad \text{bzw.} \quad \mathbf{Ax} \leq \mathbf{b}$$

und der Nichtnegativitätsbedingung:

$(x_1, x_2, \ldots, x_n) \geq (0, 0, \ldots, 0)$ bzw. $\mathbf{x} \geq \mathbf{0}$.

Für die numerische Behandlung der Maximierungsaufgabe mit der im folgenden Abschnitt dargestellten Simplexmethode werden die Ungleichungen der Nebenbedingungen durch Einführung nichtnegativer **Hilfs- oder Schlupfvariablen** in Gleichungen überführt.
Die Nebenbedingungen lauten dann:

G 20.4.3

$$a_{11}x_1 + a_{12}x_2 + \ldots + a_{1n}x_n + y_1 = b_1 \quad \text{bzw.} \quad \sum_{j=1}^{n} a_{1j}x_j + y_1 = b_1$$
$$a_{21}x_1 + a_{22}x_2 + \ldots + a_{2n}x_n + y_2 = b_2 \quad \text{bzw.} \quad \sum_{j=1}^{n} a_{2j}x_j + y_2 = b_2$$
$$\ldots \qquad \ldots \qquad\qquad \ldots \qquad \ldots$$
$$a_{n1}x_1 + a_{n2}x_2 + \ldots + a_{nn}x_n + y_m = b_n \quad \text{bzw.} \quad \sum_{j=1}^{n} a_{mj}x_j + y_m = b_m$$

oder in Matrizenschreibweise:

G 20.4.4

$$\begin{pmatrix} a_{11} & a_{12} & \ldots & a_{1n} \\ a_{21} & a_{22} & \ldots & a_{2n} \\ \ldots & & \ldots & \\ a_{m1} & a_{m2} & \ldots & a_{mn} \end{pmatrix} \cdot \begin{pmatrix} x_1 \\ x_2 \\ \ldots \\ x_n \end{pmatrix} + \begin{pmatrix} y_1 \\ y_2 \\ \ldots \\ y_m \end{pmatrix} = \begin{pmatrix} b_1 \\ b_2 \\ \ldots \\ b_m \end{pmatrix} \quad \text{bzw. } \mathbf{Ax} + \mathbf{y} = \mathbf{b}$$

Verkürzt kann man die Aufgabe in D 20.4.1 bzw. D 20.4.2 unter Verwendung von Matrizen wie folgt schreiben:

$$\max\{G = \mathbf{g}'\mathbf{x}\,|\,\mathbf{Ax} \le \mathbf{b};\ \mathbf{x} \ge \mathbf{0}\}$$

Aufgaben

Ü 20.4.1 *Eine Unternehmung produziert zwei Güter in den Mengen x_1 und x_2. Die Herstellung erfolgt so, daß jedes Stück auf den beiden Maschinen A und B bearbeitet wird. Für die Bearbeitungszeiten je Stück ergeben sich folgende Werte:*

		1. Gut	*2. Gut*
Bearbeitungszeit auf der Maschine	*A*	*8 Minuten*	*12 Minuten*
	B	*15 Minuten*	*5 Minuten*

Die wöchentliche Arbeitszeit beträgt 40 Stunden oder 2.400 Minuten. Die Stückgewinne betragen $g_1 = 5$ DM/Stück und $g_2 = 4$ DM/Stück. Wie lautet der lineare Optimierungsansatz zur Bestimmung eines gewinnmaximalen Produktionsprogramms?

Ü 20.4.2 *Drei Produkte können wahlweise aus zwei Rohstoffen hergestellt werden. Der Rohstoffbedarf für jedes Produkt sowie die verfügbaren und absetzbaren Mengen sind der folgenden Tabelle zu entnehmen.*

Die Zahlen in Klammern geben die Stückgewinne je Produkteinheit an.

		Produkte 1	2	3	*verfügbares Material*
Material	1	$4_{(24)}$	$2_{(12)}$	$5_{(15)}$	100
	2	$6_{(25)}$	$5_{(15)}$	$10_{(6)}$	300
Maximal absetzbare Menge		100	40	60	

Formulieren Sie einen linearen Optimierungsansatz zur Bestimmung der gewinnmaximalen Produktion. x_{ij} *ist die Menge des Produkts* j *bei Verwendung des Rohstoffes* i.

Ü **20.4.3** *Der Student Paul hat im Monat DM* 400 *verfügbar, und er beschließt, dieses Geld für Bier und Brot auszugeben. Eine Flasche Bier kostet DM* 1 *und ein Pfund Brot DM* 1,25. *Er rechnet pro Bier* 0,2 *km Weg, da die Gaststätte nah ist, und pro Brot* 0,48 *km Weg. Insgesamt möchte er für Brot- und Bierholen im Monat nicht mehr als* 120 *km zurücklegen. Den Nutzen eines Brotes setzt er* 1,5*mal so hoch an wie den Nutzen einer Flasche Bier. Wie soll er sein Geld ausgeben, wenn er seinen Nutzen maximieren will? Formuliere dafür einen Ansatz der linearen Optimierung.*

20.5 Die Simplex-Methode

Von den verschiedenen Verfahren zur Lösung von Aufgabenstellungen der linearen Optimierung ist das bekannteste die Simplex-Methode. Bei der Simplex-Methode wird die gesuchte Optimallösung nicht in einem Schritt gefunden, wie etwa bei der Bestimmung von Extremwerten mittels der Differentialrechnung, sondern sie wird **iterativ** bestimmt, d.h. schrittweise. Man beginnt mit einer zulässigen Lösung des Problems. Für diese zulässige Lösung wird geprüft, ob sie optimal ist. Ist das der Fall, so ist man fertig. Ist die Lösung nicht optimal, so bestimmt man eine neue, verbesserte Lösung und prüft diese wieder auf Optimalität. So verbessert man schrittweise die Lösung, bis die optimale Lösung erreicht wurde.

Bei der Simplex-Methode wendet man zur Bestimmung der Optimallösung Rechenoperationen auf die Zielfunktion und die Nebenbedingungen bzw. auf ihre in Tabellenform geschriebenen Koeffizienten an, die den aus der Matrizenrechnung bekannten Zeilenoperationen gleichen (vgl. D 18.3.2 (1) und (2)). Das Verfahren wird hier zunächst an dem Beispiel aus Abschnitt 20.3 erläutert.

B 20.5.1 *Die zu lösende Aufgabe lautet:*
Gesucht ist das Maximum der linearen Gewinnfunktion (Zielfunktion) $G = 2x_1 + 3x_2$ *unter Beachtung der folgenden Nebenbedingungen:*

$$\begin{aligned} 2x_1 + x_2 &\leq 200 \\ x_1 + x_2 &\leq 120 \qquad x_1 \geq 0,\ x_2 \geq 0. \\ x_1 + 3x_2 &\leq 240 \end{aligned}$$

Für die Anwendung der Simplex-Methode ist es zunächst erforderlich, die drei ersten Ungleichungen in Gleichungen umzuwandeln. Dies geschieht durch Einführung von ***Hilfsvariablen*** *oder* ***Schlupfvariablen*** y_1, y_2 *und* y_3. *Aus den Ungleichungen werden dann folgende Gleichungen:*

$$\begin{aligned} 2x_1 + x_2 + y_1 &= 200 \\ x_1 + x_2 + y_2 &= 120 \\ x_1 + 3x_2 + y_3 &= 240 \end{aligned}$$

Die Bedeutung der Hilfsvariablen in wirtschaftlicher Hinsicht sei kurz anhand der ersten Gleichung erläutert. Die Variablen x_1 *und* x_2 *bezeichnen die von den beiden Produkten hergestellten Mengen.* $2x_1 + x_2$ *ist dann die Zeit, die Maschinentyp A in einer Woche für die Produktion eingesetzt wird. Ist* $2x_1 + x_2 < 200$, *dann wird die Kapazität von Maschinentyp A nicht vollständig ausgenutzt.* y_1 *bezeichnet diese nicht ausgenutzte Kapazität von Maschinentyp A, denn:*

$$\begin{array}{ccccc} \textit{ausgenutzte} & + & \textit{nichtausgenutzte} & = & \textit{verfügbare} \\ \textit{Kapazität} & & \textit{Kapazität} & & \textit{Kapazität} \\ 2x_1 + x_2 & + & y_1 & = & 200 \end{array}$$

Ist $y_1 = 200$, *so bedeutet dies, daß Maschinentyp A überhaupt nicht in Anspruch genommen wird. Entsprechend bedeutet* $y_2 = 120$ *bzw.* $y_3 = 240$, *daß Maschinentyp B bzw. C nicht in Anspruch genommen wird.*
Nach Einführung der Hilfsvariablen lautet die zu lösende Aufgabe folgendermaßen:
Bestimmen Sie ein Maximum der Funktion

$$G = 2x_1 + 3x_2 \quad \textit{bzw.}\ G = (2,3)\begin{pmatrix} x_1 \\ x_2 \end{pmatrix}$$

unter Beachtung der Nebenbedingungen

$$\begin{aligned} 2x_1 + x_2 + y_1 &= 200 \\ x_1 + x_2 + y_2 &= 120 \\ x_1 + 3x_2 + y_3 &= 240 \end{aligned} \quad bzw. \quad \begin{pmatrix} 2 & 1 & 1 & 0 & 0 \\ 1 & 1 & 0 & 1 & 0 \\ 1 & 3 & 0 & 0 & 1 \end{pmatrix} \begin{pmatrix} x_1 \\ x_2 \\ y_1 \\ y_2 \\ y_3 \end{pmatrix} = \begin{pmatrix} 200 \\ 120 \\ 240 \end{pmatrix}$$

$$x_1 \geq 0,\ x_2 \geq 0,\ y_1 \geq 0,\ y_2 \geq 0,\ y_3 \geq 0$$
$$bzw.\ (x_1, x_2, y_1, y_2, y_3) \geq (0, 0, 0, 0, 0)$$

Die Aufgabe besteht mit anderen Worten darin, die von den beiden Produkten X_1 bzw. X_2 pro Woche herzustellenden Mengen x_1 und x_2 so zu bestimmen, daß der Gewinn so groß wie möglich wird. Dabei ist zu beachten, daß der Produktion der beiden Güter durch die Kapazitäten Grenzen gesetzt sind und daß keine negativen Mengen produziert werden können.
Die Aufgabe soll nun mit Hilfe der Simplex-Methode gelöst werden. Dabei wird an einigen Stellen versucht werden, den Lösungsweg anschaulich zu erläutern.

Bei der Simplex-Methode werden jeweils nur die Koeffizienten der einzelnen Gleichungen für die Berechnungen benutzt und durch die Berechnungen verändert. Es empfiehlt sich deshalb die Verwendung eines tabellarischen Schemas, in das nur die Koeffizienten eingetragen werden. Für die Bestimmung der Optimallösung werden dann die in dem Schema enthaltenen Koeffizienten durch Anwendung von Zeilenoperationen umgeformt.
Die Gewinnfunktion schreibt man für das Rechenschema in folgender Weise:

$$-2x_1 - 3x_2 + G = 0$$

Das Rechenschema, das man auch als Simplex-Tabelle oder ***Simplex-Tableau*** *bezeichnet, lautet dann wie folgt:*

x_1	x_2	y_1	y_2	y_3	G	
2	1	1	0	0	0	200
1	1	0	1	0	0	120
1	3	0	0	1	0	240
− 2	−3	0	0	0	1	0

In der Kopfzeile des Tableaus stehen die einzelnen Variablenbezeichnungen. Der Doppelstrich verkörpert das Gleichheitszeichen.

Bei der Simplex-Methode beginnt man mit einer sogenannten ***Ausgangsbasislösung****. Eine Basislösung ist eine Lösung, bei der von den 5 Variablen des Problems höchstens drei Variablen (so viele wie es Beschränkungen gibt) von Null verschiedene Werte annehmen. Im Simplex-Tableau sind das die Variablen, zu deren Spalten Einheitsvektoren gehören. Man nennt sie* ***Basisvariablen****. Diese Variablen ha-*

ben den Wert, der in der letzten Spalte hinter dem Doppelstrich in der Zeile steht, in der sich auch die 1 befindet. Im vorliegenden Fall bilden die Hilfsvariablen die Ausgangs-Basislösung mit den Werten $y_1 = 200$; $y_2 = 120$ und $y_3 = 240$. Das folgende Tableau veranschaulicht dies:

x_1	x_2	y_1	y_2	y_3	G	
2	1	1	0	0	0	200
1	1	0	1	0	0	120
1	3	0	0	1	0	240
− 2	−3	0	0	0	1	0

Die übrigen Variablen haben den Wert 0. Es ist also in der Ausgangslösung $x_1 = 0$ und $x_2 = 0$. Der bei der jeweiligen Lösung erzielte Gewinn erscheint in dem Feld rechts unten. Er beträgt in der Ausgangslösung $G = 0$. Die Ausgangs-Basislösung bedeutet also: Von beiden Gütern werden die Mengen 0 produziert und dabei der Gewinn 0 erzielt.

Die jeweils vorliegende Lösung ist solange nicht optimal, wie sich in der letzten Zeile des Simplex-Tableaus noch negative Koeffizienten befinden. Das ist bei der oben angegebenen Ausgangslösung der Fall (negative Werte in den zu x_1 und x_2 gehörigen Spalten).

Die jeweilige Lösung wird dadurch verbessert, daß man eine Nichtbasisvariable gegen eine Basisvariable „austauscht". Im vorliegenden Fall nimmt man im ersten Schritt des Rechenverfahrens die Variable in die Basis hinein, zu der in der letzten Zeile der kleinste Wert gehört, also x_2 (-3 ist kleiner als -2). Wirtschaftlich gesehen bedeutet dieser Schritt, daß man zunächst nur ein Produkt herstellt, und zwar das mit dem größten Stückgewinn.

Da x_2 Basisvariable werden soll, ist in der zu x_2 gehörigen Spalte ein Einheitsvektor zu erzeugen. Dazu ist zunächst die Stelle zu bestimmen, an der die „1" stehen soll. Dafür dividiert man in jeder Zeile den Wert in der letzten Spalte durch den Wert in der zu x_2 gehörenden Spalte:

1. Zeile: $200 : 1 = 200$
2. Zeile: $120 : 1 = 120$
3. Zeile: $240 : 3 = 80$

Durch diese Divisionen stellt man fest, wieviel Stück man von Gut X_2 maximal auf jedem Maschinentyp herstellen kann, wenn man nur dieses Gut herstellt. Da das Produkt auf allen drei Maschinen bearbeitet wird, ist die maximale Stückzahl der kleinste der drei Werte, also 80 Stück.

Die 1 für den Einheitsvektor in der 2. Spalte wird also in der 3. Zeile erzeugt.

Das ausgewählte Element in der dritten Zeile der zweiten Spalte heißt ***Pivotelement****.*

In der 2. Spalte ist nun ein 3. Einheitsvektor zu erzeugen. Dazu wird zunächst die 3. Zeile mit $\frac{1}{3}$ multipliziert, um an der Stelle des Pivotelements eine 1 zu bekommen. Es ergibt sich:

x_1	x_2	y_1	y_2	y_3	G	
2	1	1	0	0	0	200
1	1	0	1	0	0	120
$\frac{1}{3}$	1	0	0	$\frac{1}{3}$	0	80
-2	-3	0	0	0	1	0

Im nächsten Schritt werden geeignete Vielfache der neuen 3. Zeile zur 1., 2. und 4. Zeile addiert, so daß die übrigen Elemente der 2. Spalte Null werden.
Addiert man das (-1)-fache der 3. Zeile zur 1. Zeile, so ergibt sich:

x_1	x_2	y_1	y_2	y_3	G	
$2-\frac{1}{3} = \frac{5}{3}$	$1-1 = 0$	$1-0 = 1$	$0-0 = 0$	$0-\frac{1}{3} = -\frac{1}{3}$	$0-0 = 0$	$200-80 = 120$
1	1	0	1	0	0	120
$\frac{1}{3}$	1	0	0	$\frac{1}{3}$	0	80
-2	-3	0	0	0	1	0

Anschließend addiert man das (-1)-fache der 3. Zeile zur 2. und das 3-fache zur letzten Zeile. Man erhält:

x_1	x_2	y_1	y_2	y_3	G	
$\frac{5}{3}$	0	1	0	$-\frac{1}{3}$	0	120
$1-\frac{1}{3} = \frac{2}{3}$	$1-1 = 0$	$0-0 = 0$	$1-0 = 1$	$0-\frac{1}{3} = -\frac{1}{3}$	$0-0 = 0$	$120-80 = 40$
$\frac{1}{3}$	1	0	0	$\frac{1}{3}$	0	80
$-2+1 = -1$	$-3+3 = 0$	$0+0 = 0$	$0+0 = 0$	$0+1 = 1$	$1+0 = 1$	$0+240 = 240$

Damit ist die erste verbesserte Lösung gefunden. Sie kann folgendermaßen aus der Tabelle abgelesen werden:
Zur Basislösung gehören nunmehr die Variablen x_2, y_1 und y_2, denn in den zu ihnen gehörigen Spalten stehen Einheitsvektoren. Es ist $x_2 = 80$, d.h. die Variable nimmt den Wert an, der in der Zeile der „1" des betreffenden Einheitsvektors in der letzten Spalte steht. Ferner ist $y_1 = 120$ und $y_2 = 40$, d.h. daß auf Maschinentyp A eine ungenutzte Kapazität in Höhe von $y_1 = 120$ und auf Maschinentyp B eine ungenutzte Kapazität von $y_2 = 40$ vorhanden ist. Der Gewinn bei dieser Lösung beträgt $G = 240$.

Grafisch gesehen bedeutet dieses Vorgehen, daß man sich von der Ausgangslösung, dem Nullpunkt, zu Punkt P_5 begeben hat. Vgl. hierzu F 20.3.8.

Die so gefundene Lösung untersucht man nun darauf, ob in der letzten Zeile noch negative Werte stehen. Da das der Fall ist, ist die Optimallösung noch nicht gefunden.
Die Bestimmung einer weiter verbesserten Lösung geschieht nach dem gleichen Verfahren, wie es soeben ausführlich beschrieben wurde. Der einzige negative Wert steht in der Spalte zu x_1. Zur Bestimmung des Pivotelementes dividiert man wieder für jede Zeile den Wert der letzten Spalte durch den entsprechenden Wert der zu x_1 gehörigen ersten Spalte. Man erhält:

1. *Zeile*: $120 : \frac{5}{3} = 72$
2. *Zeile*: $40 : \frac{2}{3} = 60$
3. *Zeile*: $80 : \frac{1}{3} = 240$

Der kleinste Wert bei der Division ergibt sich in der 2. Zeile. Es wird also in der 1. Spalte das Element der 2. Zeile ausgewählt. Die an dieser Stelle zu erzeugende „1" erhält man durch Multiplikation der 2. Zeile mit $\frac{3}{2}$.

x_1	x_2	y_1	y_2	y_3	G	
$\frac{5}{3}$	0	1	0	$-\frac{1}{3}$	0	120
$\frac{2}{3} \cdot \frac{3}{2} = 1$	$0 \cdot \frac{3}{2} = 0$	$0 \cdot \frac{3}{2} = 0$	$1 \cdot \frac{3}{2} = 1{,}5$	$-\frac{1}{3} \cdot \frac{3}{2} = -0{,}5$	0	$40 \cdot \frac{3}{2} = 60$
$\frac{1}{3}$	1	0	0	$\frac{1}{3}$	0	80
-1	0	0	0	1	1	240

Um in der 1. Spalte einen Einheitsvektor mit der 1 in der 2. Zeile zu erzeugen, addiert man das $(-\frac{5}{3})$-fache der 2. Zeile zur 1. Zeile, das

$(-\frac{1}{3})$-fache der 2. Zeile zur 3. Zeile und das einfache der 2. Zeile zur letzten Zeile. Man erhält dann:

x_1	x_2	y_1	y_2	y_3	G	
$\frac{5}{3}-\frac{5}{3}=0$	$0-0=0$	$1-0=1$	$0-\frac{5}{2}=-2{,}5$	$-\frac{1}{3}+\frac{5}{6}=0{,}5$	$0-0=0$	$120-100=20$
1	0	0	1,5	−0,5	0	60
$\frac{1}{3}-\frac{1}{3}=0$	$1-0=1$	$0-0=0$	$0-\frac{1}{2}=-0{,}5$	$\frac{1}{3}+\frac{1}{6}=0{,}5$	$0-0=0$	$80-20=60$
$-1+1=0$	$0+0=0$	$0+0=0$	$0+\frac{3}{2}=1{,}5$	$1-\frac{1}{2}=0{,}5$	$1+0=1$	$240+60=300$

Die zweite verbesserte Lösung kann aus dem folgenden Schema abgelesen werden:

x_1	x_2	y_1	y_2	y_3	G	
0	0	1	−2,5	0,5	0	20
1	0	0	1,5	−0,5	0	60
0	1	0	−0,5	0,5	0	60
0	0	0	1,5	0,5	1	300

Zur Basislösung gehören jetzt die Variablen x_1, x_2 und y_1, denn in den zu ihnen gehörigen Spalten stehen Einheitsvektoren. Die Lösungswerte für x_1, x_2 und y_1 kann man wieder in der letzten Spalte in der Zeile ablesen, in der jeweils die 1 des Einheitsvektors steht. Es ist also:

$$x_1 = 60;\ x_2 = 60;\ y_1 = 20$$

Bei der 2 verbesserten Lösung werden also von Gut X_1 die Menge $x_1 = 60$ und von Gut X_2 die Menge $x_2 = 60$ produziert. Aus $y_1 = 20$ folgt, daß auf Maschinentyp A eine ungenutzte Kapazität in Höhe von 20 Stunden vorhanden ist. Der Gewinn bei dieser zweiten verbesserten Lösung beträgt $G = 300$. Für die nicht in der Basislösung befindlichen Variablen gilt: $y_2 = y_3 = 0$.

In der letzten Zeile des Schemas erscheinen nunmehr keine negativen Werte mehr. Die Optimallösung ist erreicht. Die durch die Simplex-Methode gefundene Lösung stimmt mit der oben auf grafischem Wege gefundenen überein.

Für die allgemeine Darstellung der Simplex-Methode wird von einer Aufgabe der Form D 20.4.1 bzw. 20.4.2 ausgegangen, deren Beschränkungen durch Einführung von Hilfsvariablen in die Form G 20.4.3 bzw. 20.4.4 gebracht werden. Die Aufgabe lautet dann:

D 20.5.2

Maximierungsaufgabe der linearen Optimierung
Bestimmen Sie das Maximum der Funktion

$G = g_1x_1 + g_2x_2 + \ldots + g_nx_n$ bzw. $G = \mathbf{g}'\mathbf{x}$

unter den Beschränkungen

$$\begin{matrix} a_{11}x_1 + a_{12}x_2 + \ldots + a_{1n}x_n + y_1 = b_1 \\ a_{21}x_2 + a_{22}x_2 + \ldots + a_{2n}x_n + y_2 = b_2 \\ \ldots \qquad \ldots \\ a_{m1}x_1 + a_{m2}x_2 + \ldots + a_{mn}x_n + y_m = b_m \end{matrix} \quad \text{bzw. } \mathbf{Ax} + \mathbf{y} = \mathbf{b}$$

und den Nichtnegativitätsbedingungen

$x_1 \geq 0, \ldots, x_n \geq 0, y_1 \geq 0, \ldots, y_m \geq 0$ bzw. $\mathbf{x} \geq \mathbf{0}$ und $\mathbf{y} \geq \mathbf{0}$.

Die Lösung mittels des sogenannten **Simplex-Tableaus** enthält zu Beginn des Lösungsalgorithmus die Koeffizienten des Gleichungssystems aus D 20.5.2. Bei der Zielfunktion geht man dabei von der Form

$$-g_1x_1 - g_2x_2 - \ldots - g_nx_n + G = 0$$

aus. Das Simplex-Tableau lautet dann:

x_1	x_2		x_n	y_1	y_2		y_m	G	
a_{11}	a_{12}		a_{1n}	1	0		0	0	b_1
a_{21}	a_{22}		a_{2n}	0	1		0	0	b_2
a_{m1}	a_{m2}		a_{mn}	0			1	0	b_m
$-g_1$	$-g_2$		$-g_n$	0	0		0	1	0

D 20.5.3

Basislösung
Gegeben ist eine Aufgabe der Form 20.5.2 mit $m \leq n$. Eine **Basislösung** des Problems ist eine Lösung, in der höchstens m Variablen von Null verschiedene Werte annehmen. Die mindestens $n - m$ restlichen Variablen nehmen den Wert Null an. Die zur Basislösung gehörigen Variablen heißen **Basisvariablen**.

Aus dem Simplex-Tableau können die Basisvariablen unmittelbar abgelesen werden. Es handelt sich um die Variablen, deren Spalten Einheitsvektoren enthalten. Die Lösungswerte werden aus dem Simplex-Tableau abgelesen, indem man die Werte der Nicht-Basisvariablen Null setzt und für die Basisvariablen ein Gleichungssystem unter Weglassung der Nicht-Basisvariablen bildet. Für das obige Tableau ergibt sich:

$$y_1 = b_1, y_2 = b_2, \ldots, y_m = b_m$$

und

$$x_1 = x_2 = \ldots = x_n = 0$$

Mit dem Simplex-Algorithmus wird die Ausgangsbasislösung schrittweise bis zur Optimallösung verbessert. Der Algorithmus besteht aus der Prüfung einer Basislösung auf Optimalität und der Verbesserung der Lösung falls sie nicht optimal ist.

Im folgenden gibt der hochgestellte Index an den Koeffizienten die Nummer der Iteration an.

R 20.5.4 **Optimalitätskriterium der Simplexmethode**

Das nach der r-ten Iteration des Simplex-Algorithmus gefundene Tableau

x_1	x_2		x_n	y_1	y_2		y_m	G	
a^r_{11}	a^r_{12}		a^r_{1n}	$a^r_{1,n+1}$	$a^r_{1,n+1}$		$a^r_{1,n+m}$	0	b^r_1
a^r_{21}	a^r_{22}		a^r_{2n}	$a^r_{2,n+1}$	$a^r_{2,n+2}$		$a^r_{2,n+m}$	0	b^r_2
a^r_{m1}	a^r_{m2}		a^r_{mn}	$a^r_{m,n+1}$	$a^r_{m,n+2}$		$a^r_{m,n+m}$	0	b^r_m
g^r_1	g^r_2		g^r_n	g^r_{n+1}	g^r_{n+2}		g^r_{n+m}	1	G^r

enthält dann die **Optimallösung**, wenn die letzte Zeile keine negativen Koeffizienten enthält ($g^r_i \geq 0$; $i = 1, \ldots, n+m$). Zu den Basisvariablen der Lösung enthalten die Spalten des Simplex-Tableaus Einheitsvektoren. Die $b^r_j (j = 1, \ldots, m)$ geben die Lösungswerte der Basisvariablen an. G^r ist der Wert der Zielfunktion.
Enthält die letzte Zeile negative Koeffizienten, so kann die Lösung verbessert werden.

Die Verbesserung einer nicht optimalen Lösung geschieht allgemein wie folgt:

R 20.5.5 **Simplex-Algorithmus zur Verbesserung einer nicht optimalen Lösung** für $r = 0, 1, 2, \ldots$

(1) Auswahl der Spalte k, die in der letzten Zeile das kleinste Element enthält:

$$g_k^r = \min_i (g_i^r)$$

(2) Auswahl der Zeile q aus den ersten m Zeilen des Simplex-Tableaus, für die der Quotient aus den Koeffizienten der letzten Spalte und der ausgewählten Spalte am kleinsten wird:

$$\frac{b_q^r}{a_{qk}^r} = \min_j \left(\frac{b_j^r}{a_{jk}^r} \right)$$

Nicht bestimmbare Quotienten bleiben unberücksichtigt. Das Element a_{qk}^r heißt **Pivotelement**.

(3) Erzeugung eines Einheitsvektors q-ter Ordnung in der k-ten Spalte des Tableaus durch Anwendung von Zeilenoperationen. Das neue Tableau enthält die $(r+1)$-te verbesserte Basislösung.

Die folgende Ergänzung zu Beispiel 20.5.1 zeigt, welche weiteren Informationen das Simplex-Tableau liefern kann.

B 20.5.6 *Für die Optimallösung hatte sich* $G = 300$ *und* $x_1 = 60$, $x_2 = 60$, $y_1 = 20$, $y_2 = y_3 = 0$ *ergeben.* $y_1 = 20$ *bedeutet, daß Maschinentyp* A *nicht voll ausgelastet ist und noch* 20 *Stunden Kapazität verfügbar sind. Die Maschinentypen* B *und* C *sind dagegen voll ausgelastet* $(y_2 = y_3 = 0)$. *Eine Ausdehnung der Produktion ist also nur durch Kapazitätserhöhung bei* B *oder* C *möglich. Es soll die Kapazität von Maschine* B *von* 120 *um* 6 *Stunden auf* 126 *Stunden erhöht werden. Es gilt dann für* B :

$$x_1 + x_2 \leq 126$$

Für die Bestimmung des gewinnmaximalen Produktionsprogramms mit Hilfe der Simplex-Methode erhält man schrittweise folgende Tableaus (die Pfeile zeigen, welche Zeile bzw. Spalte jeweils ausgewählt wird).

Ausgangstableau

x_1	x_2	y_1	y_2	y_3	G		
2	1	1	0	0	0	200	
1	1	0	1	0	0	126	
1	3	0	0	1	0	240	←
−2	−3	0	0	0	1	0	
	↑						

x_1	x_2	y_1	y_2	y_3	G		
$\frac{5}{3}$	0	1	0	$-\frac{1}{3}$	0	120	
$\frac{2}{3}$	0	0	1	$-\frac{1}{3}$	0	46	←
$\frac{1}{3}$	1	0	0	$\frac{1}{3}$	0	80	
-1	0	0	0	1	1	240	
↑							

Endtableau

x_1	x_2	y_1	y_2	y_3	G	
0	0	1	−2,5	0,5	0	5
1	0	0	1,5	−0,5	0	69
0	1	0	−0,5	0,5	0	57
0	0	0	1,5	0,5	1	309

Durch Erhöhung der Kapazität von Maschinentyp B von 120 *auf* 126 *Stunden hat sich der Gesamtgewinn um DM* 9 *auf DM* 309 *erhöht. Das Produktionsprogramm hat sich in* $x_1 = 69$ *und* $x_2 = 57$ *geändert. Die ungenutzte Kapazität auf Maschinentyp A beträgt nur noch* 5 *statt* 20 *Stunden. Grafisch bedeutet die Erhöhung der Kapazität bei Maschinentyp B eine Parallelverschiebung der Geraden, die die Kapazitätsbeschränkung darstellt. Dies ist in* F 20.5.7a) *veranschaulicht.*

Es soll jetzt die Kapazität von Maschinentyp C erhöht werden, und zwar von 240 *auf* 246, *also ebenfalls um* 6 *Einheiten. Es gilt dann für C :*

$$x_1 + 3x_2 \leq 246$$

Die Bestimmung des Gewinnmaximalen Produktionsprogramms ergibt:

Ausgangstableau

x_1	x_2	y_1	y_2	y_3	G	
2	1	1	0	0	0	200
1	1	0	1	0	0	120
1	3	0	0	1	0	246
− 2	−3	0	0	0	1	0

Endtableau

x_1	x_2	y_1	y_2	y_3	G	
0	0	1	−2,5	0,5	0	23
1	0	0	1,5	−0,5	0	57
0	1	0	−0,5	0,5	0	63
0	0	0	1,5	0,5	1	303

Der größtmögliche Gewinn von $G = 303$ *wird bei Herstellung von* $x_1 = 57$ *Stück und* $x_2 = 63$ *Stück erzielt. Die ungenutzte Kapazität von Maschinentyp A beträgt jetzt 23 Einheiten. Grafisch gesehen bedeutet die Kapazitätserhöhung wieder eine Parallelverschiebung, und zwar der Geraden, die die Kapazitätsbedingung für C beschreibt. Diese Verschiebung ist in* F 20.5.7b) *dargestellt.*

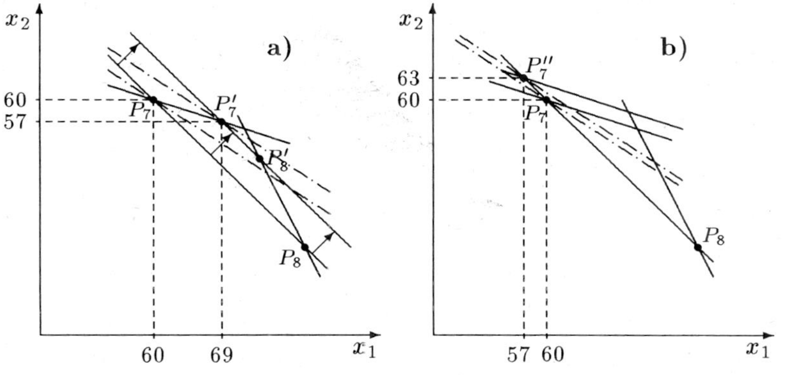

F 20.5.7

Aus den Ausführungen ergibt sich, daß bei einer Erhöhung der Kapazität von Maschinetyp B um 6 *Einheiten der Gewinn um DM* 9 *zunimmt, während bei einer Erhöhung der Kapazität von Maschinentyp C um* 6 *Einheiten der Gewinn nur um DM* 3 *zunimmt. Wenn man einmal von den Kosten für die Kapazitätserhöhung absieht, kann man also sagen, daß es günstiger ist, die Kapazität von B zu erhöhen, als die von C. Um diese Entscheidung zu treffen, hätte es aber nicht der aufwendigen Berechnungen bedurft, wie sie soeben durchgeführt wurden. Man hätte dazu das Endtableau auf Seite* 126, *aus dem die ursprüngliche Lösung abgelesen wurde, heranziehen können. In den Spalten zu* y_2 *und* y_3 *erscheinen in der letzten Zeile, die ursprünglich die Koeffizienten der Gewinnfunktion enthielt, positive Werte, und zwar unter* y_2 1,5 *und unter* y_3 0,5. *Diese Werte kann man bei einer Entscheidung über eine eventuelle Kapazitätserhöhung heranziehen. Der unter* y_2 *stehende Wert von* 1,5 *gibt nämlich an, daß sich der Gewinn um DM* 1,50 *erhöht, wenn man die Kapazität von Maschinentyp B um eine Einheit vergrößert. Entsprechend besagt der unter* y_3 *stehende Wert von* 0,5, *daß sich der Gewinn um DM* 0,50 *erhöht, wenn man die Kapazität von Maschinentyp C um eine Einheit vergrößert.*
Diese Werte stimmen mit den oben berechneten Ergebnissen überein. Im ersten Fall ist die Kapazität B um 6 *Einheiten erhöht worden. Da sich für jede Kapazitätseinheit der Gewinn um DM* 1,50 *vermehrt,*

beträgt die gesamte Gewinnerhöhung $6 \cdot 1{,}50 = 9$ *DM. Das stimmt mit dem oben berechneten Wert überein. Im zweiten Fall ist die Kapazität von* C *um* 6 *Einheiten erhöht worden. Für jede zusätzliche Kapazitätseinheit erhöht sich der Gewinn um DM* 0,50 *und somit insgesamt um* $6 \cdot 0{,}50 = 3$ *DM. Das stimmt ebenfalls mit den obigen Berechnungen überein.*

Man kann also eine Entscheidung über eine optimale Vergrößerung der Kapazität unter Zuhilfenahme der Werte in der letzten Zeile des Endtableaus unter y_2 *und* y_3 *treffen. Diese Werte, die man als* ***Schattenpreise*** *bezeichnet, geben an, wie sich der Gewinn erhöht, wenn man die Kapazität des Maschinentyps, zu dem die betreffende Hilfsvariable gehört, um eine Einheit vergrößert.*

Dabei ist allerdings zu beachten, daß die Kapazität nicht beliebig vergrößert werden kann, um den Gewinn zu erhöhen. Man kann den Gewinn durch eine Kapazitätserhöhung ***einer*** *Maschine nur so lange vergrößern, wie dadurch nicht Beschränkungen durch andere Maschinen ins Spiel kommen.*

Die Bedeutung der Schattenpreise und der übrigen Koeffizienten in den Spalten der Nichtbasisvariablen kann man auch wie folgt erläutern: Aus dem Endtableau des Simplex-Algorithmus ergibt sich folgendes Gleichungssystem:

$$\begin{aligned} y_1 - 2{,}5y_2 + 0{,}5y_3 &= 20 \\ x_1 + 1{,}5y_2 - 0{,}5y_3 &= 60 \\ x_2 - 0{,}5y_2 + 0{,}5y_3 &= 60 \\ 1{,}5y_2 + 0{,}5y_3 + G &= 300 \end{aligned}$$

Da in der Basislösung $y_2 = y_3 = 0$ *gilt, ergeben sich aus diesen Gleichungen die Lösungswerte der Basisvariablen.*
Eine Erhöhung der Kapazität von Maschinentyp B *um eine Einheit bedeutet:* $y_2 = -1$ *und bei Maschine* $C: y_3 = -1$*, da die vorhandene Kapazität überschritten wird. Die Erhöhung bei* B *um* 6 *Einheiten entspricht dann* $y_2 = -6$*. Mit* $y_3 = 0$ *ergibt sich dann:*

$$\begin{aligned} y_1 + 15 &= 20 \quad \text{bzw.} \quad y_1 = 5 \\ x_1 - 9 &= 60 \quad \text{bzw.} \quad x_1 = 69 \\ x_2 + 3 &= 60 \quad \text{bzw.} \quad x_2 = 57 \\ -9 + G &= 300 \quad \text{bzw.} \quad G = 309 \end{aligned}$$

Das stimmt mit der über den Simplex-Algorithmus gefundenen Lösung überein. Das gleiche gilt für eine Erhöhung der Kapazität bei C *und* $y_3 = -6$.

Bezogen auf das Beispiel können also die Koeffizienten in den Spalten der Nichtbasisvariablen wie folgt interpretiert werden:

Die Koeffizienten in der zu y_2 bzw. y_3 gehörigen Spalte geben an, um wieviel sich die Lösungswerte der Basisvariablen ändern, wenn die Kapazität von B bzw. C um eine Einheit erhöht wird.

Der Simplex-Algorithmus liefert also neben der Optimallösung eine Reihe zusätzlicher Informationen.

Aufgaben

Ü 20.5.1 *Gegeben sei das Problem aus Aufgabe* 20.3.3.

a) *Bestimmen Sie die gewinnmaximale Mengenkombination mit Hilfe der Simplex-Methode.*

b) *Bestimmen Sie das gewinnmaximale Produktionsprogramm für den Fall, daß die Stückgewinne $g_1 = 15$ DM und $g_2 = 10$ DM betragen.*

c) *Bestimmen Sie das gewinnmaximale Produktionsprogramm für den Fall, daß die Stückgewinne $g_1 = g_2 = 10$ DM betragen.*

Ü 20.5.2 *Lösen Sie die folgende Aufgabe mit der Simplex-Methode:*
Maximiere $G = 2x_1 + 4x_2 + 2x_3 + 3x_4 + 4x_5$
unter den Beschränkungen

$$\begin{aligned} 4x_1 + 2x_2 \qquad\qquad + 2x_4 + 2x_5 &\leq 200 \\ 2x_2 + 2x_3 + 2x_4 \qquad\quad &\leq 100 \\ 4x_1 + 4x_2 + 4x_3 + 2x_4 + 2x_5 &\leq 160 \end{aligned}$$

und den Nichtnegativitätsbedingungen $x_1 \geq 0; x_2 \geq 0; \ldots; x_5 \geq 0$.

Ü 20.5.3 *Ein Geschäftsmann betreibt ein Motel mit* 300 *Einzelzimmern, zu dem ein Restaurant gehört, in dem bis zu* 100 *Personen täglich verpflegt werden können. Ihm ist aufgrund von Beobachtungen, die in der Vergangenheit angestellt worden sind, bekannt, daß* 30 % *seiner männlichen und* 50 % *seiner weiblichen Gäste die Möglichkeit, ihre Mahlzeiten in dem moteleigenen Restaurant einzunehmen, wahrnehmen. Der Geschäftsmann verdient an jedem Gast, der übernachtet und sich voll verpflegen läßt, DM* 9 *pro Tag. Einfache Übernachtungen bringen ihm lediglich DM* 6 *Gewinn pro Tag ein.*

a) *Bestimmen Sie die Zielfunktion und die Nebenbedingungen für das vorliegende Planungsproblem.*

b) *Bestimmen Sie mit Hilfe der Simplex-Methode die Anzahl an männlichen und weiblichen Gästen, die benötigt werden, um einen maximalen Gewinn zu erzielen.*

c) *Ist auch eine Lösung ohne Anwendung der linearen Optimierung möglich?*

20.6 Mehrdeutigkeit und Degeneration

Bereits in dem einführenden Beispiel in Abschnitt 20.3 wurde auf verschiedene Sonderfälle bei der Behandlung einer Linearen-Optimierungs-Aufgabe hingewiesen. Hier soll zunächst die Mehrdeutigkeit der Lösung behandelt werden.

R 20.6.1 **Mehrdeutigkeit**
Enthält die Spalte einer Nicht-Basisvariablen im Simplex-Tableau in der letzten Zeile eine Null, so handelt es sich um eine **mehrdeutige Lösung**.

Für das Auftreten einer mehrdeutigen Lösung im Simplex-Tableau wird zunächst ein Beispiel betrachtet.

B 20.6.2 *Es wird von einer Modifikation des Beispiels in Abschnitt 20.3 bzw. 20.5 ausgegangen. Es werden jetzt für beide Produkte gleiche Stückgewinne unterstellt, und zwar $g_1 = g_2 = 2$. Die lineare Gewinnfunktion lautet dann $G = 2x_1 + 2x_2$.*

Das Ausgangstableau für die Simplex-Methode lautet:

x_1	x_2	y_1	y_2	y_3	G		
2	1	1	0	0	0	200	←
1	1	0	1	0	0	120	
1	3	0	0	1	0	240	←
-2	-2	0	0	0	1	0	
↑	↑						

Der kleinste Wert in der letzten Zeile ist -2. Dieser Wert tritt zweimal auf. (Man beachte, daß gleich große Werte in der letzten Zeile nichts mit Mehrdeutigkeit zu tun haben.) Grundsätzlich ist es in einem solchen Fall gleichgültig, welche Spalte man auswählt. Entscheidet man sich für die erste Spalte, so muß man im nächsten Schritt die erste Zeile auswählen. Hier ist die zweite Spalte ausgewählt worden. Das Pivotelement steht dann in der 3. Zeile. Man erhält mit dem Simplex-Algorithmus nacheinander folgende Tableaus:

x_1	x_2	y_1	y_2	y_3	G		
$\frac{5}{3}$	0	1	0	$-\frac{1}{3}$	0	120	
$\frac{2}{3}$	0	0	1	$-\frac{1}{3}$	0	40	←
$\frac{1}{3}$	1	0	0	$\frac{1}{3}$	0	80	
$-\frac{4}{3}$	0	0	0	$\frac{2}{3}$	1	160	
↑							

x_1	x_2	y_1	y_2	y_3	G	
0	0	1	−2,5	0,5	0	20
1	0	0	1,5	−0,5	0	60
0	1	0	−0,5	0,5	0	60
0	0	0	2	0	1	240

In der letzten Zeile stehen keine negativen Werte mehr. Das Lösungsverfahren ist damit beendet. Aus der Tatsache, daß in der zu y_2 gehörenden Spalte unten 2 steht, folgt $y_2 = 0$, d.h. die Maschine B ist voll ausgelastet. Zu y_3 hat man in der betreffenden Spalte keinen Einheitsvektor, d.h. y_3 ist Nicht-Basis-Variable. In der letzten Zeile steht aber unter y_3 eine Null. Diese Null besagt nach R 20.6.1, *daß es sich um eine mehrdeutige Lösung handelt. Vgl. dazu auch die grafische Darstellung in* F 20.3.12.

Es ist nun die Frage, wie man die übrigen Optimallösungen (bei einer mehrdeutigen Lösung muß es ja mehrere geben) bestimmen kann. Dazu bringt man alle Variablen, die in der letzten Zeile des Simplex-Tableaus eine Null haben, in ein Gleichungssystem. Durch Veränderungen dieser Variablen wird nämlich der Gewinn nicht beeinflußt. (Vgl. dazu die Ausführungen zur Interpretation des Simplex-Tableaus im vorhergehenden Abschnitt.)

R 20.6.3 **Bestimmung der Lösungsmenge bei Mehrdeutigkeit**

Gegeben sei eine Maximierungsaufgabe der Form D 20.5.2 mit mehrdeutiger Lösung. $x_1^*, \ldots, x_s^*$ und $y_1^*, \ldots, y_{m-s}^*$ $(0 \leq s \leq m)$ seien die m Basisvariablen und

$x_{s+1}^*, \ldots, x_{s+t}^*, y_{m-s+1}^*, \ldots, y_{m-s+T-t}^*$ $(1 \leq T \leq n-m)$

seien T Nicht-Basisvariablen mit 0 in der letzten Zeile. Man erhält sämtliche Lösungen der mehrdeutigen Maximierungsaufgabe als Lösung des aus dem optimalen Simplex-Tableau ablesbaren Gleichungssystems

$$\begin{array}{l}
x_1^* + a_{1,\alpha}^* x_\alpha^* + \ldots + a_{1,s+t}^* x_{s+t}^* + a_{1,\beta}^* y_\beta^* + \ldots + a_{1,\gamma}^* y_\gamma^* = b_1^* \\
\ldots \qquad \ldots \qquad \ldots \\
x_s^* + a_{s,\alpha}^* x_\alpha^* + \ldots + a_{s,s+t}^* x_{s+t}^* + a_{s,\beta}^* y_\beta^* + \ldots + a_{s,\gamma}^* y_\gamma^* = b_s^* \\
y_1^* + a_{\alpha,\alpha}^* x_\alpha^* + \ldots + a_{\alpha,s+t}^* x_{s+t}^* + a_{\alpha,\beta}^* y_\beta^* + \ldots + a_{\alpha,\gamma}^* y_\gamma^* = b_\alpha^* \\
\ldots \qquad \ldots \qquad \ldots \\
y_{m-s}^* + a_{m,\alpha}^* x_\alpha^* + \ldots + a_{m,s+t}^* x_{s+t}^* + a_{m,\beta}^* y_\beta^* + \ldots + a_{m,\gamma}^* y_\gamma^* = b_m^*
\end{array}$$

mit $\alpha = s+1$, $\beta = m-s+1$ und $\gamma = m-s+T-t$. Dabei sind die Nichtnegativitätsbedingungen zu beachten.

B 20.6.4 *Aus dem Simplex-Tableau der optimalen Lösung aus* B 20.6.2 *liest man folgende Gleichungen ab*:

$$y_1 + 0{,}5y_3 = 20$$
$$x_1 - 0{,}5y_3 = 60 \qquad x_1, x_2, y_1, y_3 \geq 0$$
$$x_2 + 0{,}5y_3 = 60$$

Es ergibt sich also ein lineares Gleichungssystem von 3 Gleichungen für 4 Variablen. Dieses Gleichungssystem ist nicht eindeutig lösbar. Man erhält die Lösungen durch Vorgabe eines zulässigen Wertes für y_3, *nämlich* $0 \leq y_3 \leq 40$. *Alle Lösungen ergeben* $G = 240$.
Beispiele: a) $x_1 = 60, x_2 = 60, y_1 = 20, y_3 = 0$
b) $x_1 = 80, x_2 = 40, y_1 = 0, \ y_3 = 40$

Alle Lösungspunkte liegen in F 20.3.12 *auf der Strecke* $\overline{P_7P_8}$. *Die zu* P_7 *bzw.* P_8 *gehörigen Lösungen* a) *bzw.* b) *führen zu Eckpunkten des Beschränkungsbereichs. Die Werte von* y_1 *bzw.* y_3 *geben die von den Maschinen* A *bzw.* C *jeweils nichtgenutzte Kapazität an.*

Ein anderes Problem bei der Behandlung von Aufgaben der linearen Programmierung ist die Degeneration. Darauf wurde bereits kurz in Abschnitt 20.3 eingegangen. Es gilt:

D 20.6.5 **Degeneration**
Ergibt sich bei der Durchführung des Simplex-Algorithmus für eine Basisvariable der Lösungswert 0, so liegt **Degeneration** vor.

Es wird wieder das Beispiel aus den Abschnitten 20.3 und 20.5 betrachtet.

B 20.6.6 *Die Kapazität der Maschine* B *möge jetzt* 128 *Stunden betragen. Das Ausgangstableau für die Simplex-Methode lautet dann*:

x_1	x_2	y_1	y_2	y_3	G	
2	1	1	0	0	0	200
1	1	0	1	0	0	128
1	3	0	0	1	0	240
− 2	−3	0	0	0	1	0

Die erste verbesserte Lösung lautet:

x_1	x_2	y_1	y_2	y_3	G	
$\frac{5}{3}$	0	1	0	$-\frac{1}{3}$	0	120
$\frac{2}{3}$	0	0	1	$-\frac{1}{3}$	0	48
$\frac{1}{3}$	1	0	0	$\frac{1}{3}$	0	80
-1	0	0	0	1	1	240

Nunmehr wird die erste Spalte ausgewählt. Für die Zeilenauswahl dividiert man wieder die Werte der letzten Spalte durch die der ausgewählten ersten Spalte. Es ergibt sich:

$$120 : \tfrac{5}{3} = 72; \quad 48 : \tfrac{2}{3} = 72; \quad 80 : \tfrac{1}{3} = 240$$

Es gibt zwei kleinste Werte, eine eindeutige Entscheidung ist nicht möglich. Man kann die Auswahl beliebig treffen. Hier wird die 1. Zeile ausgewählt.
(Es gibt Kriterien, die in einem solchen Fall für die Zeilenauswahl zusätzlich herangezogen werden können. Auf sie kann hier jedoch nicht eingegangen werden.)

x_1	x_2	y_1	y_2	y_3	G	
1	0	0,6	0	−0,2	0	72
0	0	−0,4	1	−0,2	0	0
0	1	−0,2	0	0,4	0	56
0	0	0,6	0	0,8	1	312

Als Lösung ergibt sich $x_1 = 72$, $x_2 = 56$ und $y_2 = 0$. Eine Basisvariable nimmt also den Wert 0 an. Das bedeutet, daß hier Degeneration oder Entartung vorliegt.

Betriebswirtschaftlich ist Degeneration oft wünschenswert. In dem vorangegangenen Beispiel bedeutet das z.B., daß alle drei Maschinen bei Realisierung der Optimallösung voll ausgelastet sind.

Die Behandlung der Degeneration vor Erreichung der Optimallösung bereitet erhebliche Schwierigkeiten. Auf Einzelheiten dazu kann im Rahmen dieser Einführung nicht eingegangen werden.

Aufgaben

Ü 20.6.1 *Eine Unternehmung produziert zwei Güter in den Mengen x_1 und x_2. Die Herstellung erfolgt so, daß jedes Stück auf den Maschinen A, B und C bearbeitet wird. Für die Bearbeitungszeiten je Stück ergeben sich folgende Werte:*

		1. *Gut*	2. *Gut*
Bearbeitungszeit	*A*	10 *Minuten*	20 *Minuten*
auf der	*B*	20 *Minuten*	16 *Minuten*
Maschine	*C*	22 *Minuten*	8 *Minuten*

Die wöchentliche Arbeitszeit beträgt 40 *Stunden oder* 2.400 *Minuten. Die Stückgewinne betragen* $g_1 = 5$ *DM/Stück und* $g_2 = 4$ *DM/Stück. Bestimmen Sie das gewinnmaximale Produktionsprogramm.*

Ü 20.6.2 *Eine Unternehmung produziert zwei Güter in den Mengen* x_1 *und* x_2. *Für die Produktion werden die Maschinen A, B und C eingesetzt, wobei die nebenstehenden Bearbeitungszeiten pro Stück anfallen. Die Maschinen sind* 60 *Stunden in der Woche verfügbar.*

	A	*B*	*C*
1. *Gut*	3 *h*	1 *h*	2 *h*
2. *Gut*	1 *h*	3 *h*	2 *h*

a) *Für die beiden Güter ergeben sich als Stückgewinne* 4 *DM/Stück bzw.* 6 *DM/Stück. Wie lautet der lineare Optimierungsansatz zur Bestimmung eines gewinnmaximalen Produktionsprogramms?*

b) *Bestimmen Sie das optimale Produktionsprogramm mit der Simplex-Methode.*

20.7 Die Minimierungsaufgabe der linearen Optimierung

In den vorausgegangenen Ausführungen wurde die Anwendung der Simplex-Methode zur Lösung von Linearen Optimierungsaufgaben mit einer zu maximierenden Zielfunktion und Nebenbedingungen in Form von „kleiner-gleich"-Bedingungen behandelt. Im folgenden soll gezeigt werden, wie das Minimum einer Zielfunktion unter Beachtung von „größer-gleich"-Bedingungen bestimmt werden kann. Dazu wird zunächst ein Beispiel betrachtet.

B 20.7.1 *Ein Geflügelfarmer verwendet zwei Sorten Futter. Jedes kg der ersten Sorte A enthält* 0,1 *kg Eiweiß,* 0,2 *kg Fett und* 0,1 *kg Kohlehydrate. In Sorte B sind* 0,2 *kg Eiweiß,* 0,1 *kg Fett und* 0,6 *kg Kohlehydrate enthalten. Der Rest jeder Sorte besteht aus unverdaulichen Stoffen. Der Farmer möchte nun aus Futter A und Futter B eine Mischung C herstellen, die insgesamt mindestens* 1 *kg Eiweiß,* 0,8 *kg Fett und* 1,8 *kg Kohlehydrate enthält. A kostet* 8 *DM pro kg und B* 12 *DM pro kg im Einkauf. Wieviel kg jeder Futtersorte soll der Geflügelfarmer für die Herstellung der Futtermischung C verwenden, damit die Futterkosten für die Mischung minimiert werden?*

In der folgenden Tabelle sind die Angaben übersichtlich zusammengestellt:

	Sorte A	*Sorte B*	*Sorte C*
Eiweiß	0,1 *kg*	0,2 *kg*	*mindestens* 1 *kg*
Fett	0,2 *kg*	0,1 *kg*	*mindestens* 0,8 *kg*
Kohlehydrate	0,1 *kg*	0,6 *kg*	*mindestens* 1,8 *kg*
Preis	8 *DM/kg*	12 *DM/kg*	

Die gesuchte Menge der Sorte A wird mit y_1 *und die Menge der Sorte B mit* y_2 *bezeichnet. Die Kosten für die Mischung betragen dann:*

$$K = 8y_1 + 12y_2$$

Diese lineare Kostenfunktion ist die Zielfunktion des Problems. Gesucht ist das Minimum dieser Zielfunktion unter Beachtung der Beschränkungen, die sich aus den Mindestmengen für die Nährstoffe ergeben. Da y_1 *die (noch zu bestimmende) Menge der Sorte A bezeichnet und in der Sorte A* 0,1 *kg Eiweiß je kg enthalten sind, enthält die Mischung* $0{,}1y_1$ *kg Eiweiß, die aus der Futtersorte A stammen. Aus Sorte B, die mit der Menge* y_2 *in die Mischung eingeht und die* 0,2 *kg Eiweiß je kg enthält, gelangen* $0{,}2y_2$ *kg Eiweiß in die Mischung. In der von dem Farmer herzustellenden Mischung C, in die demnach insgesamt* $0{,}1y_1 + 0{,}2y_2$ *kg Eiweiß gelangen, soll mindestens* 1 *kg Eiweiß enthalten sein. Daraus folgt:*

Eiweiß: $0{,}1y_1 + 0{,}2y_2 \geq 1$

In gleicher Weise kann man die Minimalforderungen für Fett und Kohlehydrate formulieren und erhält:

Fett: $0{,}2y_1 + 0{,}1y_2 \geq 0{,}8$

Kohlehydrate: $0{,}1y_1 + 0{,}6y_2 \geq 1{,}8$

Die Aufgabe, die zu lösen ist, lautet also:

Bestimmen Sie das Minimum der linearen Zielfunktion (Kostenfunktion)

$$K = 8y_1 + 12y_2$$

unter den linearen Nebenbedingungen

$$0{,}1y_1 + 0{,}2y_2 \geq 1$$

$$0{,}2y_1 + 0{,}1y_2 \geq 0{,}8$$

$$0{,}1y_1 + 0{,}6y_2 \geq 1{,}8$$

$$y_1 \geq 0; \quad y_2 \geq 0$$

Für die grafische Lösung des Problems ist zunächst der Bereich der zulässigen Lösungen zu bestimmen. Die Begrenzungslinien dieses Bereiches werden, ebenso wie oben bei der Maximierungsaufgabe, durch die Nebenbedingungen bestimmt. In das (y_1, y_2)*-Koordinatensystem sind also zunächst die Geraden*

$$0{,}1y_1 + 0{,}2y_2 = 1; \quad 0{,}2y_1 + 0{,}1y_2 = 0{,}8 \quad \text{und} \quad 0{,}1y_1 + 0{,}6y_2 = 1{,}8$$

einzuzeichnen, so wie dies in F 20.7.2 *geschehen ist.*

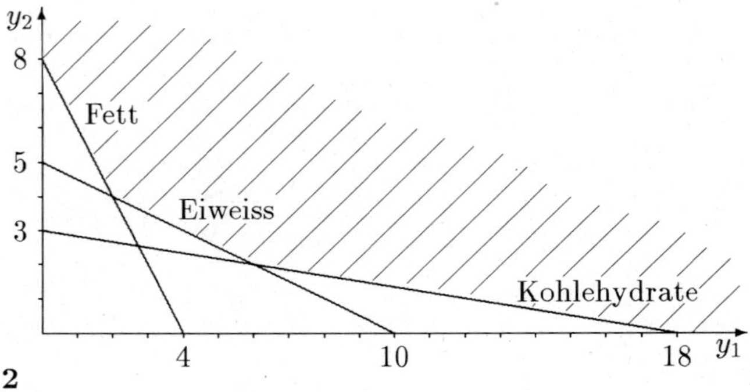

F 20.7.2

Der Bereich, in dem alle zulässigen Lösungen des Problens liegen, ist in F 20.7.2 *schraffiert. Aus diesen zulässigen Lösungen ist die optimale zu bestimmen, d.h. die Lösung, die zu minimalen Kosten führt.*
Im (y_1, y_2)*-Koordinatensystem ergibt sich für die Kostenfunktion eine Schar paralleler Geraden, deren allgemeine Form man durch Auflösen von* $K = 8y_1 + 12y_2$ *nach* y_2 *erhält:*

$$y_2 = -\frac{2}{3}y_1 + \frac{K}{12}$$

In F 20.7.3 *sind die Beschränkungsgeraden und einige Isokostengeraden, d.h. Geraden gleicher Kosten, eingezeichnet. Man sieht, daß die geringsten Kosten durch Verwendung von 2 kg der ersten Futtersorte und 4 kg der zweiten Futtersorte entstehen. Die Kosten betragen dann* $K = 64$ *DM.*

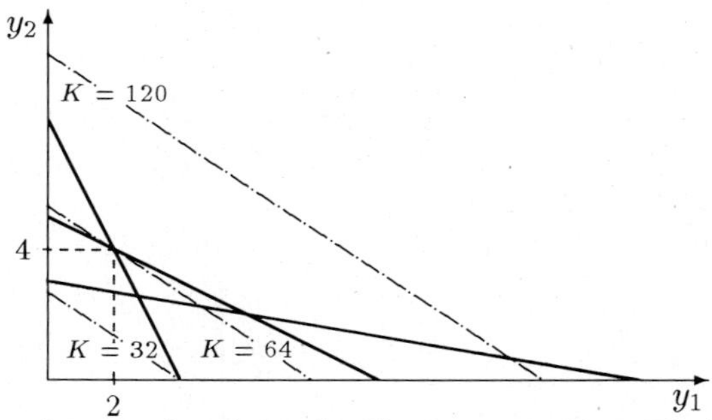

F 20.7.3

Nachdem gezeigt worden ist, wie die Lösung einer Minimierungsaufgabe mit „$\geq$"-Bedingungen im Rahmen der Linearen Optimierung für einfache Fälle grafisch gelöst werden kann, soll das Problem allgemein formuliert werden.

D 20.7.4

Allgemeines Minimierungsproblem der Linearen Optimierung

Für die lineare Zielfunktion

$$K = b_1 y_1 + b_2 y_2 + \ldots + b_m y_m = \sum_{j=1}^{m} b_j y_j$$

ist ein Minimum gesucht unter Berücksichtigung der Beschränkungen

$$\begin{array}{lll} a_{11}y_1 + a_{21}y_2 + \ldots + a_{m1}y_m \geq g_1 & \text{bzw.} & \sum_{j=1}^{m} a_{j1}y_j \geq g_1 \\ a_{12}y_1 + a_{22}y_2 + \ldots + a_{m2}y_m \geq g_2 & \text{bzw.} & \sum_{j=1}^{m} a_{j2}y_j \geq g_2 \\ \ldots \qquad \ldots & & \\ a_{1n}y_1 + a_{2n}y_2 + \ldots + a_{mn}y_m \geq g_n & \text{bzw.} & \sum_{j=1}^{m} a_{jn}y_j \geq g_n \end{array}$$

und den Nichtnegativitätsbedingungen

$y_j \geq 0 \ (j = 1, \ldots, m)$.

Unter Verwendung von Matrizen ergibt sich anstelle von D 20.7.4:

D 20.7.5

Minimierungsaufgabe der linearen Optimierung in Matrizenschreibweise

Gesucht ist das Minimum von $K = (b_1, b_2, \ldots, b_m) \begin{pmatrix} y_1 \\ y_2 \\ \vdots \\ y_m \end{pmatrix}$

bzw.

$\mathbf{K} = \mathbf{b}'\mathbf{y}$ unter der Beschränkung

$$\begin{pmatrix} a_{11} & a_{21} & \ldots & a_{m1} \\ a_{12} & a_{22} & \ldots & a_{m2} \\ \ldots & & \ldots & \\ a_{1n} & a_{2n} & \ldots & a_{mn} \end{pmatrix} \begin{pmatrix} y_1 \\ y_2 \\ \ldots \\ y_m \end{pmatrix} \geq \begin{pmatrix} g_1 \\ g_2 \\ \ldots \\ g_n \end{pmatrix} \quad \text{bzw.} \quad \mathbf{Ay} \geq \mathbf{g}$$

und der Nichtnegativitätsbedingung

$(y_1, \ldots, y_m) \geq \mathbf{0}$ bzw. $\mathbf{y} \geq \mathbf{0}$.

Auf die analytische Lösung dieser Aufgabe wird im nächsten Abschnitt eingegangen.

Aufgaben

Ü 20.7.1 *Die lineare Zielfunktion* $K = y_1 + 2y_2$ *ist unter den linearen Nebenbedingungen*

$$\begin{pmatrix} 1 & 3 \\ 1 & 1 \\ 5 & 2 \end{pmatrix} \begin{pmatrix} y_1 \\ y_2 \end{pmatrix} \geq \begin{pmatrix} 120 \\ 70 \\ 200 \end{pmatrix}, \quad (y_1, y_2) \geq (0, 0)$$

zu minimieren. Bestimmen Sie grafisch das Minimum.

Ü 20.7.2 *In einer Papierfabrik werden Rollen zu 150 cm Breite hergestellt. Daraus sollen für den Verkauf 20 Rollen zu 65 cm Breite, 30 Rollen zu 55 cm Breite und 50 Rollen zu 45 cm Breite geschnitten werden. Wie ist zu schneiden, damit möglichst wenig Verschnitt anfällt? (Hinweis: Zur Formulierung des Problems als Minimierungsaufgabe der Linearen Optimierung bestimmen Sie zunächst alle Schnittpläne für 1 Rolle, z.B. 2 Rollen zu 45 cm Breite und 1 Rolle zu 55 cm Breite, und versuche dann mit möglichst wenig produzierten Rollen auszukommen.)*

Ü 20.7.3 *Ein Whisky-Händler importiert 3 und 8 Jahre alten schottischen Whisky (Sorten A und B) und verschneidet ihn mit deutschem Whisky (Sorte C). Die Übersicht zeigt die verkauften Sorten mit den Verkaufspreisen und die Mindestanteile der schottischen Sorten.*

	A	*B*	*Verkaufspreis*
Blue Willy	50 %	10 %	5 *DM/ℓ*
Old Herbert	40 %	30 %	4 *DM/ℓ*
High Franz-Josef	–	60 %	7 *DM/ℓ*

Sorte	*A*	*B*	*C*
Menge *Preis*	2.000 *hℓ* 3 *DM/ℓ*	2.500 *hℓ* 5 *DM/ℓ*	1.500 *hℓ* 2 *DM/ℓ*

Nebenstehende Mengen sind zu den angegebenen Einheitspreisen verfügbar: Formulieren Sie einen linearen Optimierungsansatz zur Bestimmung der gewinnmaximalen Mengen der Sorten „Blue Willy“, „Old Herbert“, „High Franz-Josef“. (Hinweis: Die Mengen der Sorten A, B, C für die Sorten „Blue Willy“ (1), „Old Herbert“ (2), „High Franz-Josef“ (3) bezeichne man mit y_{11}, y_{12}, y_{13}, y_{21} *usw., der erste Index bezeichnet das Endprodukt, der zweite den eingekauften Whisky.)*

20.8 Lösung der Minimierungsaufgabe mit der Simplex-Methode

Zur Lösung des in D 20.7.4 bzw. D 20.7.5 formulierten Problems werden die Nebenbedingungen wie beim Maximierungsproblem durch Einführung von Schlupfvariablen in Gleichungen überführt. Die Schlupfvariablen haben hier ein negatives Vorzeichen. Die Aufgabe lautet dann:

D 20.8.1

Bestimmen Sie das Minimum der Funktion

$K = b_1y_1 + b_2y_2 + \ldots + b_my_m$

unter den Beschränkungen

$$\begin{aligned} a_{11}y_1 + a_{21}y_2 + \ldots + a_{m1}y_m - x_1 &= g_1 \\ a_{12}y_1 + a_{22}y_2 + \ldots + a_{m2}y_m - x_2 &= g_2 \\ \ldots \qquad \ldots & \\ a_{1n}y_n + a_{2n}y_2 + \ldots + a_{mn}y_m - x_n &= g_n \end{aligned}$$

und den Nichtnegativitätsbedingungen

$y_1 \geq 0, \ldots, y_m \geq 0; \quad x_1 \geq 0, \ldots, x_n \geq 0.$

Für die Anwendung der Simplex-Methode ist die Aufgabe in D 20.8.1 umzuwandeln, und zwar wird die Minimierungsaufgabe mit „$\geq$"-Beschränkungen in eine Maximierungsaufgabe mit „$\leq$"-Beschränkungen umgeformt. Diese Umformung geschieht aufgrund des folgenden Dualitätssatzes.

R 20.8.2

Dualitätssatz der Linearen Optimierung

Die **Minimierungsaufgabe**:

Minimiere $K = b_1y_1 + b_2y_2 + \ldots + b_my_m$

unter den Beschränkungen

$$\begin{aligned} a_{11}y_1 + a_{21}y_2 + \ldots + a_{m1}y_m - x_1 &= g_1 \\ a_{12}y_1 + a_{22}y_2 + \ldots + a_{m2}y_m - x_2 &= g_2 \\ \ldots \qquad \ldots & \\ a_{1n}y_n + a_{2n}y_2 + \ldots + a_{mn}y_m - x_n &= g_n \end{aligned}$$

und den Nichtnegativitätsbedingungen

$y_1 \geq 0, \ldots, y_m \geq 0; \quad x_1 \geq 0, \ldots, x_n \geq 0$

entspricht eindeutig der dualen Maximierungsaufgabe:

Maximiere $G = g_1x_1 + g_2x_2 + \ldots + g_nx_n$

unter den Beschränkungen

$$\begin{aligned} a_{11}x_1 + a_{12}x_2 + \ldots + a_{1n}x_n + y_1 &= b_1 \\ a_{21}x_1 + a_{22}x_2 + \ldots + a_{2n}x_n + y_2 &= b_2 \\ \ldots \qquad \ldots & \\ a_{m1}x_1 + a_{m2}x_2 + \ldots + a_{mn}x_n + y_m &= b_m \end{aligned}$$

und den Nichtnegativitätsbedingungen

$x_1 \geq 0, \ldots, x_n \geq 0; \; y_1 \geq 0, \ldots, y_m \geq 0.$

Zu jeder Minimierungsaufgabe gehört eindeutig eine duale Maximierungsaufgabe. Die Hilfsvariablen der Minimierungsaufgabe entsprechen den echten Variablen der dualen Maximierungsaufgabe und umgekehrt.

Zu einer Minimierungsaufgabe findet man die Lösung über die duale Maximierungsaufgabe.

Für die Lösung der dualen Aufgabe gilt folgendes:

R 20.8.3 Gegeben sei eine Minimierungsaufgabe und die zugehörige duale Maximierungsaufgabe mit deren optimaler Lösung. Die Basisvariablen der Maximierungsaufgabe sind die Nicht-Basisvariablen der dualen Minimierungsaufgabe und die Nicht-Basisvariablen der Maximierungsaufgabe sind die Basisvariablen der Minimierungsaufgabe.
Die Lösungswerte der Basisvariablen der Maximierungsaufgabe sind die Schattenpreise der Nicht-Basisvariablen der dualen Minimierungsaufgabe und die Schattenpreise der Nicht-Basisvariablen der Maximierungsaufgabe sind die Lösungswerte der Basisvariablen der Minimierungsaufgabe.

Zur Erläuterung wird das Beispiel aus Abschnitt 20.7 fortgeführt.

B 20.8.4 *Es ist ein Minimum der Zielfunktion* $K = 8y_1 + 12y_2$ *zu bestimmen unter Berücksichtigung der Beschränkungen:*

$$0{,}1y_1 + 0{,}2y_2 \geq 1$$
$$0{,}2y_1 + 0{,}1y_2 \geq 0{,}8$$
$$0{,}1y_1 + 0{,}6y_2 \geq 1{,}8$$
$$y_1 \geq 0, \quad y_2 \geq 0$$

Schreibt man dieses System **ohne** *Hilfsvariablen und Nichtnegativitätsbedingungen in Tabellenform, so erhält man:*

0,1	0,2	1
0,2	0,1	0,8
0,1	0,6	1,8
− 8	−12	0

Aus dieser Tabelle kann man dann das ursprüngliche System von Gleichungen bzw. Ungleichungen so ablesen, daß jeder **Zeile** *eine Ungleichung bzw. Gleichung entspricht. Die Zielfunktion steht in der letzten Zeile, das Gleichheits- bzw. Ungleichheitszeichen entspricht dem senkrechten Doppelstrich.*
Die zu der gegebenen Aufgabe duale Aufgabe liest man aus der Tabelle in vertikaler Richtung. Während also ursprünglich jede Zeile einer Gleichung bzw. Ungleichung entspricht, gehört nunmehr zu jeder Spalte eine Ungleichung bzw. Gleichung. Das Ungleichheitszeichen kehrt sich dabei um. Die Zielfunktion steht in der letzten Spalte. Das neue System von Gleichungen bzw. Ungleichungen lautet dann:

$$\left.\begin{array}{l} 0{,}1x_1 + 0{,}2x_2 + 0{,}1x_3 \le 8 \\ 0{,}2x_1 + 0{,}1x_2 + 0{,}6x_3 \le 12 \end{array}\right\} \text{ Nebenbedingungen}$$

$$x_1 + 0{,}8x_2 + 1{,}8x_3 = G \qquad \text{Zielfunktion}$$

Die zu der ursprünglichen Aufgabe ***duale Aufgabe*** *lautet dann: Maximiere die lineare Zielfunktion*

$$G = x_1 + 0{,}8x_2 + 1{,}8x_3$$

unter Berücksichtigung der linearen Nebenbedingungen

$$0{,}1x_1 + 0{,}2x_2 + 0{,}1x_3 \le 8$$
$$0{,}2x_1 + 0{,}1x_2 + 0{,}6x_3 \le 12$$
$$x_1 \ge 0; \ x_2 \ge 0; \ x_3 \ge 0$$

Die Lösung einer derartigen Maximierungsaufgabe unter Berücksichtigung von „≤"-Bedingungen ist bereits oben ausführlich diskutiert worden.

Das Ausgangstableau lautet:

x_1	x_2	x_3	y_1	y_2	G	
0,1	0,2	0,1	1	0	0	8
0,2	0,1	0,6	0	1	0	12
− 1	−0,8	−1,8	0	0	1	0

Nach der dritten Iteration erhält man als Endtableau:

x_1	x_2	x_3	y_1	y_2	G	
0	1	$-\frac{4}{3}$	$\frac{20}{3}$	$-\frac{10}{3}$	0	$\frac{40}{3}$
1	0	$\frac{11}{3}$	$-\frac{10}{3}$	$\frac{20}{3}$	0	$\frac{160}{3}$
0	0	0,8	2	4	1	64

Liest man die Lösung in der gewohnten Weise aus diesem Endschema (keine negativen Werte mehr in der letzten Zeile) ab, so ergibt sich:

$$x_1 = \tfrac{160}{3}, \quad x_2 = \tfrac{40}{3}; \quad G = 64$$

Die Lösung der ursprünglichen Minimierungsaufgabe kann aus dem Lösungsschema der dualen Maximierungsaufgabe in der folgenden Weise abgelesen werden:

In den zu y_1 und y_2 gehörigen Spalten stehen in der letzten Zeile die Lösungswerte der beiden Variablen des ursprünglichen Problems (vgl. B 20.7.1). *Es ist also $y_1 = 2$, $y_2 = 4$.*

Es werden also für eine kostenminimale Futtermischung von Futtermittel A 2 kg und von Futtermittel B 4 kg eingesetzt. Für die Hauptvariable x_3 der Maximierungsaufgabe ergibt sich aus dem Tableau als Schattenpreis 0,8. Für die Minimierungsaufgabe bedeutet das $x_3 = 0{,}8$,

d.h. die Mischung C enthält 0,8 kg Kohlehydrate mehr als verlangt war. Der Wert der Zielfunktion ist in der Maximierungsaufgabe der gleiche wie in der zu ihr dualen Minimierungsaufgabe. Das Kostenminimum ergibt also $K = 64$.
Die Lösungswerte für x_1 $\left(= \frac{16}{3}\right)$ *und* x_2 $\left(= \frac{40}{3}\right)$ *geben an, wie sich die Kosten verändern, wenn man die Mindestmengen an Eiweiß bzw. Fett um eine Mengeneinheit verändert. Dabei ist zu beachten, daß diese Kostenänderungswerte nur solange bei einer Erhöhung der Mindestmengen gelten, wie nicht eine andere Beschränkung wirksam wird.*

Aufgaben

Ü 20.8.1 *Ein Elektrizitätswerk kann wahlweise Schweröl, leichtes Heizöl oder Kohle zur Stromerzeugung einsetzen. Die Heizwerte in* 1000 *kJ pro Mengeneinheit betragen* 24, 28 *und* 16. *Insgesamt sollen pro Monat mindestens* 48 *Millionen kJ Wärmeeinheiten erzeugt werden. Zur Unterstützung der einheimischen Industrie müssen monatlich mindestens* 800 *t Kohle verfeuert werden. Wieviel Mengeneinheiten der Brennstoffe sollen verfeuert werden, wenn die Gesamtkosten möglichst gering sein sollen und je Mengeneinheit der Brennstoffe Kosten in Höhe von DM* 30, 40, 24 *entstehen?*

Ü 20.8.2 *Bestimmen Sie das Minimum von* $K = 3y_1 + 4y_2$ *unter den Beschränkungen* $2y_1 + 3y_2 \geq 18$ *und* $2y_1 + y_2 \geq 10$.

20.9 Ergänzende Bemerkungen

In den vorhergehenden Ausführungen dieses Kapitels konnten nur die Grundzüge der Linearen Optimierung behandelt werden, und zwar die **reinen** Aufgaben der Maximierung bzw. Minimierung einer Zielfunktion mit jeweils gleichartigen Nebenbedingungen ($\leq$ bzw. $\geq$). In Matrizenschreibweise lauten diese:

$$\underset{\mathbf{x}}{\text{Max}}\,\{\mathbf{G} = \mathbf{g}'\mathbf{x} \,|\, \mathbf{A}\mathbf{x} \geq \mathbf{b}; \mathbf{x} \leq 0\} \text{ bzw. } \underset{\mathbf{y}}{\text{Min}}\,\{\mathbf{K} = \mathbf{b}'\mathbf{y} \,|\, \mathbf{A}'\mathbf{y} \geq \mathbf{g}; \mathbf{y} \geq 0\}$$

In der praktischen Anwendung kommen häufig auch Aufgabenstellungen vor, bei denen Nebenbedingungen Gleichungsform haben oder bei denen sowohl „$\leq$“- als auch „$\geq$“-Bedingungen auftreten.
Neben der hier behandelten Simplexmethode gibt es zahlreiche weitere Lösungsverfahren. Dazu wird auf die weiterführende Literatur verwiesen. Für die praktische Bearbeitung von Problemen mit Ansätzen der Linearen Optimierung gibt es inzwischen ein vielfältiges Softwareangebot. Für zahlreiche Probleme wurden spezielle Lösungsverfahren entwickelt. Am bekanntesten ist das sogenannte Transportproblem, das im nächsten Kapitel behandelt wird.

21 Das Transportproblem

21.1 Einführung

Innerhalb der Linearen Optimierung spielt das sogenannte Transportproblem mit seinen speziellen Lösungsverfahren eine wichtige Rolle. Dazu wird zunächst folgendes Beispiel betrachtet:

B 21.1.1 *Eine Kaffeehandelsgesellschaft will 16 t Kaffee von denen sich 10 t in einem Lagerhaus L_1 und 6 t in einem Lagerhaus L_2 befinden, auf drei Filialen F_1, F_2, F_3 verteilen. In die einzelnen Filialen sind 5 t, 7 t bzw. 4 t zu liefern. Die Transportkosten pro Tonne von den verschiedenen Lagerhäusern in die Filialen sowie die benötigten bzw. verfügbaren Mengen sind in der folgenden Tabelle zusammengestellt.*

	Filiale			*im Lagerhaus verfügbare Menge*
	F_1	F_2	F_3	
Lagerhaus L_1	7 *DM/t*	5 *DM/t*	8 *DM/t*	10
Lagerhaus L_2	2 *DM/t*	3 *DM/t*	4 *DM/t*	6
von der Filiale benötigte Menge	5	7	4	16 *(gesamte zu transportierende Menge)*

Gesucht ist die Verteilung des Kaffees, bei der die gesamten Transportkosten minimal werden.
Für die nähere Beschreibung des Problems wird die Menge, die vom Lager L_i in die Filiale F_j transportiert wird, mit x_{ij} bezeichnet ($i = 1, 2$; $j = 1, 2, 3$). Die Transporte sind entsprechend den in den Filialen benötigten bzw. in den Lagerhäusern vorhandenen Mengen vorzunehmen. Daraus ergeben sich die Beschränkungen des Transportproblems. Die bei der Verteilung des Kaffees entstehenden gesamten Transportkosten K betragen:

$$K = 7x_{11} + 5x_{12} + 8x_{13} + 2x_{21} + 3x_{22} + 4x_{23}$$

Gesucht ist das Minimum dieser Funktion unter Berücksichtigung der folgenden linearen Beschränkungen:

$$x_{11} + x_{21} = 5, \quad x_{12} + x_{22} = 7, \quad x_{13} + x_{23} = 4,$$

$$x_{11} + x_{12} + x_{13} = 10, \quad x_{21} + x_{22} + x_{23} = 6,$$

und den Nichtnegativitätsbedingungen $x_{ij} \geq 0$, $(i = 1, 2; j = 1, 2, 3)$. *Das Lösungsverfahren ist so aufgebaut, daß man zunächst eine Basislösung bestimmt. Diese ist dadurch gekennzeichnet, daß möglichst wenig Transportwege in Anspruch genommen werden, d.h. möglichst wenige der* x_{ij} *von Null verschiedene Werte annehmen. Da jedem Transportweg ein Feld der obigen Tabelle entspricht und die von Null verschiedenen Werte der* x_{ij} *an Stelle der Transportkosten je Einheit in die Felder eingetragen werden können, sind bei einer Basislösung möglichst wenig Felder besetzt. Die beiden folgenden Tabellen enthalten Basislösungen:*

	F_1	F_2	F_3	
L_1	5	1	4	10
L_2		6		6
	5	7	4	

	F_1	F_2	F_3	
L_1		6	4	10
L_2	5	1		6
	5	7	4	

Die Ausgangsbasislösung prüft man daraufhin, ob sie die Optimallösung darstellt. Ist das nicht der Fall, dann verbessert man die Lösung schrittweise, wobei nach jedem Schritt wieder die Optimalität geprüft wird, so lange, bis die Optimalität gefunden ist.

Beim Transportproblem hat man es meistens mit Aufgaben der beschriebenen Art zu tun. Es gibt eine bestimmte Anzahl von Versendern, die ein Gut in gewissen Mengen vorrätig haben, und es gibt Empfänger, die bestimmte Mengen dieses Gutes benötigen. Der Transport von den Versendern zu den Empfängern ist so vorzunehmen, daß möglichst niedrige Transportkosten entstehen. Der Ansatz kann aber auch auf die Lösung anderer Probleme angewendet werden, wie weiter unten gezeigt wird.

Aufgaben

Ü 21.1.1 *In drei Tanklagern* T_1, T_2 *und* T_3 *lagern* 3.000 *t*, 2.400 *t bzw.* 4.200 *t Rohöl. Das Rohöl soll in den Raffinerien* R_1, R_2, R_3 *und* R_4 *weiterverarbeitet werden. Die Raffinerien haben Kapazitäten von* 2.000 *t*, 2.500 *t*, 1.500 *t bzw.* 3.600 *t. Für den Transport einer Tonne Rohöl vom Tanklager* T_i $(i = 1, 2, 3)$ *zur Raffinerie* R_j $(j = 1, 2, 3, 4)$ *entstehen Kosten von* k_{ij}. *Es ist* $k_{11} = 5$, $k_{12} = 6$, $k_{13} = 4$, $k_{14} = 2$, $k_{21} = 8$, $k_{22} = 5$, $k_{23} = 6$, $k_{24} = 3$, $k_{31} = 6$, $k_{32} = 5$, $k_{33} = 7$, $k_{34} = 2$.

a) *Wie lautet die zu dem Transportproblem gehörige Tabelle? (Schreiben Sie dazu die Mengenangaben und die Kostenwerte in eine Tabelle.)*
b) *Geben Sie zwei Basislösungen des Transportproblems an.*

21.2 Allgemeine Formulierung des Transportproblems

Die allgemeine Formulierung des im vorhergehenden Abschnitt an einem Beispiel dargestellten Transportproblems lautet folgendermaßen:

D 21.2.1

Transportproblem
An m **Versandorten** $A_1, A_2, \ldots, A_m$ sei ein Gut in den Mengen $a_1, a_2, \ldots, a_m$ verfügbar. Dieses Gut werde an den n **Bestimmungsorten** $B_1, B_2, \ldots, B_n$ in den Mengen b_1, $b_2, \ldots, b_n$ benötigt.
Die an den Versandorten insgesamt verfügbare Menge sei so groß wie die an den Bestimmungsorten insgesamt benötigte Menge, d.h. es gelte:

$$a_1 + a_2 + \ldots + a_m = b_1 + b_2 + \ldots + b_n$$

Die Kosten für den Transport einer Einheit vom Versandort A_i nach dem Empfangsort B_j betragen k_{ij}. Es sei x_{ij} die von A_i nach B_j transportierte Menge.
Ein transportkostenminimaler Versandplan ergibt sich als Lösung der folgenden Aufgabe:

Bestimmen Sie das Minimum von $K = \sum_{i=1}^{m} \sum_{j=1}^{n} k_{ij} x_{ij}$ unter den Beschränkungen (Versandbedingungen)

$$x_{i1} + x_{i2} + x_{i3} + \ldots + x_{in} = \sum_{j=1}^{n} x_{ij} = a_i \quad (i = 1, \ldots, m)$$

und den Beschränkungen (Empfangsbedingungen)

$$x_{1j} + x_{2j} + x_{3j} + \ldots + x_{mj} = \sum_{i=1}^{m} x_{ij} = b_j \quad (j = 1, \ldots, n)$$

und den Nichtnegativitätsbedingungen
$x_{ij} \geq 0$, $(i = 1, \ldots, m;\ j = 1, \ldots, n)$.

Die Angaben eines Transportproblems kann man übersichtlich in einer Tabelle zusammenfassen:

		Empfangsorte							verfügbare Mengen in den Versandorten
		B_1		B_2		...	B_n		
Versandorte	A_1	k_{11}		k_{12}			k_{1n}		a_1
		□	x_{11}	□	x_{12}		□	x_{1n}	
	A_2	k_{21}		k_{22}			k_{2n}		a_2
		□	x_{21}	□	x_{22}		□	x_{2n}	
	⋮								⋮
	A_m	k_{m1}		k_{m2}			k_{mn}		a_m
		□	x_{m1}	□	x_{m2}		□	x_{mn}	
benötigte Mengen in den Empfangsorten		b_1		b_2		...	b_n		

Eine so aufgebaute Tabelle wird auch für die Lösung des Transportproblems benutzt. Felder mit □ werden nicht benötigt.

Bevor auf die eigentliche Lösung des Transportproblems eingegangen wird, soll im nächsten Abschnitt zunächst die Bestimmung einer Ausgangsbasislösung behandelt werden. Diese Ausgangsbasislösung wird dann auf Optimalität geprüft und gegebenenfalls schrittweise verbessert.

Aufgaben

Ü 21.2.1 *Gegeben sei das in der folgenden Tabelle dargestellte Transportproblem, wobei in den Feldern der Tabelle die Transportkosten je Mengeneinheit stehen.*

		Empfänger				*verfügbare*
		E_1	E_2	E_3	E_4	*Mengen*
Versender	V_1	5	4	3	7	16
	V_2	3	5	2	6	22
	V_3	2	5	3	3	13
benötigte Mengen		25	8	6	12	

Geben Sie die Zielfunktion und die Beschränkungen des Problems an.

21.3 Bestimmung einer Ausgangsbasislösung

Der Begriff der Basislösung wurde bereits in B 21.1.1 benutzt.

D 21.3.1

Basislösung eines Transportproblems
Gegeben sei ein Transportproblem der Form D 21.2.1 mit m Versendern und n Empfängern. Bei einer Basislösung gilt für höchstens $m+n-1$ Variablen $x_{ij} > 0$.

Da ein Transportproblem offenbar immer mehrere Basislösungen hat, entsteht die Frage, wie man eine Ausgangslösung bestimmt. Eine sehr einfache Methode ist die sogenannte **Nord-West-Ecken-Regel**, die man üblicherweise unter Verwendung der im vorhergehenden Abschnitt angegebenen Tabelle ermittelt.

R 21.3.2

Nord-West-Ecken-Regel zur Bestimmung einer Ausgangsbasislösung
Gegeben sei ein Transportproblem der Form D 21.2.1. Eine Basislösung des Problems erhält man auf folgende Weise:

(1) x_{11} bekommt den höchstzulässigen Wert, d.h. $x_{11} = \min\,(a_1, b_1)$.

(2) Ist $x_{11} = a_1$, so bekommt als nächstes x_{21} den höchstzulässigen Wert: $x_{21} = \min\,(a_2; b_1 - x_{11})$.
Ist $x_{11} = b_1$, so setzt man im zweiten Schritt für x_{12} den höchstzulässigen Wert: $x_{12} = \min\,(a_1 - x_{11}; b_2)$.

In dieser Weise fährt man fort und führt nach Bestimmung der Menge x_{ij} die Besetzung des nächsten Feldes wie folgt aus:

(3a) Ist durch Festlegung des Wertes für x_{ij} eine Versandbedingung erfüllt (Vorrat des Versenders i ist erschöpft), so wird im nächsten Schritt für $x_{i+1,j}$ die höchstzulässige Menge eingesetzt:

$$x_{i+1,j} = \min\left(a_{i+1}, b_j - \sum_{k=1}^{i} x_{kj}\right)$$

(3b) Ist durch Bestimmung von x_{ij} eine Empfangsbedingung erfüllt (der Bedarf des Empfängers j ist dann befriedigt), so wird im folgenden Schritt für $x_{i,j+1}$ die höchstzulässige Menge eingesetzt:

$$x_{i,j+1} = \min\left(a_i - \sum_{k=1}^{j} x_{ik}; b_{j+1}\right)$$

Die Anwendung der Nord-West-Ecken-Regel sei an folgendem Beispiel erläutert.

B 21.3.3 *Gegeben sei folgendes Transportproblem (ohne Transportkosten).*

		Empfänger					
		E_1	E_2	E_3	E_4	E_5	
Versender	V_1						60
	V_2						30
	V_3						20
	V_4						50
		52	22	32	42	12	

Für eine Ausgangsbasislösung nach der Nord-West-Ecken-Regel setzt man im ersten Schritt $x_{11} = 52$. *E_1 ist damit befriedigt. Im zweiten Schritt bekommt x_{12} den Wert $x_{12} = 8$. Damit ist der Vorrat bei V_1 erschöpft. Die bei E_2 noch fehlende Menge kommt von V_2: $x_{22} = 14$. Der bei V_2 verbleibende Rest geht nach E_3 (16). Die restliche Menge von 16 bekommt E_3 von V_3. So verfährt man weiter und erhält schließlich die folgende Lösung:*

		Empfänger					
		E_1	E_2	E_3	E_4	E_5	
Versender	V_1	52	8				60
	V_2		14	16			30
	V_3			16	4		20
	V_4				38	12	50
		52	22	32	42	12	

Die Ermittlung einer Ausgangsbasislösung nach der Nord-West-Ecken-Regel läßt die Kosten unberücksichtigt. Es ist deshalb möglich, daß eine so bestimmte Ausgangsbasislösung sehr weit vom Optimum entfernt ist und es sehr vieler Iterationen bedarf, um die Optimallösung zu finden. Das folgende Verfahren zur Bestimmung einer Ausgangsbasislösung berücksichtigt die Kosten und führt meistens dazu, daß das Optimum schneller erreicht wird. Es ist unter dem Namen VOGELsche Approximationsmethode bekannt.

R 21.3.4

VOGELsche Approximationsmethode

Gegeben sei ein Transportproblem der Form D 21.2.1. Das folgende Verfahren liefert eine Ausgangsbasislösung mit niedrigen Kosten:

(1) Für alle Zeilen werden neue Kostenwerte wie folgt bestimmt: Von den Kostenwerten einer Zeile wird der kleinste Kostenwert der betreffenden Zeile subtrahiert. Für die neuen Kostenwerte k^*_{ij} gilt dann:

$$k^*_{ij} = k_{ij} - \min_j (k_{ij}) \quad (i = 1, \ldots, m)$$

(2) Für alle Spalten werden aus den k^*_{ij} neue Kostenwerte bestimmt: Von allen k^*_{ij} einer Spalte wird der kleinste Spaltenwert abgezogen:

$$k'_{ij} = k^*_{ij} - \min_i \left(k^*_{ij}\right) \quad (j = 1, \ldots, n)$$

(3) Für jede Zeile und jede Spalte der so erhaltenen Tabelle der k'_{ij}-Werte bestimmt man die Differenz zwischen den beiden kleinsten Werten.

(4) In der Zeile bzw. Spalte mit der größten Differenz besetzt man das Feld mit dem kleinsten k'_{ij}-Wert mit der größtmöglichen Menge.

(5) Die Spalte bzw. Zeile, deren Beschränkung durch Schritt (4) erfüllt wird, wird gestrichen und für die reduzierte Tabelle fährt man mit Schritt (3) fort, bis alle Zeilen bzw. Spalten bearbeitet sind.

Das Vorgehen wird an folgendem Beispiel erläutert.

B 21.3.5 *Für* B 21.3.3 *seien folgende Einheitstransportkosten gegeben*

	E_1	E_2	E_3	E_4	E_5
V_1	4	5	6	8	11
V_2	2	7	8	10	6
V_3	7	6	10	5	4
V_4	1	2	7	4	8

Schritt (1): Subtraktion des kleinsten Zeilenwertes von allen Werten der jeweiligen Zeile liefert Tabelle **T1**.
Schritt (2): Subtraktion des kleinsten Wertes jeder Spalte in T_1 *von allen Werten der betreffenden Spalte ergibt Tabelle* **T2**.

T1	E_1	E_2	E_3	E_4	E_5
V_1	0	1	2	4	7
V_2	0	5	6	8	4
V_3	3	2	6	1	0
V_4	0	1	6	3	7

T2	E_1	E_2	E_3	E_4	E_5
V_1	0	0	0	3	7
V_2	0	4	4	7	4
V_3	3	1	4	0	0
V_4	0	0	4	2	7

Ergänzung der Mengen und Bestimmung der Differenzen der beiden kleinsten Werte jeder Zeile und jeder Spalte ergibt Tabelle **T3**. *Es gibt mehrere größte Differenzen und somit kann man die 3. oder 5. Spalte oder die 2. Zeile auswählen. Hier wird die dritte Spalte gewählt und somit* $x_{13} = 32$ *gesetzt. Die dritte Spalte kann eliminiert werden.*

Für die reduzierte Tabelle erhält man unter Berücksichtigung der zugeteilten Mengen Tabelle **T4**.

T3	E_1	E_2	E_3	E_4	E_5		
V_1	0	0	0	3	7	60	0
V_2	0	4	4	7	4	30	4
V_3	3	1	4	0	0	20	0
V_4	0	0	4	2	7	50	0
	52	22	32	42	12		
	0	0	4	2	4		

T4	E_1	E_2	E_3	E_4	E_5		
V_1	0	0	**32**	3	7	28	0
V_2	0	4	·	7	4	30	4
V_3	3	1	·	0	0	20	0
V_4	0	0	·	2	7	50	0
	52	22	·	42	12		
	0	0	·	2	4		

Als nächstes wird die 2. Zeile ausgewählt und somit ist $x_{21} = 30$. *Die 2. Zeile wird gestrichen. Als reduzierte Tabelle erhält man Tabelle* **T5**. *Die größte Differenz hat man in der 5. Spalte, und es ist* $x_{35} = 12$. *Nach Streichung der 5. Spalte erhält man Tabelle* **T6**.

T5	E_1	E_2	E_3	E_4	E_5		
V_1	0	0	**32**	3	7	28	0
V_2	**30**	·	·	·	·	·	·
V_3	3	1	·	0	0	20	0
V_4	0	0	·	2	7	50	0
	22	22	·	42	12		
	0	0	·	2	7		

T6	E_1	E_2	E_3	E_4	E_5		
V_1	0	0	**32**	3	·	28	0
V_2	**30**	·	·	·	·	·	·
V_3	3	1	·	0	**12**	8	1
V_4	0	0	·	2	·	50	0
	22	22	·	42	·		
	0	0	·	2	·		

Im nächsten Schritt folgt $x_{34} = 8$ *und die 3. Zeile wird gestrichen. Man erhält Tabelle* **T7**.

Dann setzt man $x_{44} = 34$, *die 4. Spalte wird gestrichen, und es ergibt sich Tabelle* **T8**.

T7	E_1	E_2	E_3	E_4	E_5		
V_1	0	0	**32**	3	·	28	0
V_2	**30**	·	·	·	·	·	·
V_3	·	·	·	**8**	**12**	·	·
V_4	0	0	·	2	·	50	0
	22	22	·	34	·		
	0	0	·	1	·		

T8	E_1	E_2	E_3	E_4	E_5		
V_1	0	0	**32**	·	·	28	0
V_2	**30**	·	·	·	·	·	·
V_3	·	·	·	**8**	**12**	·	·
V_4	0	0	·	**34**	·	16	0
	22	22	·	·	·		
	0	0	·	·	·		

Alle Differenzen haben jetzt den Wert 0. Die Zuteilung der restlichen Mengen ist damit beliebig. Entscheidet man sich zunächst für $x_{11} = 22$, *so erhält man als Ausgangsbasislösung:*

	E_1	E_2	E_3	E_4	E_5	
V_1	**22**	**6**	**32**			60
V_2	**30**					30
V_3				**8**	**12**	20
V_4		**16**		**34**		50
	52	22	32	42	12	

Während die Nord-West-Ecken-Regel Kosten von $K = 902$ *ergibt, entstehen bei der Ausgangsbasislösung nach der* VOGEL*schen Approximationsmethode Kosten von* $K = 626$.

Die Nord-West-Ecken-Regel ist zwar wesentlich einfacher, jedoch wird der erhöhte Aufwand der VOGELschen Approximationsmethode im allgemeinen durch die Einsparung bei den weiteren Berechnungen zur Bestimmung einer optimalen Lösung aufgewogen. Auf weitere Verfahren zur Bestimmung einer Ausgangsbasislösung soll hier nicht eingegangen werden.

Aufgaben

Ü 21.3.1 *Gegeben sei das Transportproblem aus Aufgabe* 21.2.1. *Bestimmen Sie eine Basislösung* **a)** *nach der Nord-West-Ecken-Regel und* **b)** *nach der* VOGEL*schen Approximationsmethode.*

Ü 21.3.2 *Gegeben sei folgendes Transportproblem (die Zahlen in den inneren Feldern der Tabelle geben die Kosten für den Transport einer Einheit an):*

		Empfänger				*verfügbare Mengen*
		B_1	B_2	B_3	B_4	
Ver-sen-der	A_1	7	6	4	2	3.000
	A_2	9	5	6	8	2.400
	A_3	6	5	4	10	4.200
		2.000	2.500	1.500	3.600	

Bestimmen Sie eine Basislösung **a)** *nach der Nord-West-Ecken-Regel und* **b)** *nach der* VOGEL*schen Approximationsmethode. Geben Sie für beide Basislösungen die gesamten Transportkosten an.*

21.4 Die „Stepping-Stone"-Methode

Um zu prüfen, ob eine Basislösung eines Transportproblems zu einem Minimum der Transportkosten führt, kann man eine Optimalitätsprüfung vornehmen, die unter dem Namen „Stepping-Stone"-Methode bekannt ist. Man betrachtet dabei nur die unbesetzten Felder der Tabelle. Diese entsprechen nicht benutzten Transportbeziehungen. Für jedes unbesetzte Feld prüft man, um wieviel sich die Kosten pro Mengeneinheit verändern, wenn man den entsprechenden Transportweg benutzt und dafür einen anderen aus der Lösung herausnimmt. Die „Stepping-Stone"-Methode wird zunächst an einem Beispiel erläutert.

B 21.4.1 *Es wird auf das Problem aus* B 21.1.1 *zurückgegriffen. Die folgende Tabelle enthält dazu neben den gegebenen Daten (Mengen, Einheitstransportkosten) eine Basislösung nach der Nord-West-Ecken-Regel.*

<table>
<tr><td rowspan="2"></td><td colspan="6">Filiale</td><td rowspan="2">verfügbare Menge</td></tr>
<tr><td colspan="2">F_1</td><td colspan="2">F_2</td><td colspan="2">F_3</td></tr>
<tr><td rowspan="2">Lagerhaus L_1</td><td>7</td><td></td><td>5</td><td></td><td>8</td><td></td><td rowspan="2">10</td></tr>
<tr><td>▦</td><td>5</td><td>▦</td><td>5</td><td>▦</td><td></td></tr>
<tr><td rowspan="2">Lagerhaus L_2</td><td>2</td><td></td><td>3</td><td></td><td>4</td><td></td><td rowspan="2">6</td></tr>
<tr><td>▦</td><td></td><td>▦</td><td>2</td><td>▦</td><td>4</td></tr>
<tr><td>benötigte Menge</td><td colspan="2">5</td><td colspan="2">7</td><td colspan="2">4</td><td></td></tr>
</table>

Für die Prüfung dieser Lösung auf Optimalität ist festzustellen, ob durch Einbeziehung der bisher nicht genutzten Wege (L_2 nach F_1 und L_1 nach F_3) die Transportkosten gesenkt werden können. Zunächst wird das freie Feld links unten betrachtet.

Für den Transport einer Tonne Kaffee von L_2 nach F_1 entstehen Kosten von DM 2. Trägt man nun eine 1 in das entsprechende Feld der Tabelle ein, so erhält man eine Lösung, die nicht mehr zulässig ist, denn es werden jetzt insgesamt 6 t Kaffee nach F_1 transportiert und 7 t von L_2 abgeholt. Das widerspricht den gestellten Bedingungen.
In der Ausgangsbasislösung muß man deshalb, um eine zulässige Lösung zu behalten, Veränderungen der Lösung so vornehmen, daß die Versand- und Empfangsbedingungen erfüllt bleiben. Wird eine Tonne von L_2 nach F_1 transportiert, dann dürfen nur 4 t von L_1 nach F_1 transportiert werden, da in F_1 insgesamt nur 5 t benötigt werden. Dann hat man aber von den 10 t in L_1 4 t nach F_1 und 5 t nach F_2 gebracht. Es bleibt also 1 t in L_1 übrig.
Diese bringt man nach F_2 und entsprechend 1 t weniger von L_2 nach F_2. Diese Veränderungen in den transportierten Mengen zeigt die folgende Tabelle:

	F_1	F_2	F_3
L_1	$5-1=4$	$5+1=6$	
L_2	$+1$	$2-1=1$	4

Da sich x_{11} und x_{22} um eine Einheit verringern und x_{12} und x_{21} um eine Einheit erhöhen, verändern sich die Kosten auch entsprechend, und zwar wie folgt:

Transportbeziehung	L_1 nach F_1	L_1 nach F_2	L_2 nach F_1	L_2 nach F_2
Änderung der Menge	-1	$+1$	$+1$	-1
Änderung der Kosten	-7	$+5$	$+2$	-3

Die Kosten ändern sich also um $-7+5+2-3=-3$, d.h. die Benutzung des Transportweges von L_2 nach F_1 führt pro Mengeneinheit zu einer Kosteneinsparung von 3.
Das gleiche Verfahren führt man für das andere freie Feld durch, wobei man im allgemeinen schematisch vorgeht, und zwar folgendermaßen: Man geht von dem betrachteten Feld aus und sucht das nächste besetzte Feld in der zugehörigen Zeile der Matrix, welches sich in einer Spalte befindet, in der wieder ein besetztes Feld steht (hier L_1/F_2). Von dort sucht man in der Spalte das nächste besetzte Feld, zu dem man in einer Zeile wieder ein besetztes Feld findet. So fährt man fort, bis man sich

in der Spalte befindet, in der das Ausgangsfeld liegt und zu dem man dann zurückkehrt. Die Mengen müssen dabei abwechselnd erhöht und herabgesetzt werden, um die Erfüllung der Beschränkungen zu gewährleisten. Zur Ermittlung der Kostenänderung werden die Kosten ebenfalls abwechselnd mit „+“ und „–“ versehen. Für L_1/F_3 ergibt sich auf diese Weise eine Kostenerhöhung von +2.
Der Transportplan kann also nur durch Benutzung des Weges L_2/F_1 verbessert werden. Um festzustellen, um wieviel Tonnen man die in der vorstehenden Lösung angegebenen Transportmengen verändern kann, betrachtet man alle Mengen in den zur Bestimmung des jeweiligen Kostenänderungswertes berührten Feldern. Die kleinste Menge in einem Feld, dem ein negatives Vorzeichen zugeordnet wurde, gibt die durchzuführende Mengenänderung an. Hier haben L_1/F_1 (5) und L_2/F_2 (2) ein negatives Vorzeichen, und 2 ist der kleinste Wert. In den berührten Feldern werden die transportierten Mengen also um zwei Tonnen verändert, d.h. vermehrt oder vermindert. (Würde man mehr als 2 Tonnen verschieben, so würde sich von L_2 nach F_2 eine negative Menge ergeben.)
Man erhält als neue verbesserte Lösung folgendes Ergebnis, wobei angegeben ist, wie man die Werte aus denen der vorhergehenden Lösung erhalten hat:

	F_1	F_2	F_3	
L_1	$5-2=3$	$5+2=7$		10
L_2	+2	$2-2=0$	4	6
	5	7	4	

Die gesamten Transportkosten betragen nunmehr:

$$K = 7 \cdot 3 + 57 + 22 + 4 \cdot 4 = 21 + 35 + 4 + 16 = 76 \ DM$$

Gegenüber den DM 82 der ersten Lösung bedeutet das eine Verbesserung um DM 6.

Es ist nun aber noch nicht sicher, ob die so erhaltene Lösung optimal ist. Um das festzustellen, führt man in gleicher Weise wie vorher eine Optimalitätsprüfung durch, indem man für die nicht benutzten Transportwege (unbesetzte Felder) die Kostenänderungswerte ermittelt. Die in dem vorhergehenden Schritt ermittelten Kostenänderungswerte können nicht wieder verwendet werden.
Für das rechts oben stehende freie Feld sucht man also zunächst in der oberen Zeile der Tabelle ein besetztes Feld unter dem sich wieder ein besetztes Feld befindet. Da sich unter der 7 nur ein freies Feld befindet, kann dieses Feld nicht verwendet werden. Man geht also zu dem Feld links oben, dann zu dem darunter befindlichen, von dort zu dem Feld rechts unten und dann zum Ausgangsfeld. Entsprechend verfährt man

für das andere freie Feld. Es ergibt sich dann folgende Tabelle, deren Felder alle wichtigen Informationen enthalten.

Einheitstrans-portkosten	Kostenände-rungswert
	Menge

	F_1		F_2		F_3		
L_1	7		5		8	*−1*	10
		3		7			
L_2	2		3	+3	4		6
		2				4	
	5		7		4		

Aus der Tatsache, daß unter den Kostenänderungswerten ein negativer Wert ist, folgt, daß die Optimallösung noch nicht gefunden ist. Auf dem für die Bestimmung des negativen Kostenänderungswertes eingeschlagenen Weg nimmt man nun wieder die maximal zulässige Verschiebung der Mengen vor und erhält im nächsten Schritt folgende Lösung:

	F_1	F_2	F_3	
L_1	$3-3=0$	7	$+3$	10
L_2	$2+3=5$		$4-3=1$	6
	5	7	4	

Als Gesamtkosten für die neue Lösung erhält man:

$$K = 5 \cdot 7 + 8 \cdot 3 + 2 \cdot 5 + 4 \cdot 1 = 35 + 24 + 10 + 4 = 73 \text{ DM}$$

Die neue Lösung ist nach demselben Verfahren wie oben wiederum auf Optimalität zu prüfen. Man erhält die folgende Tabelle:

	F_1		F_2		F_3		
L_1	7	+1	5		8		10
				7		3	
L_2	2		3	+2	4		6
		5				1	
	5		7		4		

Beide Kostenänderungswerte sind positiv. Eine weitere Verbesserung ist nicht möglich. Diese Basislösung ist also die Optimallösung.

Um die „Stepping-Stone"-Methode allgemein darzustellen, müssen zunächst einige Begriffe und Regeln eingeführt werden:

D 21.4.2 Gegeben sei ein Transportproblem der Form D 21.2.1 in Tabellenform. Eine Folge von k_{ij} bzw. x_{ij}, bei denen zwei aufeinanderfolgende Glieder in derselben Spalte oder derselben Zeile der Tabelle stehen und bei der das erste mit dem letzten Glied übereinstimmt, heißt **Kreis**.

Unter ausschließlicher Benutzung der besetzten Felder einer Basislösung kann man, sofern $x_{ij} > 0$ für genau $n + m - 1$ Felder gilt, einen Kreis erhalten, wenn man die aufeinanderfolgenden Glieder abwechselnd in der jeweiligen Spalte bzw. Zeile bestimmt. In jedem besetzten Feld, welches man erreicht, ändert man dabei die Richtung.

In einem Kreis heißt das Ausgangsfeld und jedes zweite von da ab gezählte Feld **positiv**. Die übrigen Felder des Kreises heißen **negativ**.

R 21.4.3 **„Stepping-Stone"-Methode zur Prüfung einer Basislösung eines Transportproblems auf Optimalität und zur Verbesserung einer nichtoptimalen Lösung**

(1) Für jedes unbesetzte Feld (Nicht-Basisvariable) bestimme man einen **Kreis**.

(2) Für jedes unbesetzte Feld bestimme man einen **Kostenänderungswert** Δk_{ij} wie folgt: Die Kosten der positiven Felder des zu dem Feld gehörenden Kreises werden addiert und davon die Kosten der negativen Felder des Kreises subtrahiert.

(3) Sind alle Kostenänderungswerte nicht negativ, so hat man eine Optimallösung erreicht. Andernfalls ist die Lösung nach (4) zu verbessern.

(4) Eine nichtoptimale Lösung wird verbessert, indem man das Feld mit dem kleinsten Kostenänderungswert in die Lösung einbezieht. Der Wert der neuen Basisvariablen ist der kleinste Wert einer Basisvariablen eines negativen Feldes des zugehörigen Kreises. Um diesen Wert werden die Werte der positiven Felder in dem zu der neuen Basisvariablen gehörigen Kreis erhöht und die Werte der negativen Felder reduziert. Die neue Lösung wird auf Optimalität geprüft, indem man wieder mit (1) beginnt.

B 21.4.4 *Für das Problem aus* B 21.3.5 *ergibt sich folgende Tabelle:*

	E_1		E_2		E_3		E_4		E_5		
V_1	4		5		6		8	*+1*	11	*+5*	60
	▦	22	▦	6	▦	32	▦		▦		
V_2	2		7	*+4*	8	*+4*	10	*+5*	6	*+2*	30
	▦	30	▦		▦		▦		▦		
V_3	7	*+5*	6	*+3*	10	*+6*	5		4		20
	▦		▦		▦		▦	8	▦	12	
V_4	1	*0*	2		7	*+4*	4		8	*+5*	50
	▦		▦	16	▦		▦	34	▦		
	52		22		32		42		12		

Da keine negativen Kostenänderungswerte auftreten, kann die Lösung nicht weiter verbessert werden. Die VOGEL*sche Approximationsmethode hat also auf Anhieb eine optimale Lösung des Problems geliefert. Der Kostenänderungswert „0“ im Feld V_4/E_1 zeigt an, daß die Lösung mehrdeutig ist. Darauf wird später eingegangen.*

Bei der Anwendung der „Stepping-Stone“-Methode ist darauf zu achten, daß die Kreise sich auch „überschneiden“ können, wenn man die zugehörigen Felder in der Tabelle miteinander verbindet.

Aufgaben

Ü 21.4.1 *Gegeben sei folgendes Transportproblem mit der angegebenen Basislösung:*

	E_1		E_2		E_3		
V_1	6		3		2		15
	▦	12	▦	3	▦		
V_2	4		4		5		10
	▦		▦	5	▦	5	
	12		8		5		

Überprüfen Sie die Optimalität dieses Plans mit der „Stepping-Stone“-Methode und verbessern Sie ihn gegebenenfalls bis zur Optimallösung.

Ü 21.4.2 *Gegeben sei das folgende Transportproblem mit der angegebenen Basislösung:*

	B_1		B_2		B_3		B_4		
A_1	7		6		4		2		3.000
	□	2.000	□	1.000	□		□		
A_2	9		5		6		8		2.400
	□		□	1.500	□	900	□		
A_3	6		5		4		10		4.200
	□		□		□	600	□	3.600	
	2.000		2.500		1.500		3.600		

Überprüfen Sie die Optimalität dieses Plans mit der „Stepping-Stone"-Methode und verbessern Sie ihn so lange, bis die Optimallösung gefunden ist.

Ü 21.4.3 *An vier verschiedenen Baustellen werden Lastkraftwagen des gleichen Typs in den folgenden Anzahlen benötigt:*
Baustelle 1: 6 *LKW*; *Baustelle* 2: 3 *LKW*; *Baustelle* 3: 4 *LKW*; *Baustelle* 4: 5 *LKW*.
Diese Fahrzeuge sind in drei verschiedenen Garagen stationiert, und zwar: in Garage 1: 4 *LKW*; *in Garage* 2: 6 *LKW*; *in Garage* 3: 8 *LKW*.
Die Entfernungen (in Kilometern) von den Garagen zu den Baustellen sind in der folgenden Tabelle zusammengestellt:

Baustelle / *Garage*	1	2	3	4
1	11	13	15	20
2	14	17	12	13
3	18	18	13	12

a) *Formulieren Sie Zielfunktion und Nebenbedingungen des vorliegenden Planungsproblems, wenn die insgesamt zu erbringende Kilometerleistung so niedrig wie möglich gehalten werden soll.*

b) *Bestimmen Sie nach der Nord-West-Ecken-Regel eine Ausgangsbasislösung für die Berechnung des optimalen Transportplanes, und geben Sie die Gesamtkilometerleistung der Lösung an.*

c) *Bestimmen Sie einen Fahrplan für die Kraftwagen von den Garagen zu den Baustellen, so daß die insgesamt zurückzulegenden Entfernungen minimal werden. Wie hoch ist die Gesamtkilometerleistung im Minimum?*

21.5 Die Methode der Potentiale

Die „Stepping-Stone"-Methode ist zwar anschaulich, aber meistens mit erheblichem Aufwand verbunden. Dagegen erfordert die Methode der Potentiale zur Bestimmung der Kostenänderungswerte weniger Aufwand, ist aber auch weniger anschaulich. Der Methode der Potentiale liegen die beiden folgenden Regeln zugrunde.

R 21.5.1 Zu jeder Zeile und jeder Spalte der Kostentabelle eines Transportproblems kann ein **Potential** u_i bzw. v_j berechnet werden derart, daß für alle besetzten Felder (Variablen der Basislösung) gilt $k_{ij} = u_i + v_j$.

Mit Hilfe dieser Potentiale kann man dann für alle unbesetzten Felder (nicht in Anspruch genommene Transportwege) die Kostenänderungswerte berechnen, die angeben, wie sich die gesamten Transportkosten ändern, wenn man über die betreffende Transportbeziehung eine Einheit transportiert und den Transportplan entsprechend ändert.

R 21.5.2 Für alle Felder von Nicht-Basisvariablen (unbesetzte Felder) kann man die Kostenänderungswerte Δk_{ij} mit Hilfe der Potentiale wie folgt berechnen:

$$\Delta k_{ij} = k_{ij} - u_i - v_j$$

Potentiale und Kostenänderungswerte werden wie folgt berechnet:

R 21.5.3 **Potential-Methode zur Überprüfung der Optimalität der Basislösung eines Transportproblems**

(1) Die erste Zeile erhält das Potential $u_1 = 0$.
(2) Für alle Spalten, deren Felder in der ersten Zeile besetzt sind, können die Potentiale nach R 21.5.1 als $v_j = k_{1j} - u_1$ berechnet werden.
(3) Für alle Zeilen, außer der ersten, die besetzte Felder in den Spalten haben, deren Potentiale man kennt, können die Potentiale mit R 21.5.1 als $u_i = k_{ij} - v_j$ berechnet werden.
(4) Unter Berücksichtigung der bereits berechneten Potentiale werden dann in entsprechender Weise alle weiteren Potentiale bestimmt.
(5) Für alle Felder von Nicht-Basisvariablen (nicht besetzte Felder) bestimmt man $\Delta k_{ij} = k_{ij} - u_i - v_j$.
(6) Falls $\Delta k_{ij} < 0$ für wenigstens 1 Feld gilt, ist die Lösung nicht optimal.

Statt mit der ersten Zeile kann man auch mit jeder anderen Zeile oder Spalte beginnen. Das erste Potential kann auch einen von Null verschiedenen Wert annehmen.

B 21.5.4 a) *Es wird das Problem aus* B 21.3.5 *mit einer Ausgangsbasislösung nach der Nord-West-Ecken-Regel betrachtet. Man erhält:*

	E_1 $v_1 = 4$		E_2 $v_2 = 5$		E_3 $v_3 = 6$		E_4 $v_4 = 1$		E_5 $v_5 = 5$		
V_1 $u_1 = 0$	4		5		6	*0*	8	+7	11	*+6*	60
		52		8							
V_2 $u_2 = 2$	2	*−4*	7		8		10	+7	6	*−1*	30
				14		16					
V_3 $u_3 = 4$	7	*−1*	6	*−3*	10		5		4	*−5*	20
						16		4			
V_4 $u_4 = 3$	1	*−6*	2	*−6*	7	*−2*	4		8		50
								38		12	
	52		22		32		42		12		

Das Potential für V_1 wird mit $u_1 = 0$ vorgegeben. Damit kann man $v_1 = 4$ und $v_2 = 5$ berechnen. Mit $v_2 = 5$ ergibt sich $u_2 = 2$ und damit $v_3 = 6$. Über $v_3 = 6$ erhält man $u_3 = 4$, darüber $v_4 = 1$, $u_4 = 3$ und $v_5 = 5$. Anschließend können die Kostenänderungswerte leicht berechnet werden. Die punktierte Linie markiert den zum Feld V_4/E_1 gehörigen Kreis. Dieses Feld und V_4/E_2 haben die kleinsten Kostenänderungswerte.

b) *Geht man von der in* B 21.3.5 *bestimmten Basislösung nach der* VOGEL*schen Approximationsmethode aus, so ergibt sich folgendes:*

	E_1 4		E_2 5		E_3 6		E_4 7		E_5 6		
V_1 0	4		5		6		8	*+1*	11	*+5*	60
		22		6		32					
V_2 −2	2		7	*+4*	8	*+4*	10	*+5*	6	*+2*	30
		30									
V_3 −2	7	*+5*	6	*+3*	10	*+6*	5		4		20
								8		12	
V_4 −3	1	*0*	2		7	*+4*	4		8	*+5*	50
				16				34			
	52		22		32		42		12		

Man beginnt mit $u_1 = 0$ *und erhält damit* $v_1 = 4$, $v_2 = 5$, $v_3 = 6$. *Über* $v_1 = 4$ *und* $v_2 = 5$ *ergibt sich* $u_2 = -2$ *und* $u_4 = -3$. *Über* $u_4 = -3$ *erhält man dann* $v_4 = 7$, $u_3 = -2$ *und* $v_5 = 6$. *Die Kostenänderungswerte stimmen mit denen nach der „Stepping-Stone"-Methode berechneten überein (vgl.* B 21.4.4). *Die Lösung ist optimal, da keine negativen Kostenänderungswerte auftreten.*

Aufgaben

Ü 21.5.1 *Gegeben sei das folgende Transportproblem mit der eingetragenen Basislösung:*

	E_1		E_2		E_3		E_4		
V_1	7		6		4		2	3.000	3.000
V_2	9		5	1.800	6		8	600	2.400
V_3	6	2.000	5	700	4	1.500	10		4.200
	2.000		2.500		1.500		3.600		

Das Potential für V_3 *sei* $u_3 = 0$. *Bestimmen Sie die übrigen Potentiale und die Kostenänderungswerte für die unbesetzten Felder.*

Ü 21.5.2 *Der Fuhrpark einer Bauunternehmung hat die Versorgung von fünf Baustellen mit Zement sicherzustellen. Als Lieferanten des Transportgutes stehen vier Zementwerke an verschiedenen Standorten zur Wahl. Der Bedarf wird von den fünf Baustellenleitern beziffert auf:*

Baustelle	I	II	III	IV	V
Bedarf	30	60	50	40	20

Weiter liegen Zahlen über die Lieferkapazitäten der Zementwerke vor:

Zementwerk	1	2	3	4
Bestand	40	70	60	30

Es ist bekannt, welche Kosten beim Transport der Zementladungen von den Zementwerken zu den verschiedenen Baustellen anfallen. Sie sind in der nebenstehenden Tabelle zusammengefaßt:

		nach Baustelle I	II	III	IV	V
von Zementwerk	1	6	2	8	7	5
	2	4	3	7	5	9
	3	2	1	3	6	4
	4	5	6	4	8	3

a) *Formulieren Sie Zielfunktion und Nebenbedingungen für die Bestimmung eines kostenminimalen Transportplans.*
b) *Ermittln Sie eine Ausgangsbasislösung für das vorgegebene Transportproblem nach der Nord-West-Ecken-Regel.*
c) *Bestimmen Sie unter Zuhilfenahme der Potentialmethode den optimalen Transportplan für das vorliegende Problem.*
d) *Wenden Sie die* VOGEL*sche Approximationsmethode zur Bestimmung einer Ausgangsbasislösung an und interpretieren Sie das Ergebnis.*

21.6 Mehrdeutigkeit und Degeneration

Im Beispiel 21.4.4 ergab sich für das Feld V_4/E_1 ein Kostenänderungswert von Null. Das bedeutet, daß man die zu diesem Feld gehörige Nicht-Basisvariable in die Lösung einbeziehen kann, ohne daß sich der Wert der Zielfunktion ändert.

R 21.6.1

> **Mehrdeutigkeit**
> Ein Kostenänderungswert von Null in einer optimalen Basislösung kennzeichnet eine **mehrdeutige Lösung**. Die Einbeziehung der Nicht-Basisvariablen mit dem Kostenänderungswert Null in die Lösung liefert ebenfalls optimale Lösungen.

B 21.6.2 *Geht man von* B 21.4.4 *aus und nutzt den Transportweg V_4/E_1 mit der maximal möglichen Menge, so erhält man die folgende Lösung und die angegebenen Kostenänderungswerte.*

	E_1		E_2		E_3		E_4		E_5		
V_1	4		5		6		8	*+1*	11	*+5*	60
		6		22		32					
V_2	2		7	*+4*	8	*+4*	10	*+5*	6	*+2*	30
		30									
V_3	7	*+5*	6	*+3*	10	*+6*	5		4		20
								8		12	
V_4	1		2	*0*	7	*+4*	4		8	*+5*	50
		16						34			
	52		22		32		42		12		

Weitere optimale Lösungen erhält man, wenn man auf dem zu V_4/E_1 gehörigen Kreis nicht die maximal möglichen Mengen „verschiebt", sondern nur einen Teil.

In den bisherigen Beispielen handelte es sich immer um Probleme, bei denen in einer Basislösung für genau $n + m - 1$ Felder galt $x_{ij} > 0$. Es kann aber vorkommen, daß für eine Basisvariable $x_{ij} = 0$ gilt (vgl. R 21.3.1).

D 21.6.3

> **Degeneration**
> Hat in einer Basislösung eines Transportproblems wenigstens eine Basisvariable den Wert 0, dann handelt es sich um eine **degenerierte Lösung**.

Dazu wird zunächst ein Beispiel betrachtet.

B 21.6.4 *Gegeben sei das folgende Transportproblem mit einer zulässigen Ausgangslösung nach der Nord-West-Ecken-Regel:*

	E_1	E_2	E_3	E_4	
V_1	5 50	4 30	3	6	80
V_2	4	1	4 30	2	30
V_3	7	3	5 30	6 60	90
	50	30	60	60	

Die Basislösung enthält 5 *anstelle von* $3 + 4 - 1 = 6$ *Variablen mit* $x_{ij} > 0$. *Will man die Kostenänderungswerte über die Methode der Potentiale berechnen, so kann man mit* $u_1 = 0$ *beginnen und erhält dann sofort* $v_1 = 5$ *und* $v_2 = 4$.

		E_1 5	E_2 4	E_3 7	E_4 8	
V_1	0	5 50	4 30	3	6	80
V_2	−3	4	1 0	4 30	2	30
V_3	−2	7	3	5 30	6 60	90
		50	30	60	60	

Die übrigen Potentiale kann man nicht berechnen. Man kann sich dadurch helfen, daß man eine weitere Basisvariable festlegt und dieser den Wert Null gibt. Hier ist $x_{22} = 0$ *gesetzt. Damit ergeben sich dann:*

$u_2 = -3,\ u_3 = -2,\ v_3 = 7$ *und* $v_4 = 8$

Man beachte, daß die willkürliche Festlegung einer weiteren Basisvariablen bei einer degenerierten Lösung, so wie in Beispiel 21.6.4, nicht unproblematisch ist. Auf Einzelheiten kann hier jedoch nicht eingegangen werden.

21.7 Ergänzende Bemerkungen

In den bisherigen Ausführungen wurde immer davon ausgegangen, daß die in den Versandorten insgesamt vorhandene Menge gleich der in den Bestimmungsorten insgesamt benötigten Menge ist:

$$\sum_{i=1}^{n} a_i = \sum_{j=1}^{m} b_j$$

Können die Versandorte mehr liefern als die Empfänger benötigen, so hilft man sich mit der Einführung eines fiktiven Bestimmungsortes. In diesen „Bestimmungsort“ werden die Mengen „geliefert“, die in den Versandorten verbleiben. Für die entsprechenden Transportwege setzt man Kosten von 0 ein. Wird in den Empfangsorten mehr benötigt als die Versandorte liefern können, führt man einen fiktiven Versender ein, von dem die zu viel benötigte Menge zu „liefern“ ist. Die Kosten betragen dafür ebenfalls 0. Die Lösungswerte dieser Zeile geben an, welche Mengen zu den einzelnen Empfängern nicht geliefert werden. Dazu folgendes Beispiel:

B 21.7.1 *In den 3 Versandorten* A_1, A_2 *und* A_3 *befinden sich folgende Mengen eines Gutes:* $a_1 = 8$, $a_2 = 15$, $a_3 = 7$. *In den 4 Bestimmungsorten* B_1, B_2, B_3 *und* B_4 *werden von diesem Gut die folgenden Mengen benötigt:* $b_1 = 10$, $b_2 = 5$, $b_3 = 8$ *und* $b_4 = 3$. *In den Versandorten stehen also insgesamt 30 Mengeneinheiten des Gutes zur Verfügung, während in den Bestimmungsorten nur 26 Mengeneinheiten benötigt werden. Zur Lösung der Aufgabe führt man deshalb einen fiktiven Empfänger* B_5 *ein.*
Für die Transportkosten hat man die in der folgenden Tabelle angegebenen Werte, in der auch noch einmal die vorhandenen bzw. benötigten Mengen eingetragen sind.

		Bestimmungsort					Menge, die in dem entsprechenden Versandort vorhanden ist
		B_1	B_2	B_3	B_4	B_5	
Versandort	A_1	6	5	2	4	0	8
	A_2	2	8	6	7	0	15
	A_3	4	3	5	3	0	7
in dem jeweiligen Bestimmungsort benötigte Menge		10	5	8	3	4	30 (Gesamtmenge)

Es ergibt sich folgende Optimallösung, wobei auch die Kostenänderungswerte der unbesetzten Felder angegeben sind:

	B_1		B_2		B_3		B_4		B_5		
A_1	6	*+8*	5	*+2*	2		4	*+2*	0	*+4*	8
						8					
A_2	2		8	*+1*	6		7		0		15
		10				0		1		4	
A_3	4	*+6*	3		5	*+3*	3		0	*+4*	7
				5				2			
	10		5		8		3		4		

Die Menge 4 in Feld A_2/B_5 bedeutet, daß beim Versender A_2 4 Mengeneinheiten verbleiben.

Zur Illustration der vielfältigen Anwendungsmöglichkeiten des Transportproblems möge folgendes Beispiel dienen, das man auf den ersten Blick sicher nicht als Transportproblem identifizieren wird.

B 21.7.2 *Ein Warenhaus wünscht folgende Posten von Damenkleidern einzukaufen:*

Kleiderart	A	B	C	D	E
Menge	150	100	75	250	200

Von vier verschiedenen Herstellern werden Angebote eingeholt. Die Hersteller können, unabhängig von der Kleiderart, höchstens die folgenden Stückzahlen liefern.

Hersteller	W	X	Y	Z
Gesamtmenge	300	250	150	200

Das Warenhaus schätzt den Gewinn pro Kleid je nach Kleiderart und Hersteller auf folgende Beträge:

		Kleiderart				
		A	*B*	*C*	*D*	*E*
Hersteller	*W*	11	14	17	9	6
	X	12	13	18	7	4
	Y	10	14	19	8	5
	Z	13	11	16	10	7

Welche Mengen von den verschiedenen Kleiderarten sollen bei den einzelnen Herstellern bestellt werden, um einen möglichst hohen Gewinn zu erzielen?
Während bei den vorhergehenden Fragestellungen die Aufgabe immer darin bestand, die Lieferung so vorzunehmen, daß möglichst geringe Kosten entstehen, ist hier nach einer gewinnmaximalen Zuteilung gefragt. Das vorliegende Problem läßt sich aber mit dem gleichen Ansatz lösen.
Da die Hersteller insgesamt mehr liefern können als das Warenhaus kaufen will, führt man, ähnlich wie in B 21.7.1, *noch ein fiktives Kleid F ein, für das kein Gewinn erzielt wird. Dadurch berücksichtigt man die ungenutzten Kapazitäten der Hersteller.*
Für die folgende Ausgangsbasislösung sind die Felder mit den größten Stückgewinnen zuerst besetzt worden.

	A		*B*		*C*		*D*		*E*		*F*		
W	11	*−1*	14		17	*−2*	9		6		0	*−2*	300
				25				200		75			
X	12	*+2*	13	*+1*	18	*+1*	7	*0*	4		0		250
										125		125	
Y	10	*−2*	14		19		8	*−1*	5	*−1*	0	*−2*	150
				75		75							
Z	13		11	*−4*	16	*−4*	10		7	*0*	0	*−3*	200
		150						50					
	150		100		75		250		200		125		

Der gesamte Gewinn bei dieser Lösung beträgt $G = 8.025$. *Anstelle der Kostenänderungswerte sind hier Gewinnänderungswerte berechnet worden. Diese geben an, wie sich der Gewinn ändert, wenn man die verschiedenen, bisher nicht verwendeten Lieferbeziehungen benutzt und dafür andere außer acht läßt. Positive Gewinnänderungswerte weisen darauf hin, daß die Optimallösung noch nicht erreicht ist, denn durch Benutzung der Lieferbeziehungen, für die sich ein positiver Ge-*

winnänderungswert ergibt, kann offensichtlich der Gesamtgewinn erhöht werden.
Während man bei dem Problem der Kostenminimierung den größten negativen Kostenänderungswert für die Bestimmung einer verbesserten Lösung heranzog, wählt man dazu bei der Gewinnmaximierung den größten positiven Gewinnänderungswert. Dies ist der Wert +2 in der 1. Spalte der 2. Zeile.
Die 1. verbesserte Lösung lautet:

	A		B		C		D		E		F		
W	11	*−1*	14		17	*−2*	9		6		0	*0*	300
				25				75		200			
X	12		13	*-1*	18	*−1*	7	*−2*	4	*−2*	0		250
		125										125	
Y	10	*−2*	14		19		8	*−1*	5	*−1*	0	*0*	150
				75		75							
Z	13		11	*−4*	16	*−4*	10		7	*0*	0	*−1*	200
		25						175					
	150		100		75		250		200		125		

Der Gesamtgewinn beträgt für diese Lösung $G = 8.275$.
Aus der Tatsache, daß in dieser Lösung keine positiven Gewinnänderungswerte mehr vorkommen, folgt, daß die Lösung nicht weiter zu verbessern ist. Das Rechenverfahren ist damit beendet.
Wegen der Gewinnänderungswerte von Null ist die Lösung mehrdeutig.

Aufgaben

Ü 21.7.1 *Auf zwei Obstplantagen O_1 und O_2 wurden 200 t bzw. 400 t Pfirsiche geerntet. Die Pfirsiche sollen an die Konservenfabrik K_1 (150 t), K_2 (250 t) und K_3 (200 t) geliefert werden. Die Einheitstransportkosten in DM sind der nebenstehenden Tabelle zu entnehmen:*

	K_1	K_2	K_3
O_1	8	12	25
O_2	9	20	15

a) *Bestimmen Sie einen transportkostenminimalen Versandplan.*

b) *Bestimmen Sie einen transportkostenminimalen Versandplan für den Fall, daß die Konservenfabrik K_2 nur 130 t Pfirsiche benötigt und für die Vernichtung überschüssiger Pfirsiche (die nicht anderweitig verkauft werden können) Vernichtungskosten in Höhe von 6 DM/t entstehen.*

c) *Bestimmen Sie einen transportkostenminimalen Versandplan für den Fall, das in O_1 nur 180 t Pfirsiche geerntet werden und für die Beschaffung zusätzlicher Pfirsiche bei den Konservenfabriken Mehrkosten gegenüber dem Bezug bei den Obstplantagen in Höhe von DM 20 pro Tonne entstehen.*

22 Graphentheorie

22.1 Einführung

Die Graphentheorie ist ein Teilgebiet der Mathematik, das in verschiedenen Bereichen angewendet wird, z.B. in der Biologie, der Soziologie, der Psychologie, der Informatik und in den Wirtschaftswissenschaften. Wirtschaftliche Anwendungen der Graphentheorie finden sich nicht nur im Operations Research, sondern z.B. auch in der Produktionsplanung, der Organisationslehre oder der Standortlehre.

Graphen bieten die Möglichkeit, Strukturen in einem mathematischen Modell abzubilden. Solche Strukturen treten z.B. in Organisationen, Arbeitsabläufen, Verkehrsnetzen oder Leitungsnetzen auf. Die folgenden Bilder zeigen einige Beispiele.

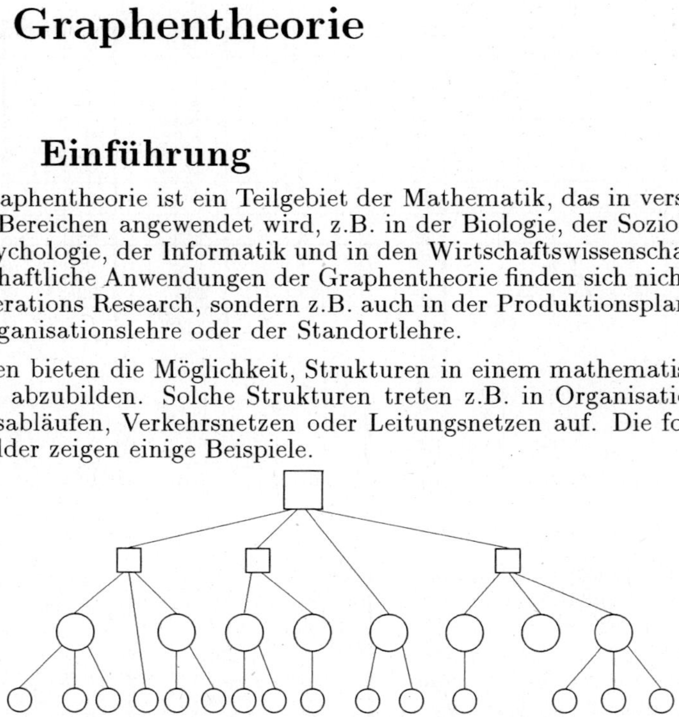

F 22.1.1 Struktur des hierarchischen Aufbaus einer Linienorganisation, aus der die Über- und Unterordnungen der Stellen hervorgehen

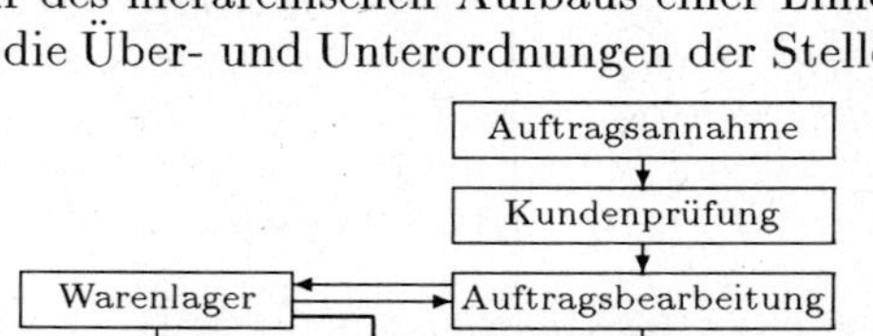

F 22.1.2 Struktur der Auftragsabwicklung in einem Betrieb

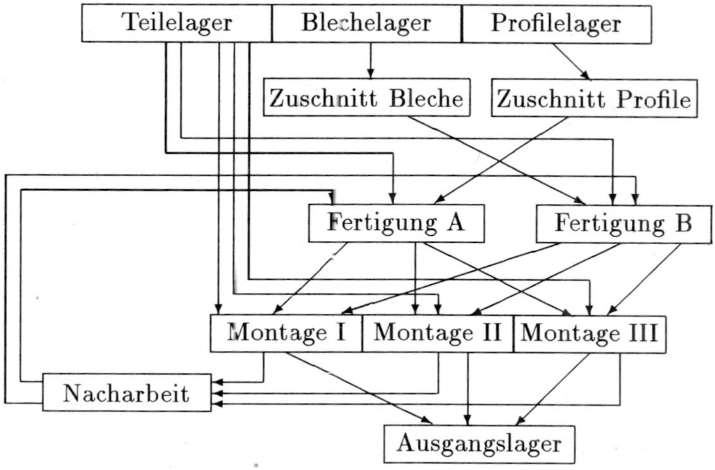

F 22.1.3 Struktur des Materialflusses in einem Betrieb

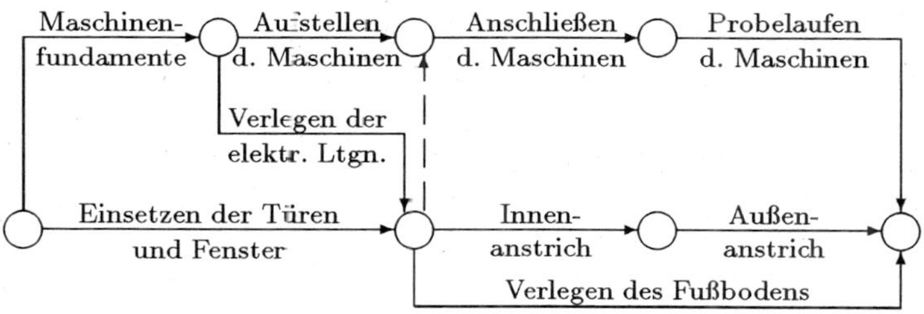

F 22.1.4 Struktur eines Projektablaufs mit Arbeitsgängen und Reihenfolge

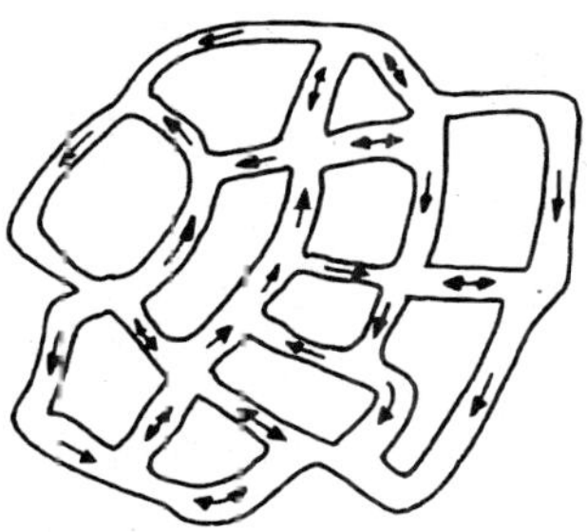

F 22.1.5 Struktur eines einfachen Verkehrsnetzes mit Straßen und Richtungsbeschränkungen (Einbahnstraßen)

Den Beispielen in F 22.1.1 bis F 22.1.5 ist gemeinsam, daß Strukturen von Problemen oder Phänomenen abgebildet sind. Diese Strukturen bestehen aus

- **Knoten**, durch die z.B. Stellen in einer Organisation (F 22.1.1), Stationen einer Auftragsabwicklung (F 22.1.2), Lager und Bearbeitungsstationen von Material (F 22.1.3), ablauflogische Verknüpfungen von Arbeitsgängen eines Projektes (F 22.1.4) oder Kreuzungen von Straßen (F 22.1.5) abgebildet werden, und
- **Kanten**, die Über- bzw. Unterordnung von Stellen (F 22.1.1), Reihenfolgen von Arbeitsgängen bzw. Stationen (F 22.1.2 und 22.1.3), Arbeitsgängen (F 22.1.4) oder Straßenabschnitten (F 22.1.5) entsprechen.

Knoten und Kanten sind aber, wie im nächsten Abschnitt gezeigt wird, die Elemente eines Graphen. Damit lassen sich die Strukturen der Beispiele durch Graphen abbilden.

Die Graphentheorie wird jedoch nicht nur zur Abbildung von Strukturen verwendet. Sie bietet vor allem auch Verfahren und Ansätze zur Lösung verschiedener Probleme im Zusammenhang mit Strukturen, wie z.B.:

- Bestimmung eines optimalen Auftragsabwicklungsplans oder eines optimalen Materialflusses,
- Ermittlung eines Zeitplans für die Projektabwicklung,
- Bestimmung von kürzesten Wegen zwischen Knoten eines Verkehrsnetzes,
- Bestimmung des maximal möglichen Flusses bzw. der Kapazität zwischen zwei Punkten in einem Verkehrsnetz oder Leitungsnetz.

In den folgenden Abschnitten werden die Grundzüge der Graphentheorie und ihrer Anwendung auf wirtschaftliche Fragestellungen behandelt.

22.2 Wichtige Begriffe und Eigenschaften von Graphen

Es gibt kaum eine mathematische Disziplin, die durch eine solche Begriffsfülle gekennzeichnet ist wie die Graphentheorie. Die wichtigsten Grundbegriffe werden in diesem Abschnitt behandelt. Probleme ergeben sich oft dadurch, daß sich in der Literatur zur Graphentheorie keine einheitliche Begriffsbildung findet. Dabei werden nicht nur für denselben Tatbestand unterschiedliche Begriffe verwendet, sondern es kommen auch Abweichungen in den Begriffsinhalten vor.

D 22.2.1

Graph
Gegeben sei eine Menge K von **Kanten** und eine Menge E von **Knoten**, die mit K elementefremd ist, d.h. es gilt $E \cap K = \emptyset$.
Ferner sei eine Abbildung ϕ gegeben, durch die jeder Kante $k \in K$ eindeutig zwei Elemente aus E, d.h. ein ungeordnetes (oder ein geordnetes) Paar Knoten e_i, $e_j \in E$, zugeordnet werden
Das Tripel $G = (E, K, \phi)$ heißt Graph.

Sind der Kante $k \in K$ die beiden Knoten e_i, $e_j \in E$ durch ϕ zugeordnet, d.h. $\phi(k) = (e_i, e_j)$, so heißt k mit den beiden Knoten e_i, e_j **inzident**. Man sagt auch: k verbindet e_i und e_j und nennt e_i und e_j die Endpunkte der Kante. Es kann dann auch das Knotenpaar zur Beschreibung der Kante verwendet werden: $k = (e_i, e_j)$. Zwei durch eine Kante verbundene Knoten heißen **adjazent** oder benachbart. Zwei Kanten heißen adjazent oder benachbart, wenn sie wenigstens einen Knoten gemeinsam haben. Inzident bezieht sich immer auf die Nachbarschaft verschiedenartiger Elemente (eine Kante ist mit zwei Knoten inzident). Adjazenz bezieht sich auf Nachbarschaft gleichartiger Elemente (zwei Knoten sind adjazent oder zwei Kanten sind adjazent).

Anschaulich kann man einen Graphen leicht interpretieren, wenn man die Knoten als Punkte in der Ebene und die Kanten als Verbindungslinien der Punkte darstellt.

B 22.2.2 *Für den Graphen* $G = (E, K, \phi)$ *mit* $E = \{e_1, e_2, e_3, e_4, e_5, e_6\}$, $K = \{k_1, k_2, k_3, k_4, k_5, k_6, k_7\}$ *und* $\phi(k_1) = (e_1, e_2)$, $\phi(k_2) = (e_1, e_2)$, $\phi(k_3) = (e_2, e_3)$, $\phi(k_4) = (e_2, e_5)$, $\phi(k_5) = (e_3, e_5)$, $\phi(k_6) = (e_1, e_5)$, $\phi(k_7) = (e_4, e_4)$ *ergibt sich die grafische Darstellung in* F 22.2.3.

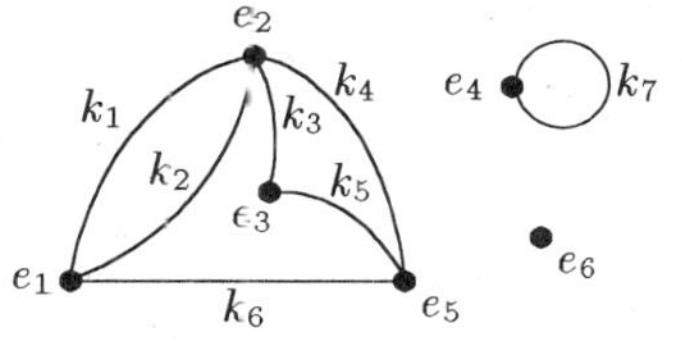

F 22.2.3

Bei dem Graphen sind z.B. e_3 *und* e_5 *oder* e_1 *und* e_5 *adjazent. Die Kanten* k_3 *und* k_5 *oder* k_3, k_1 *und* k_2 *sind jeweils benachbart, also adjazent. Die Kante* k_4 *ist mit den beiden Knoten* e_2 *und* e_5 *inzident.*

Eine andere Möglichkeit zur Darstellung eines Graphen ergibt sich durch Verwendung von Matrizen, indem man jedem Knoten eine Zeile und eine Spalte zuordnet und als Elemente der Matrix die Anzahl der die Knoten verbindenden Kanten verwendet. Kanten, die einen Knoten mit sich selbst verbinden, heißen **Schleifen** und werden in der Matrix doppelt gezählt. In F 22.2.3 ist k_7 eine Schleife. Für den Graphen aus F 22.2.3 ergibt sich die folgende Matrix. Diese Matrix heißt **Adjazenzmatrix** des Graphen.

$$\begin{array}{c} \\ e_1 \\ e_2 \\ e_3 \\ e_4 \\ e_5 \\ e_6 \end{array} \begin{array}{c} \begin{array}{cccccc} e_1 & e_2 & e_3 & e_4 & e_5 & e_6 \end{array} \\ \begin{pmatrix} 0 & 2 & 0 & 0 & 1 & 0 \\ 2 & 0 & 1 & 0 & 1 & 0 \\ 0 & 1 & 0 & 0 & 1 & 0 \\ 0 & 0 & 0 & 2 & 0 & 0 \\ 1 & 1 & 1 & 0 & 0 & 0 \\ 0 & 0 & 0 & 0 & 0 & 0 \end{pmatrix} \end{array}$$

Auf die Matrizendarstellung von Graphen und ihre Verwendung zur Lösung bestimmter Problemstellungen wird später näher eingegangen.

Sind die Mengen E und K endlich, dann spricht man von einem **endlichen** Graphen, andernfalls von einem unendlichen Graphen. Die folgenden Ausführungen beschränken sich auf endliche Graphen.

Die Kanten k_i und k_j heißen **parallele Kanten**, wenn ihnen dieselben Knoten zugeordnet werden, d.h. wenn $\phi(k_i) = \phi(k_j)$. In dem Graphen aus Figur 22.2.3 sind die Kanten k_1 und k_2 parallel. Ein Graph, der weder Schleifen noch parallele Kanten enthält, heißt **schlicht**.

D 22.2.4

Knotengrad
Die Anzahl der mit einem Knoten e inzidenten Kanten heißt **Grad $\gamma(e)$ des Knotens**. Dabei zählen Schleifen doppelt. Der **Minimalgrad $\underline{\gamma}(G)$** bzw. **Maximalgrad $\overline{\gamma}(G)$** eines Graphen G ist der kleinste bzw. größte in einem Graphen vorkommende Grad eines Knotens.

B 22.2.5 *Für den Graphen in* F 22.2.3 *gilt* $\gamma(e_1) = 3$, $\gamma(e_2) = 4$, $\gamma(e_3) = 2$, $\gamma(e_4) = 2$, $\gamma(e_5) = 3$, $\gamma(e_6) = 0$ *und* $\underline{\gamma}(G) = 0$, $\overline{\gamma}(G) = 4$.

Ein **vollständiger Graph** ist ein schlichter Graph, in dem je zwei Knoten durch eine Kante verbunden sind. Jeder Knoten ist also mit **jedem anderen** Knoten (nicht mit sich selbst) durch genau eine Kante verbunden. Der Graph in F 22.2.3 ist unvollständig. Einen vollständigen Graphen zeigt F 22.2.6.

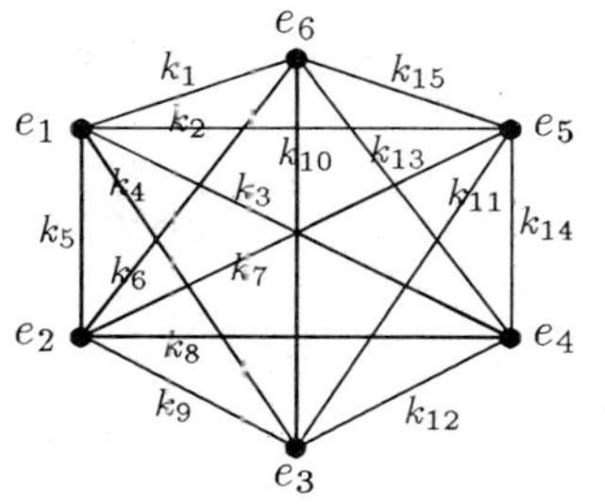

F 22.2.6

D 22.2.7

> **Untergraph**
> Gegeben ist ein Graph $G = (E, K, \phi)$. Ein **Untergraph** $G' = (E', K', \phi')$ von G ist ein Graph mit $E' \subset E$, $K' \subset K$ und $\phi'(k) = \phi(k)$ für alle $k \in K'$ und es gilt: für $k \in K'$ und $\phi(k) = (e_i, e_j)$ folgt e_i, $e_j \in E'$.

Einen Untergraphen erhält man also durch Entfernen von Knoten und allen Kanten, die mit diesen Knoten inzidieren. In F 22.2.8 ist ein Graph und ein Untergraph dargestellt, den man durch Entfernen der Knoten e_4 und e_7 erhält.

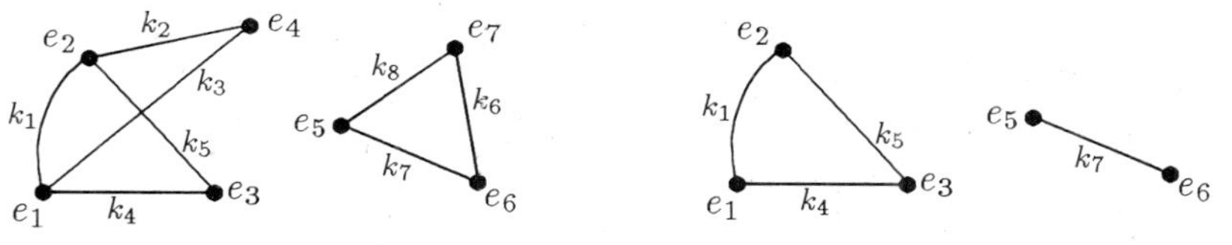

F 22.2.8

D 22.2.9

> **Teilgraph**
> Ein Teilgraph $G^* = (E^*, K^*, \phi^*)$ eines Graphen $G = (E, K, \phi)$ ist ein Graph mit $E^* = E$, $K^* \subset K$ und $\phi^*(k) = \phi(k)$ für alle $k \in K^*$.

Einen Teilgraph erhält man also durch Weglassen von Kanten. Der Graph in F 22.2.10 ist ein Teilgraph des Graphen aus F 22.2.8. Die Kanten k_2 und k_6 wurden weggelassen.

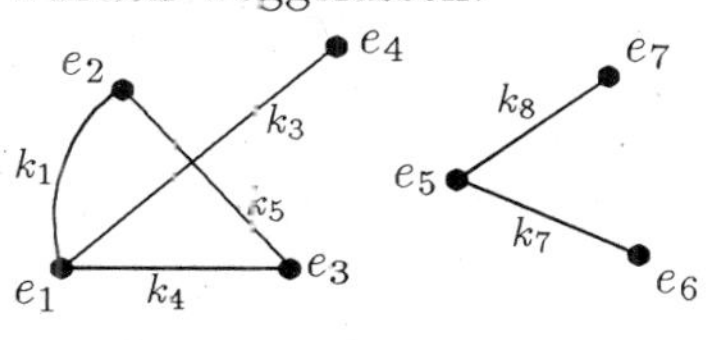

F 22.2.10

Entfernt man aus einem Untergraphen Kanten, so erhält man einen **Teil-Untergraphen**.

D 22.2.11 **Kantenfolge**
Gegeben sei ein Graph G. Ein Teil-Untergraph G^* mit der Eigenschaft $\phi(k_i) = (e_{i-1}, e_i)$; $i = 1, \ldots, m$; heißt eine **Kantenfolge**. Ist $e_0 = e_m$ heißt die Kantenfolge **geschlossen**, andernfalls **offen**.
Die **Länge** L **einer Kantenfolge** ist definiert als Anzahl der zugehörigen Kanten.

Eine Kantenfolge ist also eine Folge benachbarter Kanten. Die Knoten $e_0, e_1, \ldots, e_m$ bilden dabei eine Folge nicht notwendig verschiedener Knoten. Durch Kantenfolgen werden z.B. Strecken beschrieben, die jemand in einem Verkehrsnetz (Straße, Eisenbahn) zurücklegt, wenn man das Verkehrsnetz als Graph abbildet.

B 22.2.12 *Bei dem Graphen in* F 22.2.3 *bilden z.B.* $k_4, k_2, k_6, k_5, k_3, k_2, k_1$ *eine Kantenfolge.*

D 22.2.13 **Kantenzug, Kantenweg und Kantenzyklus**
Kommt in einer Kantenfolge keine Kante zweimal vor, spricht man von einem (offenen bzw. geschlossenen) **Kantenzug**. Ein Kantenzug, in dem kein Knoten zweimal vorkommt, heißt ein **Kantenweg** oder **Weg** W, wenn $e_0 \neq e_m$ gilt. Ist $e_0 = e_m$, so spricht man von einem **Kantenzyklus**.

B 22.2.14 a) *Die Kantenfolge in* B 22.2.12 *ist kein Kantenzug, da* k_2 *zweimal vorkommt.*
b) *Die Kanten* k_3, k_2, k_1, k_4 *in* F 22.2.3 *bilden einen Kantenzug, aber keinen Weg.*
c) *In* F 22.2.3 *bilden* k_2, k_4, k_5 *einen Weg und* k_3, k_5, k_6, k_2 *einen Kantenzyklus.*

D 22.2.15 **EULERsche Linie und HAMILTONsche Linie**
Ein Kantenzug, der **jede Kante** eines Graphen genau einmal enthält, heißt **EULERsche Linie**.
Ein Weg, der **jeden Knoten** eines Graphen genau einmal enthält, heißt **HAMILTONsche Linie**.

B 22.2.16 *In* F 22.2.17 *ergeben* $k_2, k_1, k_3, k_9, k_7, k_6, k_4, k_5, k_8$ *eine* EULER*sche Linie und* k_2, k_3, k_9, k_7 *eine* HAMILTON*sche Linie.*

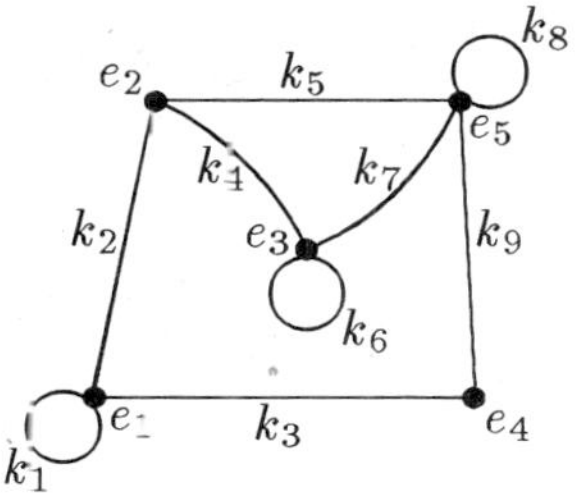

F 22.2.17

R 22.2.18 Eine **EULERsche Linie** existiert nur, wenn der Grad von höchstens zwei Knoten ungerade ist.

Ist ein Knotengrad ungerade, muß die EULERsche Linie in diesem Knoten anfangen oder enden. Sind zwei Knotengrade ungerade, beginnt die EULERsche Linie in einem dieser Knoten und endet in dem anderen.

R 22.2.18 kann man sich leicht wie folgt klarmachen: Ein Knoten muß über eine Kante erreicht und über eine andere Kante wieder verlassen werden. Bis auf Anfangs- und Endknoten muß deshalb der Knotengrad immer gerade sein.

B 22.2.19 *Ein bekanntes Problem im Zusammenhang mit* EULER*schen Linien ist das der Brücken von Königsberg. Die Arme der durch Königsberg fließenden Pregel werden wie in* F 22.2.20 *von Brücken überquert. Leonhard Euler, der lange in Königsberg gelehrt hat, löste als erster die Frage, ob es einen Weg durch Königsberg gibt, bei dem jede Brücke genau einmal überquert wird. Die Struktur des Problems kann wie in* F 22.2.21 *als Graph dargestellt werden, wobei die Brücken als Kanten des Graphen und die durch die Arme der Pregel gebildeten Stadtteile als Knoten dargestellt werden. Es geht dann um die Frage, ob es für den Graphen eine* EULER*sche Linie gibt. Da alle Knotengrade ungerade sind, gibt es keine Eulersche Linie.*

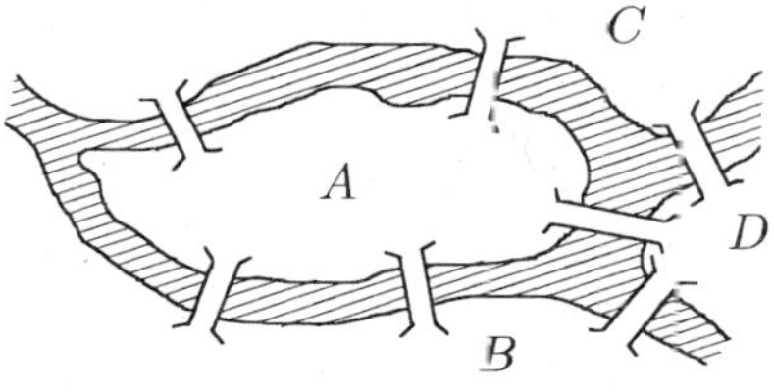

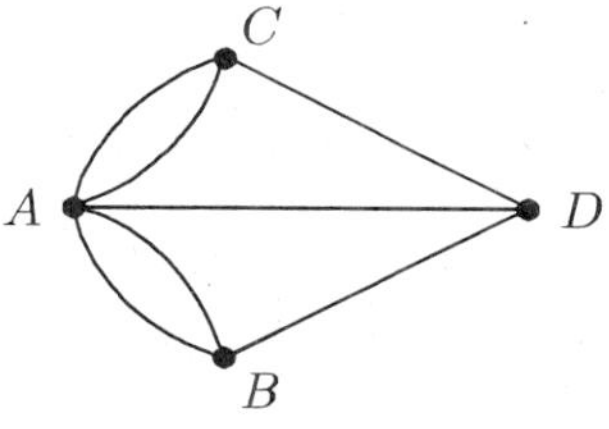

F 22.2.20 und **F 22.2.21**

D 22.2.22 **Zusammenhängender Graph**
Sind je zwei Knoten eines Graphen über eine Kantenfolge miteinander verbunden, so heißt der Graph **zusammenhängend**. Andernfalls spricht man von einem **nichtzusammenhängenden** Graphen.

Die Graphen in F 22.2.3, F 22.2.8 und F 22.2.10 sind nichtzusammenhängend, wohl dagegen die Graphen in F 22.2.6 und F 22.2.17. Zusammenhängende Teilgraphen eines nichtzusammenhängenden Graphen heißen **Zusammenhangskomponenten**.

D 22.2.23 **Artikulationspunkt und Brücke**
Gegeben sei ein **zusammenhängender Graph**. Entsteht durch Entfernen des Knotens e ein nichtzusammenhängender Untergraph, dann heißt e **Artikulationspunkt**. Entsteht durch Entfernen der Kante k ein nichtzusammenhängender Teilgraph, dann heißt k **Brücke**.

B 22.2.24 *In* F 22.2.25 *sind* e_1, e_3, e_5 *und* e_8 *Artikulationspunkte. Die Kanten* (e_1, e_3) *und* (e_5, e_8) *sind Brücken.*

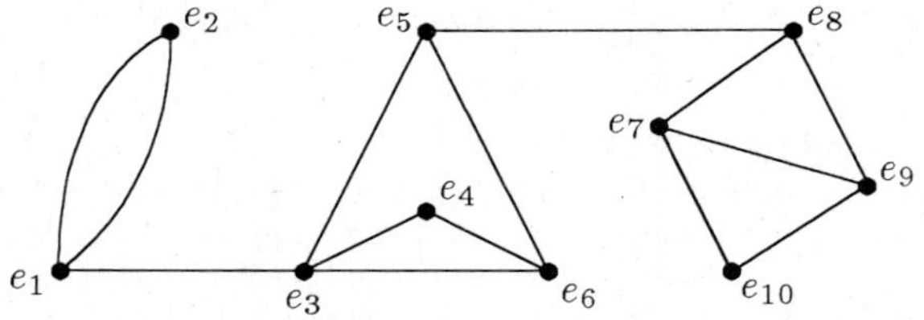

F 22.2.25

Werden z.B. Leitungsnetze (Elektrizität, Telefon, Wasser) durch Graphen dargestellt, so sind Artikulationspunkte besonders kritische Stellen, da bei ihrem Ausfall der Zusammenhang des Netzes unterbrochen wird.

Ein **Baum** ist ein zusammenhängender Graph ohne geschlossene Kantenfolgen mit mindestens einem Knoten. Ein nichtzusammenhängender Graph, dessen sämtliche Zusammenhangskomponenten Bäume sind, ist ein **Wald**. F 22.2.26 zeigt einen Wald.

F 22.2.26

In einem Baum ist jeder Knoten mit $\gamma(e) > 1$ ein Artikulationspunkt und jede Kante ist eine Brücke. Die Knoten eines Baums, für die $\gamma(e) = 1$ gilt, heißen **Randknoten** oder **Blätter** des Baums.

D 22.2.27 **Gerüst**
Ein zusammenhängender Teilgraph eines zusammenhängenden Graphen G mit minimaler Kantenzahl heißt ein **Gerüst** von G.

Ein Gerüst enthält keinen Zyklus. Andernfalls könnte man aus diesem Zyklus eine Kante entfernen ohne den Zusammenhang zu zerstören und damit die Anzahl der Kanten verringern. Jedes Gerüst ist ein Baum.

B 22.2.28 *In* F 22.2.29 *ist ein Graph* (a) *mit zwei Gerüsten dargestellt* (b) *und* (c).

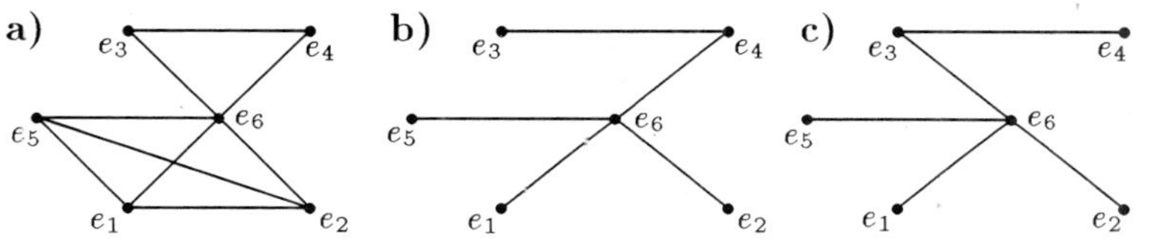

F 22.2.29

D 22.2.30 **Schnitt**
Ein zusammenhängender Graph $G = (E, K, \phi)$ sei gegeben. E_1 und E_2 mögen eine Zerlegung von E bilden, d.h. E_1 und E_2 seien nichtleere Teilmengen von E mit $E_1 \cup E_2 = E$ und $E_1 \cap E_2 = \emptyset$.
Die Menge S der Kanten $k \in K$ mit $\phi(k) = (e_i, e_j)$, für die gilt $e_i \in E_1$ und $e_j \in E_2$, heißt ein **Schnitt** des Graphen.

Durch Entfernung aller Kanten eines Schnittes zerfällt der Graph in zwei Zusammenhangskomponenten.

B 22.2.31 *In* F 22.2.32 *ergeben die gestrichelten Kanten einen Schnitt.*

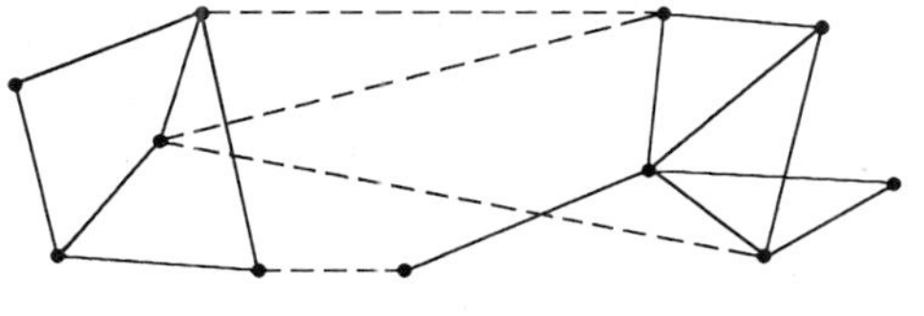

F 22.2.32

D 22.2.33 **Bewerteter Graph**
Wird jeder Kante $k \in K$ eines Graphen $G = (E, K, \phi)$ eine reelle Zahl $d(k) \in \mathbb{R}$ zugeordnet, so erhält man einen **bewerteten Graphen** $G' = (E, K, \phi, d)$. Die Bewertungen $d(k)$ heißen **Kantenwerte**.

Gilt $k = (e_i, e_j)$, so schreibt man statt $d(k)$ auch $d(e_i, e_j)$.

B 22.2.34 *In* F 22.2.35 *ist ein bewerteter Graph dargestellt.*

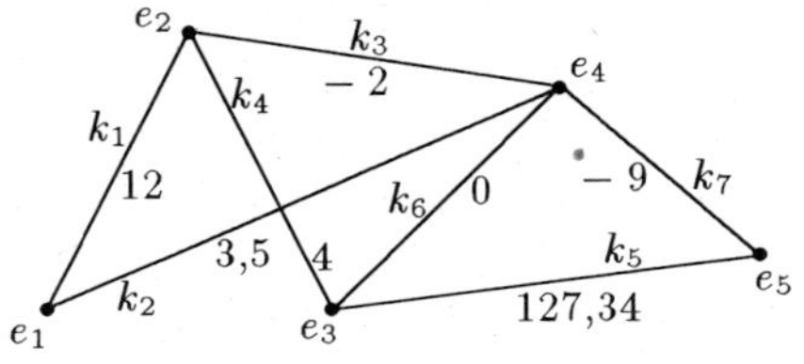

F 22.2.35

Durch Kantenwerte können z.B. Entfernungen in einem Verkehrsnetz oder Zeiten für Arbeitsgänge bei einem Projektablauf (vgl. F 22.1.4) dargestellt werden.

Häufig wird der Wert einer Kante als ihre Länge interpretiert. Die Länge eines aus den Kanten $k_1, \ldots, k_m$ bestehenden Kantenweges W ist dann definiert als Summe der Kantenwerte (Kantenlängen):

$$d(W) = \sum_{i=1}^{m} d(k_i).$$

Häufig erweist es sich als zweckmäßig, den Kanten eines Graphen eine Richtung oder Orientierung zuzuordnen. Einer **gerichteten Kante** wird also statt eines ungeordneten Knotenpaares ein geordnetes Paar Knoten zugeordnet: $\phi(k) = (e_i, e_j)$. e_i heißt **Anfangsknoten** und e_j **Endknoten** der gerichteten Kante. Eine gerichtete Kante nennt man häufig auch **Pfeil**. Ist jede Kante eines Graphen gerichtet, dann spricht man von einem **gerichteten Graphen**. F 22.2.36 zeigt einen gerichteten Graphen.

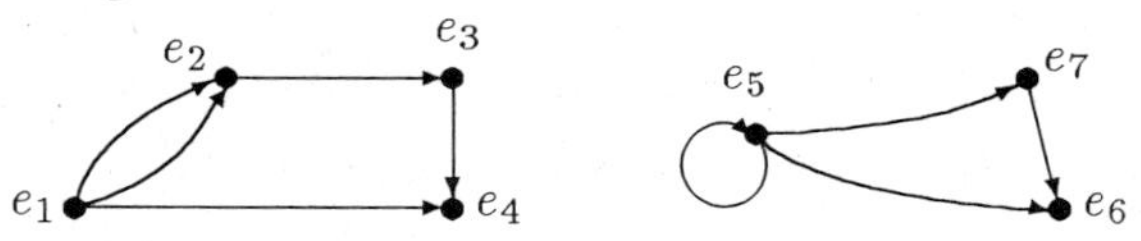

F 22.2.36

Unter Beachtung der Richtung kann in Analogie zu D 22.2.13 ein **Pfeilweg** und ein **Pfeilzyklus** definiert werden.

Auf einem Pfeilweg heißt k_{i-1} **Vorgänger** und k_{i+1} **Nachfolger** des Pfeiles k_i. Ist $k_i = (e_i, e_i)$, so ist der Knoten e_i Vorgänger und Nachfolger von sich selbst.

D 22.2.37 **Digraph**
Ein gerichteter Graph, der keine Schleifen und keine parallelen Pfeile aufweist, der also schlicht ist, heißt **Digraph**.

B 22.2.38 *In* F 22.2.39 *ist ein Digraph wiedergegeben.*

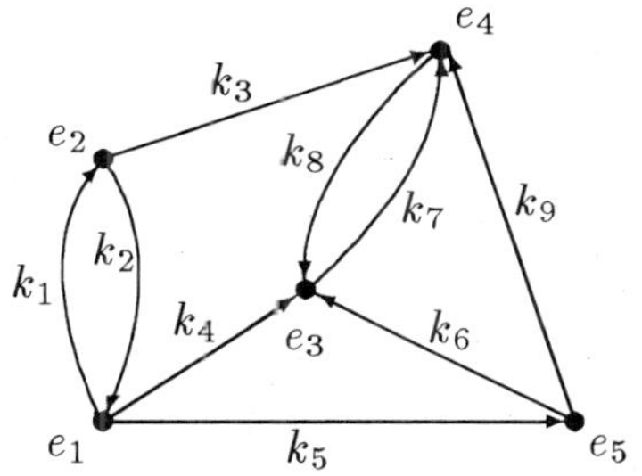

F 22.2.39

D 22.2.40 **Quelle und Senke**
Ein Knoten e eines gerichteten Graphen, der nur Anfangsknoten von Pfeilen ist, heißt **Quelle**. Ist ein Knoten e nur Endknoten von Pfeilen, so heißt er **Senke**.

In einem gerichteten Graphen gibt der **Ausgangsgrad** $\gamma^+(e)$ und der **Eingangsgrad** $\gamma^-(e)$ eines Knotens an, für wieviel Pfeile er Anfangs- bzw. Endknoten ist. Es gilt:

$$\gamma^-(e) + \gamma^+(e) = \gamma(e)$$

D 22.2.41 **Adjazenzmatrix**
Gegeben sei ein ungerichteter Graph mit n Kanten. Die quadratische Matrix $A = (a_{\mu\nu})$ n-ter Ordnung mit

$$a_{\mu\nu} = \begin{cases} i \text{ falls } \mu \neq \nu \text{ und } i \text{ Kanten } (e_\mu, e_\nu) \text{ existieren} \\ 2i \text{ falls } \mu = \nu \text{ und es } i \text{ Schleifen für } e_\mu \text{ gibt} \end{cases}$$

heißt **Adjazenzmatrix**.

Ein Beispiel ist zu Beginn dieses Abschnitts gegeben worden. Die Adjazenzmatrix eines ungerichteten Graphen ist immer symmetrisch. Für einen gerichteten Graphen definiert man $a_{\mu\nu}$ als Anzahl der Pfeile (e_μ, e_ν) und läßt dabei $\mu = \nu$ zu.

Bei einem bewerteten Graphen, bei dem je zwei Knoten nur durch eine Kante verbunden sind, kann man als Matrizenelemente auch die Kantenwerte verwenden. Existiert zu zwei Knoten keine Kante, so kann man 0, – oder ∞ schreiben.

B 22.2.42 *Für den Graphen aus* F 22.2.35 *ist eine entsprechende Matrix nebenstehend angegeben.*

$$\begin{array}{c} \\ e_1 \\ e_2 \\ e_3 \\ e_4 \\ e_5 \end{array} \begin{array}{c} \begin{array}{ccccc} e_1 & e_2 & e_3 & e_4 & e_5 \end{array} \\ \begin{pmatrix} - & 12 & - & 3{,}5 & - \\ 12 & - & 4 & -2 & - \\ - & 4 & - & 0 & 127{,}34 \\ 3{,}5 & -2 & 0 & - & -9 \\ - & - & 127{,}34 & -9 & - \end{pmatrix} \end{array}$$

Aufgaben

Ü 22.2.1 *Gegeben ist der Graph* $G = (E, K, \phi)$ *mit*
$E = (e_1, e_2, e_3, e_4, e_5, e_6, e_7, e_8, e_9, e_{10})$,
$K = (k_1, k_2, k_3, k_4, k_5, k_6, k_7, k_8, k_9, k_{10}, k_{11}, k_{12}, k_{13})$ *und*
$\phi(k_1) = (e_1, e_3)$, $\phi(k_2) = (e_1, e_4)$, $\phi(k_3) = (e_2, e_4)$, $\phi(k_4) = (e_2, e_2)$, $\phi(k_5) = (e_2, e_5)$, $\phi(k_6) = (e_3, e_5)$, $\phi(k_7) = (e_4, e_5)$, $\phi(k_8) = (e_1, e_6)$, $\phi(k_9) = (e_3, e_6)$, $\phi(k_{10}) = (e_5, e_6)$, $\phi(k_{11}) = (e_8, e_9)$, $\phi(k_{12}) = (e_8, e_{10})$, $\phi(k_{13}) = (e_9, e_{10})$.

a) *Stellen Sie den Graphen grafisch dar.*

b) *Geben Sie die Adjazenzmatrix des Graphen an.*

c) *Bestimmen Sie zu jedem Knoten den Grad* $\gamma(e)$.

d) *Bestimmen Sie die zum Knoten* e_2 *benachbarten Knoten.*

e) *Bestimmen Sie die zur Kante* k_{10} *benachbarten Kanten.*

f) *Welcher Untergraph* G' *ergibt sich durch Entfernen der Knoten* e_6, e_7, e_8 *und* e_9? *Geben Sie die Knotenmenge* E', *die Kantenmenge* K' *und die Abbildung* ϕ' *sowie die Adjazenzmatrix dieses Untergraphen an.*

Ü 22.2.2 *Gegeben ist der in der folgenden Figur dargestellte Graph.*

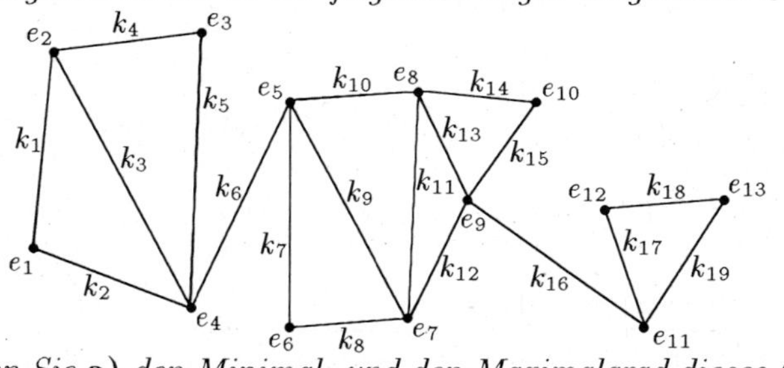

Bestimmen Sie **a)** *den Minimal- und den Maximalgrad dieses Graphen,*

b) *die Anzahl der Untergraphen dieses Graphen,*

c) *die Anzahl der verschiedenen Kantenzüge von* e_2 *nach* e_5,

d) *die Anzahl der verschiedenen Kantenwege von* e_2 *nach* e_5,
e) *die Artikulationspunkte des Graphen,*
f) *die Brücken des Graphen,*
g) *eine* EULER*sche Linie des Graphen,*
h) *eine* HAMILTON*sche Linie des Graphen,*
i) *wenigstens zwei voneinander verschiedene Gerüste.*

Ü 22.2.3 *Bestimmen Sie die Anzahl aller* HAMILTON*schen Linien in einem vollständigen Graphen mit 4 Knoten.*

Ü 22.2.4 *Wie kann man anhand der Adjazenzmatrix feststellen, ob ein Graph isolierte Knoten besitzt?*

Ü 22.2.5 *Wie kann man anhand der Adjazenzmatrix feststellen, ob ein Graph Schleifen besitzt?*

Ü 22.2.6 *Wie kann der Knotengrad aus der Adjazenzmatrix bestimmt werden?*

22.3 Bestimmung kürzester und längster Wege in Graphen

Aus den im Abschnitt 22.1 aufgeführten Anwendungsbeispielen für die Graphentheorie geht bereits hervor, daß bei der Untersuchung von Strukturen, die als Graphen abgebildet werden, häufig die Frage nach kürzesten oder längsten Wegen in einem Graphen auftritt. Es kann nach der Länge von Dienst- oder Instanzenwegen in einer Organisation, nach kürzesten Wegen in Verkehrs- oder Leitungsnetzen oder nach zeitlich längsten Wegen in einem Projektablauf (F 22.1.4) gefragt werden. Da sich die Bestimmung von kürzesten oder längsten Wegen in einem unbewerteten Graphen, bei dem die Länge eines Weges durch die Anzahl der Kanten gemessen wird, immer auf die Ermittlung kürzester oder längster Wege in einem bewerteten Graphen zurückführen läßt, indem man jede Kante mit „1“ bewertet, reicht im folgenden die Behandlung bewerteter Graphen aus.

Die Bestimmung längster Wege ist nur in gerichteten Graphen ohne Schleifen und Zyklen positiver Länge sinnvoll, da man sonst durch wiederholtes Durchlaufen einer Schleife oder eines Zyklus immer einen beliebig langen Weg finden kann. Die Bestimmung längster Wege kann im übrigen mit den Algorithmen für kürzeste Wege erfolgen, wenn diese etwas modifiziert werden (s.u.).

Bei der Bestimmung kürzester Wege können im einzelnen folgende Fragestellungen auftreten:

- Bestimmung des kürzesten Weges zwischen zwei gegebenen Knoten.
- Bestimmung der p kürzesten Wege zwischen zwei gegebenen Knoten.
- Bestimmung der kürzesten Wege von einem Knoten (Startknoten) zu allen anderen Knoten des Graphen bzw. der kürzesten Wege von allen Knoten des Graphen zu einem gegebenen Knoten (Zielknoten).
- Bestimmung der kürzesten Wege von jedem Knoten zu jedem anderen Knoten des Graphen.

Zur Lösung dieser Probleme stehen verschiedene Verfahren zur Verfügung, die eingeteilt werden können in:

- Verfahren, bei denen die Bestimmung kürzester Wege schrittweise durch Markieren der Knoten in einer Zeichnung oder einer Tabelle erfolgt,
- Verfahren, die auf speziellen Matrizenalgorithmen basieren und
- spezielle Ansätze der Linearen Optimierung.

Eine umfassende Darstellung in dem vorliegenden Rahmen ist nicht möglich. In den nächsten Abschnitten werden an wichtigen Algorithmen die Grundgedanken der Markierungs- und Matrizenalgorithmen behandelt.

22.4 Markierungsalgorithmen zur Bestimmung kürzester Wege

In diesem Abschnitt werden zwei Markierungsalgorithmen zur Bestimmung der kürzesten Wege von einem gegebenen Knoten eines Graphen zu allen anderen Knoten beschrieben. Diese Algorithmen liefern zugleich einen kürzesten Weg zwischen zwei gegebenen Knoten eines Graphen, so daß sich dadurch eine gesonderte Behandlung dieses Problems erübrigt.

Für das Problem, einen kürzesten Weg zwischen zwei Knoten e_0 und e_m zu bestimmen, muß nicht immer eine Lösung existieren. Das ist z.B. der Fall, wenn die Knoten durch keinen Weg verbunden sind, also in zwei verschiedenen Zusammenhangskomponenten liegen. Bei einem gerichteten Graphen ist eine Lösung insbesondere auch dann nicht gegeben, wenn $\gamma^+(e_0) = 0$ oder $\gamma^-(e_m) = 0$ gilt.

Ein kürzester Weg ist auch dann nicht bestimmbar, wenn es Kanten- oder Pfeilzyklen mit negativer Länge im Graphen gibt. Dann braucht man nur den jeweiligen Zyklus beliebig oft zu durchlaufen, um einen beliebig kurzen Weg zu finden. Um die Konvergenz von Verfahren zur Bestimmung kürzester Wege zu sichern, müssen also Zyklen negativer Länge ausgeschlossen werden.

Es wird zunächst ein Algorithmus angegeben, mit dem für einen bewerteten Graphen kürzeste Wege von einem Startknoten e_0 zu allen anderen Knoten des Graphen bestimmt werden können. Gleichzeitig werden die Entfernungen der Knoten vom Startknoten e_0 bestimmt. Dem in R 22.4.1 formulierten Algorithmus liegt folgende Vorgehensweise zugrunde:

Im Schritt (1) wird der Startknoten e_0 mit dem Wert $D(e_0) = 0$ versehen, da e_0 zu sich selbst die Entfernung 0 hat. Als nächstes werden alle zu e_0 benachbarten Knoten betrachtet, also alle, die über **eine** Kante mit e_0 verbunden sind. Die Kantenwerte geben den Abstand zu e_0 an. Es wird dann der Knoten bewertet, der von e_0 den kleinsten Abstand hat. Ist das der Knoten e_1, dann gilt: $D(e_1) = d(e_0, e_1)$. Es werden jetzt alle zu e_0 und e_1 benachbarten Knoten betrachtet. Die Entfernungen der zu e_0 benachbarten Knoten e_i von e_0 ergeben sich aus den Kantenwerten $d(e_0, e_i)$. Die Entfernungen der zu e_1 benachbarten Knoten e_j von e_0 ergeben sich aus: $D(e_1) + d(e_1, e_j)$. Von allen zu e_0 und e_1 benachbarten Knoten wird dann der mit der geringsten Entfernung zu e_0 bewertet. Auf diese Weise wird in jeder Iteration (Schritte (2) bis (5) in R 22.4.1) ein Knoten bewertet. Die Knoten werden dabei in aufsteigender Reihenfolge der Entfernungen von e_0 bewertet. Durch zusätzliche Markierung der Kanten, über die die kürzesten Entfernungen bestimmt wurden, findet man gleichzeitig die kürzesten Wege. Weitere Erläuterungen werden in dem nach dem Algorithmus behandelten Beispiel gegeben.

R 22.4.1

Algorithmus zur Bestimmung kürzester Wege von einem Knoten e_0 zu allen anderen Knoten

Gegeben sei ein bewerteter Graph $G = (E, K, \phi, d)$ mit $d(k) \geq 0$ für alle $k \in K$.

(1) Markieren Sie die Startknoten e_0 mit $D(e_0) = 0$. Setzen Sie $i = 1$, $E_1 := \{e_0\}$. Gehen Sie zu (2).

(2) Es sei E^* die Menge aller Knoten e_s der Kanten (e_r, e_s), deren Knoten e_r in E_i liegt, d.h.:
$E^* = \{e_s \in E \setminus E_i | \text{es gibt eine Kante } (e_r, e_s) \text{ mit } e_r \in E_i\}$
Falls $E^* = \emptyset$, gehen Sie zu (6), andernfalls zu (3).

(3) Bestimmen Sie zu jedem $e_s \in E^*$ eine vorläufige Markierung $D^*(e_s) = \min(D(e_r) + d(e_r, e_s))$. Gehen Sie zu (4).

(4) Markieren Sie den Knoten $e_s^* := e_i$ endgültig mit $D(e_i) = D^*(e_i)$, für den gilt: $D^*(e_s^*) := \min(D^*(e_s))$. Markieren Sie die Kante (e_r, e_i). Gehen Sie zu (5).

(5) Setzen Sie $E_{i+1} := E_i \cup \{e_i\}$ und $i := i + 1$. Gehen Sie zu (2).

(6) Ende.

B 22.4.2 *Für den in* F 22.4.3 *dargestellten bewerteten Graphen sollen die kürzesten Wege von e_7 zu allen anderen Knoten bestimmt werden. Die Zahlen bei den Schritten beziehen sich auf die Nummern des Algorithmus.*

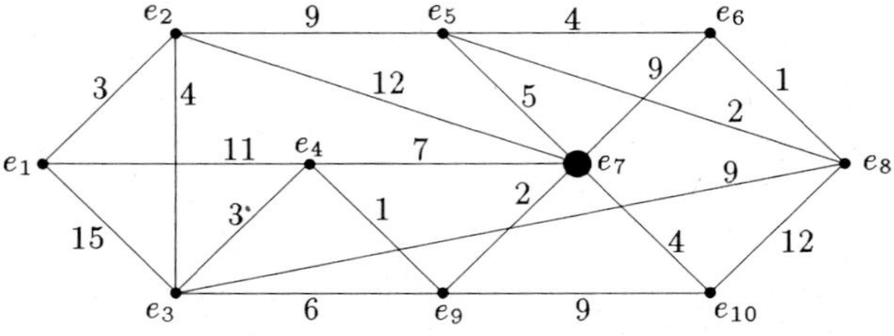

F 22.4.3

Schritt (1) *des Algorithmus. Es ist* $D(e_7) = 0$.

Iteration 1 (*vgl.* F 22.4.4a))

(2) *In der ersten Iteration wird in Schritt* (2) *die Menge* E^* *der zu* e_7 *benachbarten Knoten bestimmt*:

$E^* = \{e_2, e_4, e_5, e_6, e_9, e_{10}\}$

(3) *Zu allen Knoten* $e_s \in E^*$ *werden die Entfernungen* $D(e_s)$ *zu* e_7 *bestimmt. Dafür ergibt sich*: $D(e_s) = d(e_7, e_s)$ *und man erhält*:

e_s	e_2	e_4	e_5	e_6	e_9	e_{10}
$D^*(e_s)$	12	7	5	9	$\underline{2}$	4

(4) *Die geringste Entfernung von* e_7 *hat* e_9. *Der Knoten* e_9 *wird deshalb endgültig bewertet mit* $D(e_9) = 2$. *Das ist die kürzeste Entfernung von* e_7 *zu* e_9. *Außerdem wird die Kante* (e_7, e_9) *markiert.*

(5) *Da* e_9 *bewertet wurde, gilt*: $E_2 = \{e_7, e_9\}$.

a)

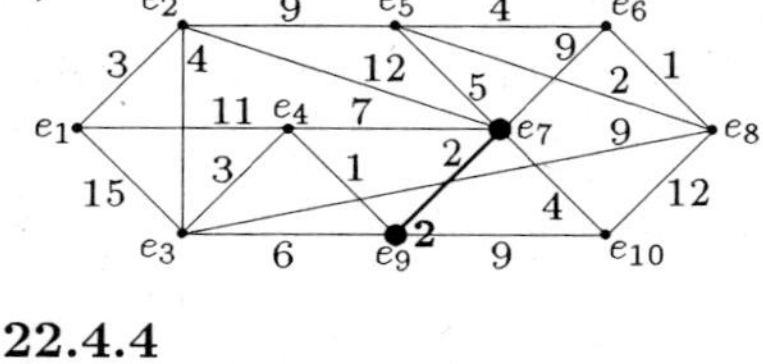

b)

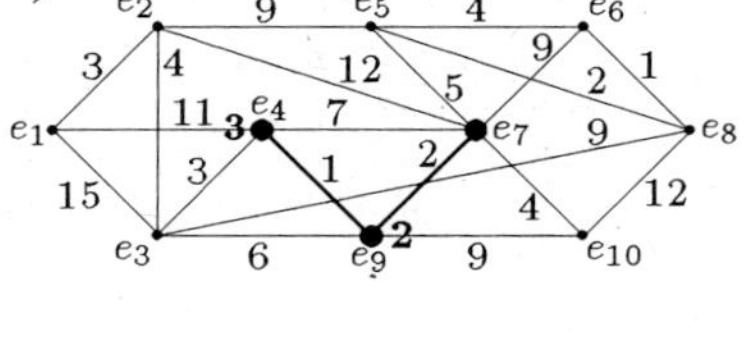

F 22.4.4

Iteration 2 (*vgl.* F 22.4.4b))

(2) *Es sind jetzt alle zu* e_7 *oder zu* e_9 *benachbarten Knoten zu ermitteln*:

$E^* = \{e_2, e_3, e_4, e_5, e_6, e_{10}\}$

(3) *Zu allen Knoten* $e_s \in E^*$ *wird die direkt oder über* e_9 *bestimmbare kürzeste Entfernung von* e_7 *ermittelt.*

$D^*(e_s) = d(e_7, e_s)$, *falls* e_s *nur zu* e_7 *benachbart ist, also bei* e_2, e_5 *und* e_6.

$D^*(e_s) = D(e_9) + d(e_9, e_s)$, falls e_s nur zu e_9 benachbart ist, also bei e_3.
$D^*(e_s) = \min(d(e_7, e_s)); D(e_9) + d(e_9, e_s))$, falls e_s zu e_7 und e_9 benachbart ist, also bei e_4 und e_{10}.
Für e_4 ist $D^*(e_4) = 3$, da die Entfernung von e_4 über e_9 kürzer ist als direkt. Es ergeben sich folgende Werte D^*:

e_s	e_2	e_3	e_4	e_5	e_6	e_{10}
$D^*(e_s)$	12	8	$\underline{3}$	5	9	4

(4) *Von allen aus E^* direkt oder über e_9 erreichbaren Knoten von e_7 hat e_4 die geringste Entfernung von e_7. Es gilt also: $D(e_4) = 3$. Der Knoten e_4 und die Kante (e_9, e_4) werden markiert.*

(5) *Da jetzt auch e_4 bewertet ist, ergibt sich:*
$E_3 = \{e_4, e_7, e_9\}$

Iteration 3 (*vgl.* F 22.4.5a))

(2) *Es werden alle Knoten bestimmt, die zu den Knoten aus E_3, also zu e_4 oder e_7 oder e_9, benachbart sind:*
$E^* = \{e_1, e_2, e_3, e_5, e_6, e_{10}\}$

(3) *Für die Knoten $e_s \in E^*$ sind die direkt von e_7 oder über e_9 und/oder e_4 ermittelbaren kürzesten Entfernungen zu suchen: Für e_3 ergibt sich dabei beispielsweise, daß der Weg über e_4 mit der Entfernung 6 $(= D(e_4) + d(e_4, e_3) = 3 + 3)$ kürzer ist, als der Weg von e_9 direkt zu e_3 mit der Entfernung 8 $(= D(e_9) + d(e_9, e_3) = 2 + 6)$. Hier wird deutlich, warum die Knoten in aufsteigender Reihenfolge der Entfernungen endgültig bewertet werden: Auf „Umwegen“ (von e_9 über e_4 zu e_3) ergeben sich mitunter kürzere Entfernungen als direkt (von e_9 zu e_3).*
Die vorläufigen kürzesten Entfernungen ergeben:

e_s	e_1	e_2	e_3	e_5	e_6	e_{10}
$D^*(e_s)$	14	12	6	5	9	$\underline{4}$

(4) *Die geringste Entfernung zu e_7 hat e_{10}. Es gilt somit: $D(e_{10}) = 4$. Der Knoten e_{10} und die Kante (e_7, e_{10}) werden markiert.*

(5) $E_4 = \{e_4, e_7, e_9, e_{10}\}$

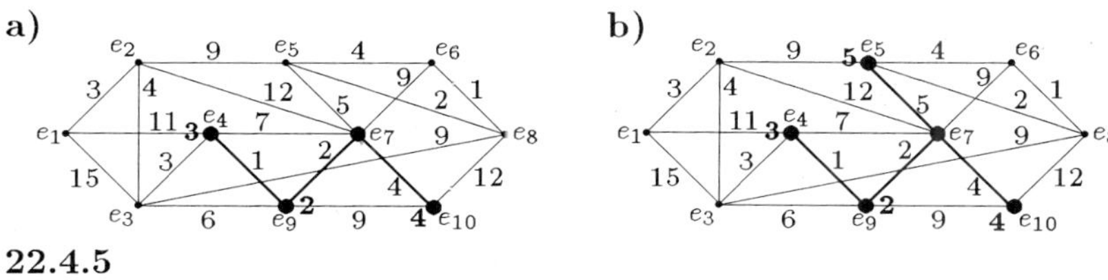

F 22.4.5

Iteration 4 (*vgl.* F 22.4.5b))

(2) *Es werden die zu den Knoten aus* E_4 *benachbarten Knoten bestimmt:*
$E^* = \{e_1, e_2, e_3, e_5, e_6, e_8\}$

(3) *Für die vorläufigen kürzesten Entfernungen ergibt sich:*

e_s	e_1	e_2	e_3	e_5	e_6	e_8
$D^*(e_s)$	14	12	6	$\underline{5}$	9	16

(4) $D(e_5) = 5$. e_5 *und* (e_7, e_5) *werden markiert.*

(5) $E_5 = \{e_4, e_5, e_7, e_9, e_{10}\}$

Bei den folgenden Iterationen erfolgt eine Beschränkung auf die Schritte (3) und (4), da diese alle wesentlichen Informationen enthalten.

Iteration 5 (*vgl.* F 22.4.6a))

(3)

e_s	e_1	e_2	e_3	e_6	e_8
$D^*(e_s)$	14	12	$\underline{6}$	9	7

(4) $D(e_3) = 6$. e_3 *und* (e_4, e_3) *werden markiert.*

Iteration 6 (*vgl.* F 22.4.6b))

(3)

e_s	e_1	e_2	e_6	e_8
$D^*(e_s)$	14	10	9	$\underline{7}$

(4) $D(e_8) = 7$. e_8 *und* (e_5, e_8) *werden markiert.*

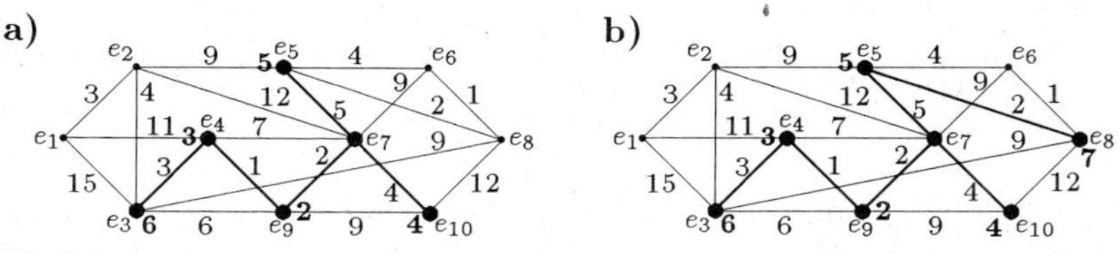

F 22.4.6

Iteration 7 (*vgl.* F 22.4.7a))

(3)

e_s	e_1	e_2	e_6
$D^*(e_s)$	14	10	$\underline{8}$

(4) $D(e_6) = 8$. e_6 *und* (e_8, e_6) *werden markiert.*

Iteration 8 (*vgl.* F 22.4.7b))

(3)

e_s	e_1	e_2
$D^*(e_s)$	14	$\underline{10}$

(4) $D(e_2) = 10$. e_2 *und* (e_3, e_2) *werden markiert.*

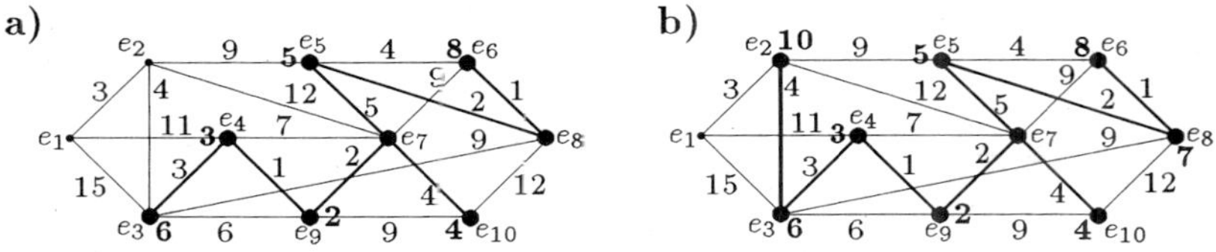

F 22.4.7

Iteration 9 (*vgl.* F 22.4.8a))

(3) $\dfrac{e_s \qquad e_1}{D^*(e_s) \quad 13}$

(4) $D(e_1) = 13$. e_1 *und* (e_2, e_1) *werden markiert.*

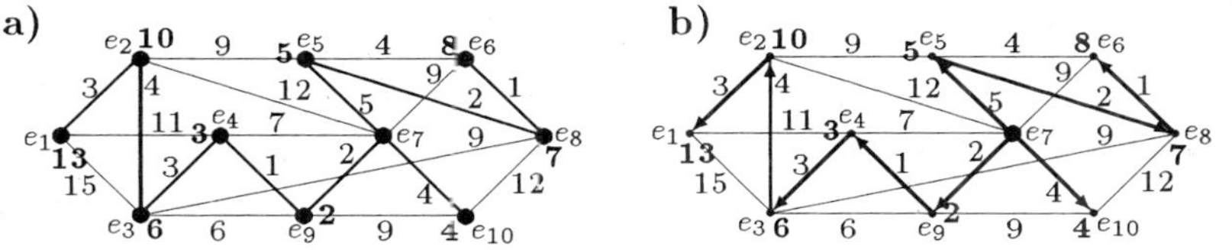

F 22.4.8

Damit ist das Verfahren beendet.

Bei größeren, ungerichteten Graphen lassen sich aus dem Baum der kürzesten Wege in bezug auf den Startknoten die kürzesten Wege vom Startknoten zu den anderen Knoten leichter bestimmen, wenn man die gekennzeichneten Kanten mit einer Richtung auf den bei dem betreffenden Schritt markierten Knoten versieht. Für das Beispiel ergibt sich dann der Graph in F 22.4.8b).

Zu dem Algorithmus in R 22.4.1 sind folgende Anmerkungen zu machen:

Wird der Algorithmus dazu benutzt, einen kürzesten Weg von einem Startknoten e_0 zu einem Zielknoten e_m zu bestimmen, dann ist das Verfahren beendet, wenn e_m markiert worden ist.

Soll in B 22.4.2 der kürzeste Weg von e_7 nach e_3 bestimmt werden, so ist das Verfahren nach Iteration 5 beendet, da dann e_3 markiert wird.

Der Algorithmus ist nicht nur auf ungerichtete, sondern auch auf gerichtete Graphen anwendbar.

Bei der Bestimmung von kürzesten Pfeilwegen in einem gerichteten Graphen ist bei der Markierung jeweils auf die Richtung der Pfeile zu achten.

B 22.4.9 *Bei der Bestimmung der kürzesten Wege von Knoten e_4 zu allen anderen erreichbaren Knoten für den in* F 22.4.10a) *gegebenen Graphen ergibt sich das in* F 22.4.10b) *dargestellte Ergebnis.*

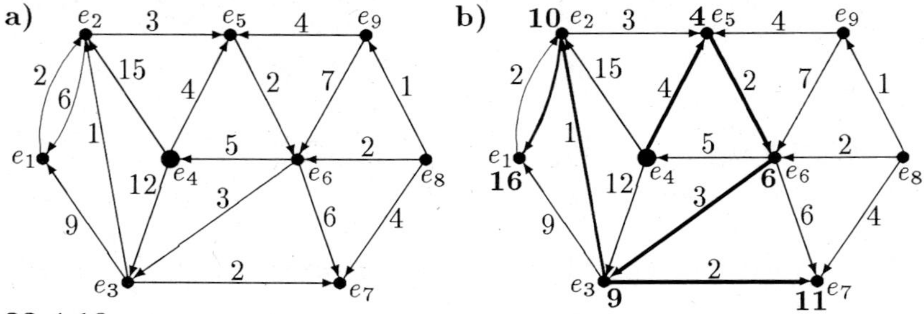

F 22.4.10

Die Markierung der Knoten erfolgt in folgender Reihenfolge: e_4, e_5, e_6, e_3, e_2, e_7, e_1. Die Knoten e_8 und e_9 können nicht markiert werden. Sie sind von e_4 aus nicht erreichbar.

Der Algorithmus läßt sich auch anwenden, wenn der Graph unbewertet ist und die Länge eines Weges als Anzahl der enthaltenen Kanten definiert ist. Alle Kanten $k \in K$ werden dann mit $d(k) = 1$ bewertet.

B 22.4.11 *Für den Graphen in* F 22.4.12a) *erhält man als kürzeste Wege von e_5 aus die in* F 22.4.12b) hervorgehobenen Wege. Es ist leicht nachzuprüfen, daß die Lösung in bezug auf die Wege mehrdeutig ist. So kann der kürzeste Weg zu e_1 auch über e_4 statt über e_3 führen und der kürzeste Weg zu e_{10} über e_6 oder über e_{11} statt über e_8.

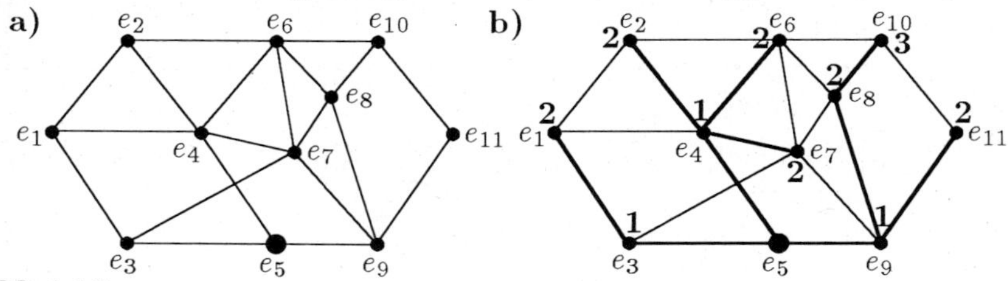

F 22.4.12

Der Algorithmus aus R 22.4.1 erfordert weniger Aufwand, wenn man folgendes beachtet: Ergeben sich in Schritt (4) mehrere Knoten mit gleichem minimalen vorläufigen Wert D^*, so können diese alle auf einmal endgültig bewertet werden.

Enthält ein zyklenfreier Digraph eine einzige Quelle, so lassen sich die kürzesten Wege von dieser Quelle zu allen anderen Knoten mit einem anderen Verfahren einfacher als mit R 22.4.1 bestimmen:

Bei diesem Algorithmus wird die Quelle e_0 mit $D(e_0) = 0$ bewertet, da sie von sich selbst die Entfernung Null hat. Es werden dann alle Nachfolger der Quelle gesucht, die nur die Quelle als Vorgänger haben. Diese Knoten e_i werden mit $D(e_i) = d(e_0, e_i)$ bewertet, denn die Kantenwerte geben die Entfernung von e_0 an.

Bei allen folgenden Iterationen werden zu allen schon bewerteten Knoten alle Nachfolger bestimmt, die nur bewertete Vorgänger haben. Zu diesen Knoten führt der kürzeste Weg über eine Kante von einem schon bewerteten Knoten und kann deshalb leicht bestimmt werden. An dem auf den Algorithmus folgenden Beispiel wird das Verfahren näher erläutert.

R 22.4.13 **Algorithmus zur Bestimmung kürzester Wege von der Quelle eines Digraphen zu allen anderen Knoten**

Gegeben sei ein bewerteter, zyklenfreier Digraph $G = (E, K, \phi, d)$ mit $e_0 \in E$ als einziger Quelle.

(1) Markiere den Startknoten (Quelle) e_0 mit $D(e_0) = 0$. Setze $i = 1$, $E_1 := \{e_0\}$. Gehe zu (2).

(2) Es sei E_i die Menge der bereits markierten Knoten und:
$E^* = \{e_s \in E \setminus E_i |$ für **alle** Vorgänger e_r von e_s gilt $e_r \in E_i\}$
Falls $E^* = \emptyset$, gehe zu (5), andernfalls zu (3).

(3) Markiere **alle** $e_s \in E^*$ mit:
$D(e_s) = \min[D(e_r) + d(e_r, e_s)]$. Markiere den Pfeil (e_r, e_s), über den die Markierung von e_s bestimmt wurde. Gehe zu (4).

(4) Setze $E_{i+1} := E_i \cup E^*$ und $i := i + 1$. Gehe zu (2).

(5) Ende.

B 22.4.14 *Der Algorithmus aus* R 22.4.13 *wird an dem Graphen aus* F 22.4.15 *erläutert.*

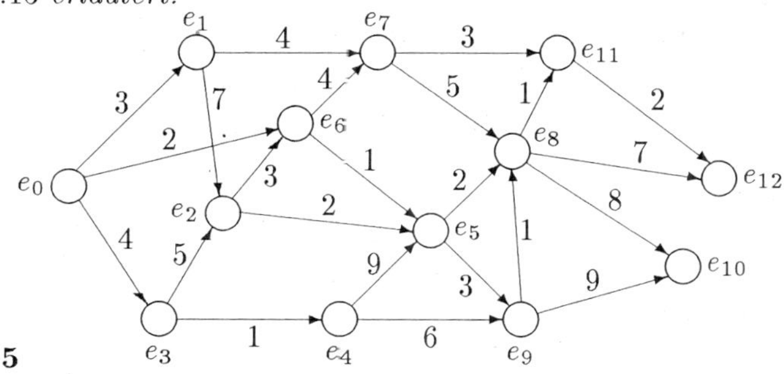

F 22.4.15

Die Knoten sind dabei als offene Kreise gezeichnet, in die dann die Knotenbewertungen eingetragen werden können. Die Markierung der Kanten geht aus den Zeichnungen hervor.

(Schritt (1)): Es ist $D(e_0) = 0$ *und* $E_1 = \{e_0\}$.

Iteration 1

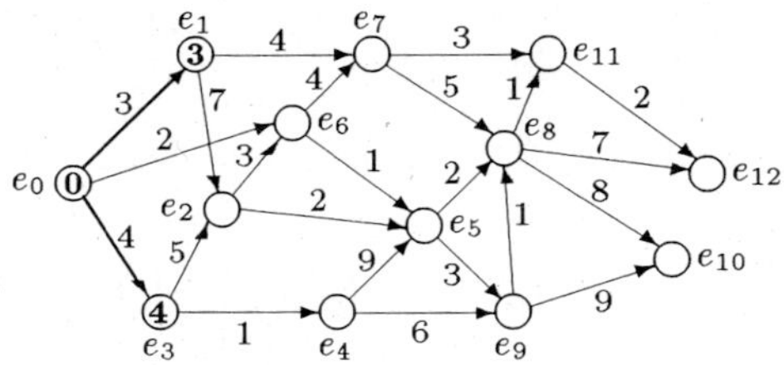

F 22.4.16

(2) *Die Quelle* e_0 *hat nur zwei benachbarte Knoten, die nur* e_0 *als Vorgänger haben:* e_1 *und* e_3. *Der Knoten* e_6 *hat außer* e_0 *auch* e_2 *als Vorgänger. Es gilt also:*
$E^* = \{e_1, e_3\}$

(3) *Alle Knoten* $e_s \in E^*$ *werden mit* $D(e_s) = D(e_0) + d(e_0, e_s)$ *bewertet. Es ist* $D(e_0) = 0$ *und die Kantenwerte* $d(e_0, e_s)$ *geben die kürzesten Entfernungen der Knoten zu* e_0 *an.*

$D(e_1) = D(e_0) + d(e_0, e_1) = 0 + 3 = 3$
$D(e_3) = D(e_0) + d(e_0, e_3) = 0 + 4 = 4$

Die Pfeile (e_0, e_1) *und* (e_0, e_3) *werden markiert.*

(4) *Da nunmehr* e_0, e_1 *und* e_3 *markiert sind, gilt:*

$E_2 = \{e_0, e_1, e_3\}$

Iteration 2

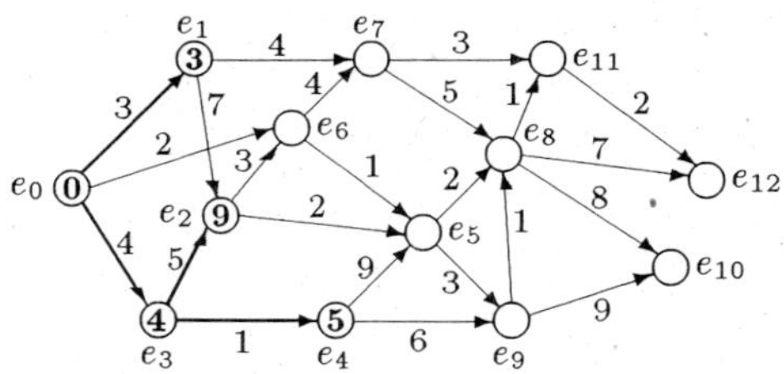

F 22.4.17

(2) *Es werden alle Knoten gesucht, die nur bewertete bzw. markierte Vorgänger haben. Von den Knoten aus* $E_2 = \{e_0, e_1, e_3\}$ *sind die Knoten* e_2, e_4, e_6 *und* e_7 *direkt über Pfeile erreichbar, aber* e_6 *und* e_7 *haben auch andere, unbewertete Vorgänger. Es ist somit:*

$E^* = \{e_2, e_4\}$

(3) *Es werden also nur* e_2 *und* e_4 *bewertet. Bei* e_2 *ist dabei festzustellen, ob der Weg über* e_1 *oder über* e_3 *kürzer ist.*

$$D(e_2) = \min \left\{ \begin{array}{l} D(e_1) + d(e_1, e_2) = 3 + 7 = 10 \\ D(e_3) + d(e_3, e_2) = 4 + 5 = 9 \end{array} \right\} = 9$$

$$D(e_4) = D(e_3) + d(e_3, e_4) = 4 + 1 \qquad = 5$$

Zu e_2 *ist der Weg über* e_3 *kürzer. Die Pfeile* (e_3, e_2) *und* (e_3, e_4) *werden markiert.*

(4) *Als Menge der bewerteten Knoten ergibt sich:*

$E_3 = \{e_0, e_1, e_2, e_3, e_4\}$

Iteration 3

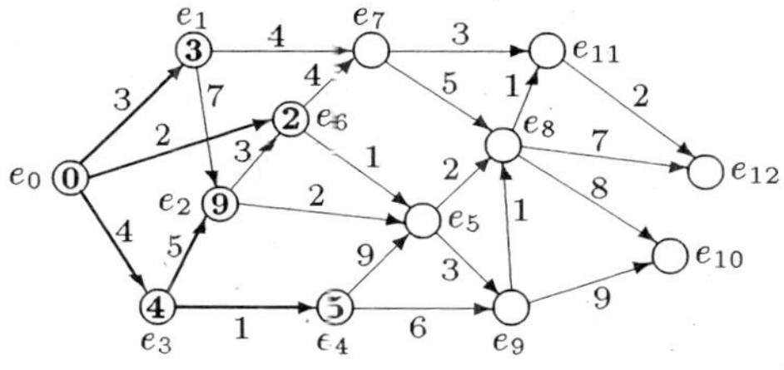

F 22.4.18

(2) *Es gibt jetzt nur einen noch nicht bewerteten Knoten, dessen sämtliche Vorgänger schon bewertet sind:*

$E^* = \{e_6\}$

(3) *Der Knoten* e_6 *kann direkt von* e_0 *oder über* e_2 *erreicht werden. Der kürzeste Weg ist der direkte, denn es gilt:*

$$D(e_6) = \min \left\{ \begin{array}{l} D(e_2) + d(e_2, e_6) = 9 + 3 = 12 \\ D(e_0) + d(e_0, e_6) = 0 + 2 = 2 \end{array} \right\} = 2$$

Der Pfeil (e_0, e_6) *wird markiert.*

(4) *Die Menge der bewerteten Knoten ist nun:*

$E_4 = \{e_0, e_1, e_2, e_3, e_4, e_6\}$

Iteration 4

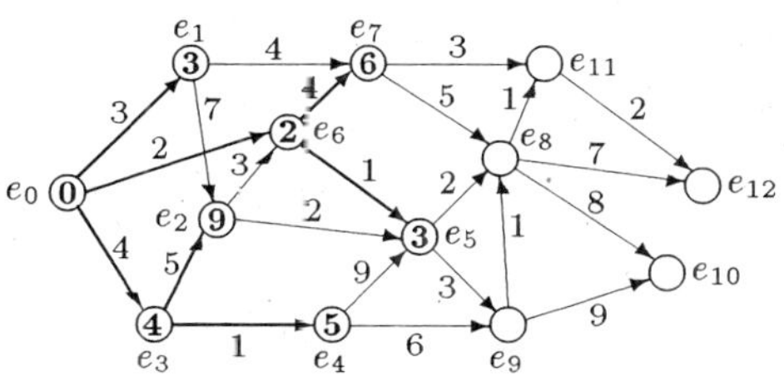

F 22.4.19

(2) *Unbewertete Knoten, zu denen alle Vorgänger schon bewertet wurden, sind* e_5 *und* e_7.

$E^* = \{e_5, e_7\}$

(3) *Für* e_5 *ist zu prüfen, ob der kürzeste Weg über* e_2, e_4 *oder* e_6 *führt. Zu den Entfernungen dieser Knoten von* e_0 *wird jeweils der betreffende Pfeilwert addiert und die kleinste Summe bestimmt. Zu* e_7 *kann der kürzeste Weg über* e_1 *oder über* e_6 *führen. Man erhält:*

$$D(e_5) = \min \left\{ \begin{array}{l} D(e_2) + d(e_2, e_5) = 9 + 2 = 11 \\ D(e_4) + d(e_4, e_5) = 5 + 9 = 13 \\ D(e_6) + d(e_6, e_5) = 2 + 1 = \ \ 3 \end{array} \right\} = 3$$

$$D(e_7) = \min \left\{ \begin{array}{l} D(e_1) + d(e_1, e_7) = 3 + 4 = 7 \\ D(e_6) + d(e_6, e_7) = 2 + 4 = 6 \end{array} \right\} = 6$$

Die Pfeile (e_6, e_5) *und* (e_6, e_7) *werden markiert.*

(4) *Für die Menge der bewerteten Knoten ergibt sich:*

$E_5 = \{e_0, e_1, e_2, e_3, e_4, e_5, e_6, e_7\}$

Auf eine Beschreibung der weiteren Iterationen wird im einzelnen verzichtet. Die Knoten werden in der Reihenfolge e_9, e_8, e_{10}, e_{11} *und* e_{12} *markiert. In* F 22.4.20 *ist das Endergebnis dargestellt.*

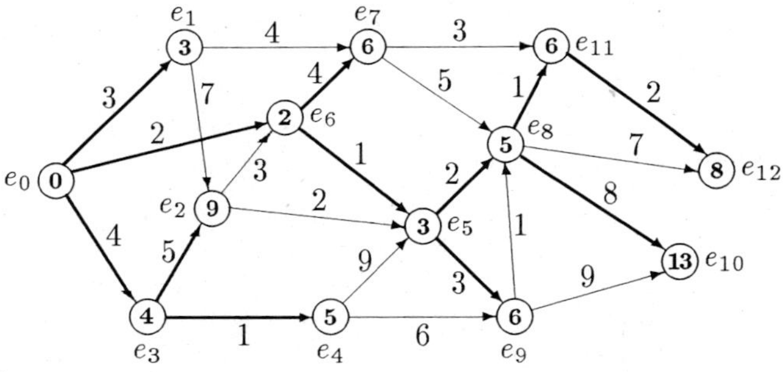

F 22.4.20

Zu dem Algorithmus aus R 22.4.13 sind folgende Anmerkungen zu machen:

Der Algorithmus kann auch bei mehreren Quellen verwendet werden. Diese werden zu Beginn sämtlich mit $D(e) = 0$ bewertet. Im übrigen verfährt man wie oben beschrieben.

Der Algorithmus kann auch zur **Bestimmung von längsten Wegen** in einem zyklenfreien Digraphen benutzt werden. Die Markierung in Schritt (3) erfolgt dann durch:

$$D(e_s) = \max[D(e_r) + d(e_r, e_s)]$$

Es werden bei jeder Iteration wieder die Knoten bewertet, deren sämtliche Vorgänger schon bewertet sind. Für alle Vorgänger e_r eines Knotens e_s wird $D(e_r) + d(e_r, e_s)$, also Bewertung des Vorgängers plus Pfeilbewertung, bestimmt. Der Knoten e_s wird dann mit dem größten dieser Werte (in R 22.4.13 mit dem kleinsten) bewertet, da es um längste Wege geht.

B 22.4.21 *Für den in* F 22.4.22 *dargestellten Graphen ergeben sich die längsten Wege in* F 22.4.23. *Die Markierungen in den Knoten geben die Weglängen an. An* F 22.4.23 *ist zu ersehen, daß bei einem Knoten mit mehreren Vorgängern die Bewertung des Knotens sich immer als größte Summe aus „Bewertung des Vorgängers plus Bewertung des Pfeils" ergibt.*

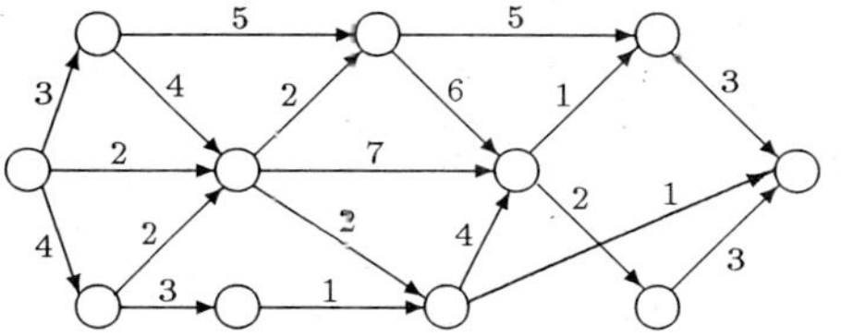

F 22.4.22

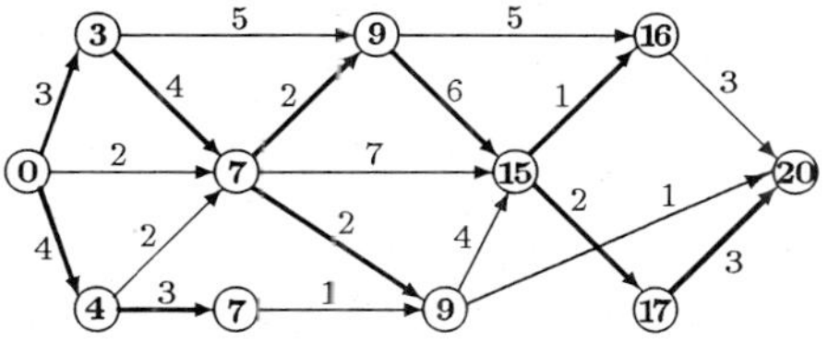

F 22.4.23

Um die Bestimmung längster Wege geht es z.B. bei der Ermittlung von Zeitplänen für Projektabläufe (vgl. F 22.1.4). Die Kanten werden mit den Ausführungszeiten bewertet. Wird der Projektstart mit 0 (oder einer anderen Zeit) vorgegeben, dann wird über längste Wege bestimmt, wann die den Knoten entsprechenden Projektzustände frühestens erreicht werden können. Die Knotenwerte bzw. -markierungen sind dann zugleich die frühesten Anfangszeitpunkte der Arbeitsgänge, die den von dem betreffenden Knoten abgehenden Pfeilen entsprechen.

Ein als Pfeil in einem Digraph dargestellter Arbeitsgang kann erst begonnen werden, wenn **alle** vorhergehenden Arbeitsgänge abgeschlossen sind. Deshalb sind für den Anfang eines Arbeitsgangs die zeitlich längsten Wege maßgebend.[1]

[1] Im einzelnen ist hier auf die Literatur zur Netzplantechnik zu verweisen. Vgl. z.B. SCHWARZE, J.: Netzplantechnik Herne/Berlin, 7. Aufl. 1994, NWB-Verlag.

Der Algorithrnus aus R 22.4.13 ist nicht anwendbar, wenn, wie das bisweilen der Fall ist, der Graph Zyklen enthält. Dann kann, wie das einfache Beispiel in F 22.4.25 zeigt, bei Erreichung des Zyklus kein Knoten mit markiertem Vorgänger gefunden werden.

B 22.4.24 *In* F 22.4.25 *kann mit* e_1 *als Startknoten nur* e_2 *markiert werden.*

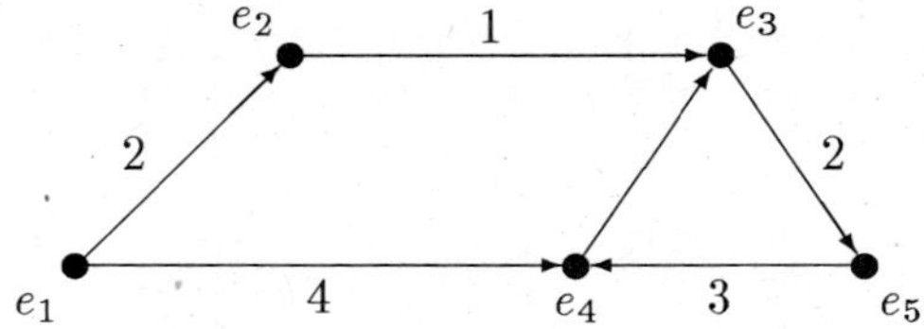

F 22.4.25

e_3, e_4 *und* e_5 *bzw. die sie verbindenden Pfeile ergeben einen Pfeilzyklus, in den man mit* R 22.4.13 *„nicht hineinkommt“.*

Die Berücksichtigung von Zyklen ist mit speziellen Algorithmen möglich, auf die im Rahmen dieser kurzen Einführung in die Graphentheorie nicht eingegangen wird.

Aufgaben

Ü 22.4.1 *Gegeben ist der folgende bewertete Graph*:

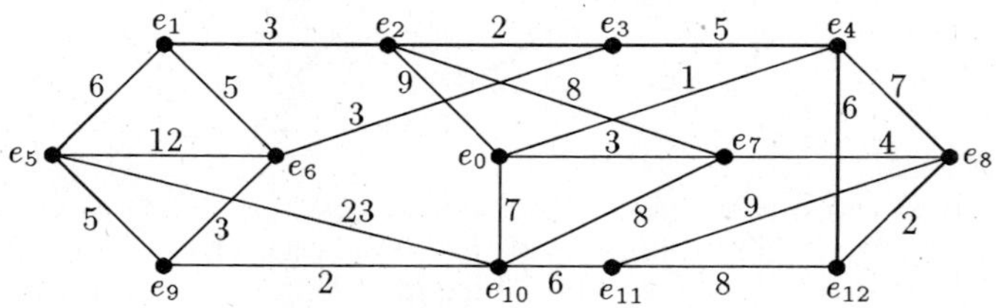

Bestimmen Sie die kürzesten Wege von e_0 *zu allen anderen Knoten des Graphen.*

Ü 22.4.2 *Bestimmen Sie längste Wege von* e_0 *zu allen anderen Knoten.*

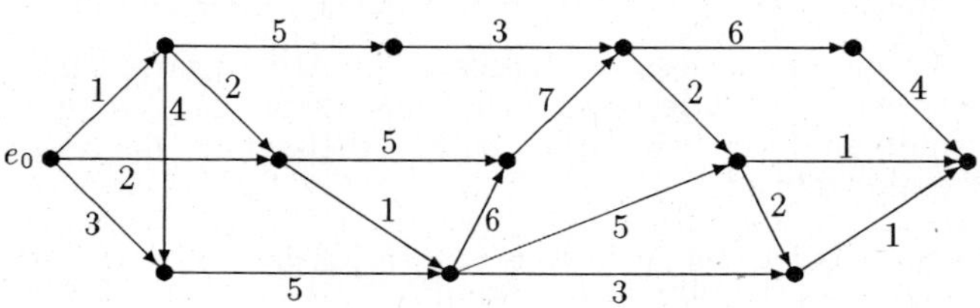

Ü 22.4.3 *Bestimmen Sie für den folgenden Graphen kürzeste Wege von* e_6 *zu allen anderen Knoten.*

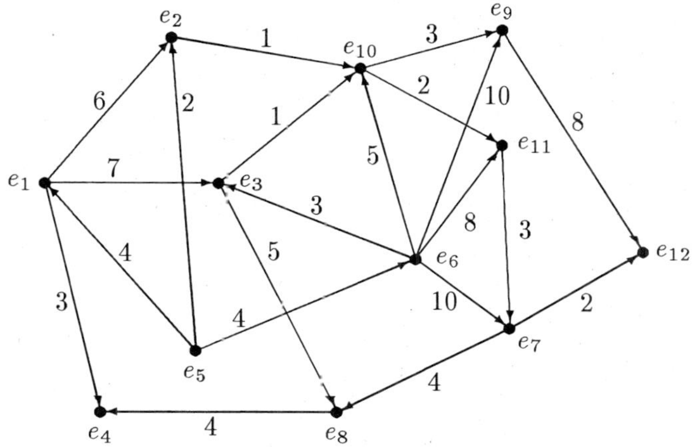

Ü 22.4.4 *Bestimmen Sie kürzeste Wege von* e_5 *zu allen anderen Knoten.*

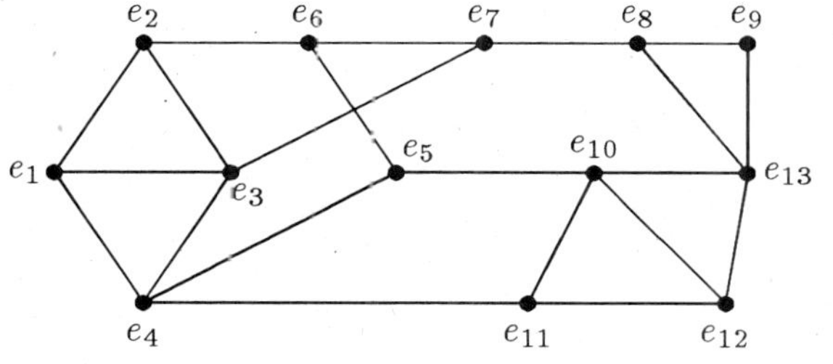

22.5 Matrizenalgorithmen zur Bestimmung kürzester Wege

Für den Erwerb grundlegender Kenntnisse über die Graphentheorie und ihre Anwendungsmöglichkeiten kann dieser Abschnitt übersprungen werden.

Der nachfolgend beschriebene Matrizenalgorithmus empfiehlt sich vor allem, wenn kürzeste Wege von jedem Knoten eines Graphen zu jedem anderen gesucht werden. Man verwendet dazu Modifikationen der Adjazenzmatrix bzw. der Matrix der Kantenwerte.

Für den Algorithmus wird eine spezielle Matrizenoperation benötigt.

D 22.5.1 Es seien $\mathbf{A} = (a_{ij})$ und $\mathbf{B} = (b_{ij})$ quadratische Matrizen n-ter Ordnung mit a_{ij}, $b_{ij} \in \mathbb{R} \cup \{\emptyset\}$, und es gelte für $-\infty < a < \infty$ folgendes: $\infty + a = a + \infty = \infty$
Unter der Matrix $\mathbf{C} = \mathbf{A} \oplus \mathbf{B}$ wird die Matrix (c_{ij}) verstanden mit:

$$c_{ij} = \min_{k=1,\dots,n} (a_{ik} + b_{kj}); \quad (i, j = 1, \dots, n)$$

Das Schema dieser Matrizenoperation ist dem der in D 17.6.2 eingeführten Matrizenmultiplikation ähnlich, für die gilt:

$$\mathbf{AB} = \mathbf{C} \text{ mit } c_{ij} = \sum_k a_{ik} b_{kj}$$

Man braucht zur Anwendung der Operation $\oplus$ in den skalaren Produkten der Vektoren der beiden Matrizen nur die Multiplikation durch die Addition zu ersetzen, also $a_{ik}b_{kj}$ durch $a_{ik} + b_{kj}$, und die Summation durch die Minimumbestimmung, also $\sum a_{ik}b_{kj}$ durch $\min\limits_k (a_{ik} + b_{kj})$.

Es läßt sich zeigen, daß diese Matrizenoperation **assoziativ** ist:

$$(\mathbf{A} \oplus \mathbf{B}) \oplus \mathbf{C} = \mathbf{A} \oplus (\mathbf{B} \oplus \mathbf{C}),$$

aber **nicht kommutativ**, d.h. im allgemeinen gilt $\mathbf{A} \oplus \mathbf{B} \neq \mathbf{B} \oplus \mathbf{A}$.

Für die Operation kann man eine Potenzbildung durch $\mathbf{A}^{(1)} = \mathbf{A}$ und $\mathbf{A}^{(m)} = \mathbf{A}^{(m-1)} \oplus \mathbf{A}$ für $m \in \mathbb{N}$ definieren, für die $\mathbf{A}^{(m)} \oplus \mathbf{A}^{(n)} = \mathbf{A}^{(m+n)}$ gilt.

Mit der Adjazenzmatrix $\mathbf{A}$ bzw. der Matrix der Kantenwerte $\mathbf{C}$ eines Graphen definiert man nun folgende Matrizen:

D 22.5.2

a) Es sei $\mathbf{A} = (a_{ij})$ die Adjazenzmatrix eines Graphen. Unter der Matrix $\mathbf{A}^* = (a^*_{ij})$ versteht man die Matrix mit

$$a^*_{ij} = \begin{cases} 1 \text{ für } a_{ij} \neq 0 & \text{und } i \neq j \\ 0 \text{ für } i = j & \\ \infty \text{ für } a_{ij} = 0 & \text{und } i \neq j \end{cases}$$

b) Es sei $\mathbf{C} = (d(e_i, e_j))$ die Matrix der endlichen Kantenwerte eines bewerteten Graphen $G = (E, K, \phi, d)$. Unter der Matrix $\mathbf{C}^* = (c^*_{ij})$ versteht man die Matrix mit

$$c^*_{ij} = \begin{cases} d(e_i, e_j) & \text{für } (e_i, e_j) \in K \\ 0 & \text{für } i = j \\ \infty & \text{für } (e_i, e_j) \notin K \end{cases}$$

Die Angabe der fehlenden Adjazenz zweier Knoten in beiden Matrizen durch ∞ ist für den folgenden Algorithmus notwendig.

B 22.5.3 **a)** *Für den Graphen aus* F 22.2.3 *bzw. die Adjazenzmatrix dazu (nach* F 22.2.3) *ergibt sich*:

$$\mathbf{A}^* = \begin{pmatrix} 0 & 1 & \infty & \infty & 1 & \infty \\ 1 & 0 & 1 & \infty & 1 & \infty \\ \infty & 1 & 0 & \infty & 1 & \infty \\ \infty & \infty & \infty & 0 & \infty & \infty \\ 1 & 1 & 1 & \infty & 0 & \infty \\ \infty & \infty & \infty & \infty & \infty & 0 \end{pmatrix}$$

b) *Zu der Matrix der Kantenwerte aus* B 22.2.42 *erhält man*:

$$\mathbf{C}^* = \begin{pmatrix} 0 & 12 & \infty & 3{,}5 & \infty \\ 12 & 0 & 4 & -2 & \infty \\ \infty & 4 & 0 & 0 & 127{,}34 \\ 3{,}5 & -2 & 0 & 0 & -9 \\ \infty & \infty & 127{,}34 & -9 & 0 \end{pmatrix}$$

Da ein unbewerteter Graph als Spezialfall eines bewerteten Graphen aufgefaßt werden kann, wie auch die Matrizen $\mathbf{A}^*$ und $\mathbf{C}^*$ zeigen, beschränken sich die folgenden Ausführungen auf bewertete Graphen.

D 22.5.4

> Gegeben sei ein Graph. Unter der Distanzmatrix $\mathbf{S} = (s_{ij})$ versteht man die Matrix, bei der s_{ij} die kürzeste Entfernung von e_i nach e_j angibt.

Der folgende Algorithmus dient der Bestimmung der Distanzmatrix $\mathbf{S}$ der kürzesten Entfernungen zwischen je zwei Knoten eines bewerteten Graphen G.

R 22.5.5

> **Matrizenalgorithmus zur Bestimmung der kürzesten Entfernungen von jedem Knoten eines Graphen zu jedem anderen Knoten**
> Gegeben sei ein bewerteter Graph $G = (E, K, \phi, d)$ und die zugehörige Matrix $\mathbf{C}^*$ (siehe D 22.5.2).
> (1) Setze $r = 1$, gehe zu (2).
> (2) Bestimmen Sie $\mathbf{C}^{*(r+1)} = \mathbf{C}^{*(r)} \oplus \mathbf{C}^*$. Gehe zu (3).
> (3) Falls $\mathbf{C}^{*(r+1)} = \mathbf{C}^{*(r)}$, gehe zu (4), andernfalls setze $r = r + 1$ und gehe zu (2).
> (4) Ende.
> $\mathbf{C}^{*(r)}$ ist die Matrix der kürzesten Entfernungen:
> $\mathbf{S} = \mathbf{C}^{*(r)}$

Es wird also $\mathbf{C}^*$ mit Hilfe der in D 22.5.1 eingeführten Operation $\oplus$ solange mit sich selbst „multipliziert“, bis $\mathbf{C}^{*(r)}$ sich nicht mehr verändert.

B 22.5.6 *Es wird der Graph aus* F 22.4.3 *betrachtet. Die Matrix* $\mathbf{C}^*$ *lautet*:

$$\mathbf{C}^* = \begin{pmatrix} 0 & 3 & 15 & 11 & \infty & \infty & \infty & \infty & \infty & \infty \\ 3 & 0 & 4 & \infty & 9 & \infty & 12 & \infty & \infty & \infty \\ 15 & 4 & 0 & 3 & \infty & \infty & \infty & 9 & 6 & \infty \\ 11 & \infty & 3 & 0 & \infty & \infty & 7 & \infty & 1 & \infty \\ \infty & 9 & \infty & \infty & 0 & 4 & 5 & 2 & \infty & \infty \\ \infty & \infty & \infty & \infty & 4 & 0 & 9 & 1 & \infty & \infty \\ \infty & 12 & \infty & 7 & 5 & 9 & 0 & \infty & 2 & 4 \\ \infty & \infty & 9 & \infty & 2 & 1 & \infty & 0 & \infty & 12 \\ \infty & \infty & 6 & 1 & \infty & \infty & 2 & \infty & 0 & 9 \\ \infty & \infty & \infty & \infty & \infty & \infty & 4 & 12 & 9 & 0 \end{pmatrix}$$

Zur Bestimmung der Elemente der Matrix $\mathbf{C}^{*(2)}$ *verwendet man die Operation* $\oplus$ *aus* D 22.5.1. *Mit der* 1. *Zeile und der* 3. *Spalte von* $\mathbf{C}^*$ *erhält man dann z.B.*:

$$\begin{aligned} {c^*_{13}}^{(2)} &= \min(0+15, 3+4, 15+0, 11+3, \infty+\infty, \infty+\infty, \infty+\infty, \\ &\qquad \infty+9, \infty+6, \infty+\infty) \\ &= \min(15, 7, 15, 14, \infty, \infty, \infty, \infty, \infty, \infty) = 7 \end{aligned}$$

Mit der 4. *Zeile und der* 8. *Spalte erhält man*:

$$\begin{aligned} {c^*_{48}}^{(2)} &= \min(11+\infty, \infty+\infty, 3+9, 0+\infty, \infty+2, \infty+1, 7+\infty, \\ &\qquad \infty+0, 1+\infty, \infty+12) \\ &= \min(\infty, \infty, 12, \infty, \infty, \infty, \infty, \infty, \infty, \infty) = 12 \end{aligned}$$

Die nach D 22.5.1 *und* R 22.5.5 *berechneten Potenzen von* $\mathbf{C}^*$ *lauten*:

$$\mathbf{C}^{*(2)} = \begin{pmatrix} 0 & 3 & 7 & 11 & 12 & \infty & 15 & 24 & 12 & \infty \\ 3 & 0 & 4 & 7 & 9 & 13 & 12 & 11 & 10 & 16 \\ 7 & 4 & 0 & 3 & 11 & 10 & 8 & 9 & 4 & 15 \\ 11 & 7 & 3 & 0 & 12 & 16 & 3 & 12 & 1 & 10 \\ 12 & 9 & 11 & 12 & 0 & 3 & 5 & 2 & 7 & 9 \\ \infty & 13 & 10 & 16 & 3 & 0 & 9 & 1 & 11 & 13 \\ 15 & 12 & 8 & 3 & 5 & 9 & 0 & 7 & 2 & 4 \\ 24 & 11 & 9 & 12 & 2 & 1 & 7 & 0 & 15 & 12 \\ 12 & 10 & 4 & 1 & 7 & 11 & 2 & 15 & 0 & 6 \\ \infty & 16 & 15 & 10 & 9 & 13 & 4 & 12 & 6 & 0 \end{pmatrix} \quad \mathbf{C}^{*(3)} = \begin{pmatrix} 0 & 3 & 7 & 10 & 12 & 16 & 14 & 14 & 12 & 19 \\ 3 & 0 & 4 & 7 & 9 & 12 & 12 & 11 & 8 & 16 \\ 7 & 4 & 0 & 3 & 11 & 10 & 6 & 9 & 4 & 12 \\ 10 & 7 & 3 & 0 & 8 & 12 & 3 & 12 & 1 & 7 \\ 12 & 9 & 11 & 8 & 0 & 3 & 5 & 2 & 7 & 9 \\ 16 & 12 & 10 & 12 & 3 & 0 & 8 & 1 & 11 & 13 \\ 14 & 12 & 6 & 3 & 5 & 8 & 0 & 7 & 2 & 4 \\ 14 & 11 & 9 & 12 & 2 & 1 & 7 & 0 & 9 & 11 \\ 12 & 8 & 4 & 1 & 7 & 11 & 2 & 9 & 0 & 6 \\ 19 & 16 & 12 & 7 & 9 & 13 & 4 & 11 & 6 & 0 \end{pmatrix}$$

$$\mathbf{C}^{*(4)} = \begin{pmatrix} 0 & 3 & 7 & 10 & 12 & 15 & 14 & 14 & 11 & 18 \\ 3 & 0 & 4 & 7 & 9 & 12 & 10 & 11 & 8 & 16 \\ 7 & 4 & 0 & 3 & 11 & 10 & 6 & 9 & 4 & 10 \\ 10 & 7 & 3 & 0 & 8 & 12 & 3 & 10 & 1 & 7 \\ 12 & 9 & 11 & 8 & 0 & 3 & 5 & 2 & 7 & 9 \\ 15 & 12 & 10 & 12 & 3 & 0 & 8 & 1 & 10 & 12 \\ 14 & 10 & 6 & 3 & 5 & 8 & 0 & 7 & 2 & 4 \\ 14 & 11 & 9 & 10 & 2 & 1 & 7 & 0 & 9 & 11 \\ 11 & 8 & 4 & 1 & 7 & 10 & 2 & 9 & 0 & 6 \\ 18 & 16 & 10 & 7 & 9 & 12 & 4 & 11 & 6 & 0 \end{pmatrix} \quad \mathbf{C}^{*(5)} = \begin{pmatrix} 0 & 3 & 7 & 10 & 12 & 15 & 13 & 14 & 11 & 18 \\ 3 & 0 & 4 & 7 & 9 & 12 & 10 & 11 & 8 & 14 \\ 7 & 4 & 0 & 3 & 11 & 10 & 6 & 9 & 4 & 10 \\ 10 & 7 & 3 & 0 & 8 & 11 & 3 & 10 & 1 & 7 \\ 12 & 9 & 11 & 8 & 0 & 3 & 5 & 2 & 7 & 9 \\ 15 & 12 & 10 & 11 & 3 & 0 & 8 & 1 & 10 & 12 \\ 13 & 10 & 6 & 3 & 5 & 8 & 0 & 7 & 2 & 4 \\ 14 & 11 & 9 & 10 & 2 & 1 & 7 & 0 & 9 & 11 \\ 11 & 8 & 4 & 1 & 7 & 10 & 2 & 9 & 0 & 6 \\ 18 & 14 & 10 & 7 & 9 & 12 & 4 & 11 & 6 & 0 \end{pmatrix}$$

$$\mathbf{C}^{*(6)} = \begin{pmatrix} 0 & 3 & 7 & 10 & 12 & 15 & 13 & 14 & 11 & 17 \\ 3 & 0 & 4 & 7 & 9 & 12 & 10 & 11 & 8 & 14 \\ 7 & 4 & 0 & 3 & 11 & 10 & 6 & 9 & 4 & 10 \\ 10 & 7 & 3 & 0 & 8 & 11 & 3 & 10 & 1 & 7 \\ 12 & 9 & 11 & 8 & 0 & 3 & 5 & 2 & 7 & 9 \\ 15 & 12 & 10 & 11 & 3 & 0 & 8 & 1 & 10 & 12 \\ 13 & 10 & 6 & 3 & 5 & 8 & 0 & 7 & 2 & 4 \\ 14 & 11 & 9 & 10 & 2 & 1 & 7 & 0 & 9 & 11 \\ 11 & 8 & 4 & 1 & 7 & 10 & 2 & 9 & 0 & 6 \\ 17 & 14 & 10 & 7 & 9 & 12 & 4 & 11 & 6 & 0 \end{pmatrix} \quad \mathbf{C}^{*(7)} = \begin{pmatrix} 0 & 3 & 7 & 10 & 12 & 15 & 13 & 14 & 11 & 17 \\ 3 & 0 & 4 & 7 & 9 & 12 & 10 & 11 & 8 & 14 \\ 7 & 4 & 0 & 3 & 11 & 10 & 6 & 9 & 4 & 10 \\ 10 & 7 & 3 & 0 & 8 & 11 & 3 & 10 & 1 & 7 \\ 12 & 9 & 11 & 8 & 0 & 3 & 5 & 2 & 7 & 9 \\ 15 & 12 & 10 & 11 & 3 & 0 & 8 & 1 & 10 & 12 \\ 13 & 10 & 6 & 3 & 5 & 8 & 0 & 7 & 2 & 4 \\ 14 & 11 & 9 & 10 & 2 & 1 & 7 & 0 & 9 & 11 \\ 11 & 8 & 4 & 1 & 7 & 10 & 2 & 9 & 0 & 6 \\ 17 & 14 & 10 & 7 & 9 & 12 & 4 & 11 & 6 & 0 \end{pmatrix}$$

Es ist $\mathbf{C}^{*(6)} = \mathbf{C}^{*(7)}$. *Damit ist das Verfahren beendet. Die Matrix* $\mathbf{C}^{*(6)}$ *enthält die kürzesten Entfernungen zwischen je zwei Knoten des Graphen, d.h. es ist* $\mathbf{C}^{*(5)} = \mathbf{S}$.

Zur Reduzierung des Rechenaufwandes empfiehlt es sich, statt der aufeinanderfolgenden Potenzen die Matrizen $\mathbf{C}^*$, $\mathbf{C}^{*(2)}$, $\mathbf{C}^{*(4)}$, $\mathbf{C}^{*(8)}, \ldots,$ $\mathbf{C}^{*(2^n)}$ zu bestimmen. Man erhält dadurch meistens schneller die Matrix $\mathbf{S}$ der kürzesten Entfernungen.

Die beiden Matrizenalgorithmen liefern zwar kürzeste Entfernungen zwischen je zwei Knoten eines Graphen, sie weisen in der angegebenen Form jedoch nicht aus, über welche Knoten bzw. Kanten die kürzesten Wege führen.
Diese lassen sich mit Hilfe einer zweiten Matrix finden, in der man in jedem Schritt zu jedem Knoten vermerkt, über welchen Nachbarknoten der kürzeste Weg zu dem betreffenden Knoten führt. Dazu geht man aus von einer Matrix $\mathbf{V} = (v_{ij})$ mit

$$v_{ij} = \begin{cases} i & \text{falls} \quad (e_i, e_j) \in E \\ \infty & \text{falls} \quad (e_i, e_j) \notin E. \end{cases}$$

Die Matrix $\mathbf{V}$ enthält in jeder Spalte die Nummern der Knoten, die zu dem betreffenden Knoten benachbart sind und die eigene Knotennummer. Zu der Zeile i gehört dabei Knoten i und zu Spalte j Knoten j.

B 22.5.7 *Für den Graphen aus* F 22.4.3 *bzw.* B 22.5.6 *ergibt sich:*

$$\mathbf{V} = \begin{pmatrix} 1 & 1 & 1 & 1 & \infty & \infty & \infty & \infty & \infty & \infty \\ 2 & 2 & 2 & \infty & 2 & \infty & 2 & \infty & \infty & \infty \\ 3 & 3 & 3 & 3 & \infty & \infty & \infty & 3 & 3 & \infty \\ 4 & \infty & 4 & 4 & \infty & \infty & 4 & \infty & 4 & \infty \\ \infty & 5 & \infty & \infty & 5 & 5 & 5 & 5 & \infty & \infty \\ \infty & \infty & \infty & \infty & 6 & 6 & 6 & 6 & \infty & \infty \\ \infty & 7 & \infty & 7 & 7 & 7 & 7 & \infty & 7 & 7 \\ \infty & \infty & 8 & \infty & 8 & 8 & \infty & 8 & \infty & 8 \\ \infty & \infty & 9 & 9 & \infty & \infty & 9 & \infty & 9 & 9 \\ \infty & \infty & \infty & \infty & \infty & \infty & 10 & 10 & 10 & 10 \end{pmatrix}$$

Bei der Bestimmung von $c_{ij}^{*\,(r+1)}$ der Matrix $\mathbf{C}^{*\,(r+1)}$ in R 22.5.5 können zwei Fälle auftreten:

(1) $c_{ij}^{*\,(r+1)} = \min\limits_{k=1,\ldots,n} \left(c_{ik}^{*\,(r)} + c_{kj}^{*}\right) = c_{ij}^{*\,(r)}$

(2) $c_{ij}^{*\,(r+1)} = \min\limits_{k=1,\ldots,n} \left(c_{ik}^{*\,(r)} + c_{kj}^{*}\right) < c_{kj}^{*\,(r)}$

(1) bedeutet $c_{ij}^{*\,(r+1)} = c_{ij}^{*\,(r)}$, d.h. von $\mathbf{C}^{*\,(r)}$ zu $\mathbf{C}^{*\,(r+1)}$ verändert sich das Element in der i-ten Zeile und j-ten Spalte nicht.
(2) bedeutet, daß sich das Element ändert, da es eine kürzere Entfernung von e_i zu e_j gibt, als die schon bestimmte. Ergibt sich in diesem Fall das Minimum für $k = s$, so wird in der Matrix $\mathbf{V}$ das Element v_{ij} durch $v_{ij}' = s$ ersetzt, da der kürzeste Weg von e_i nach e_j über e_s führt.

Auf diese Weise ergibt sich schließlich eine sogenannte **Routingmatrix R**, die für das Beispiel 22.5.6 wie folgt lautet:

$$\mathbf{R} = \begin{pmatrix} 1 & 1 & 2 & 3 & 2 & 8 & 9 & 5 & 4 & 7 \\ 2 & 2 & 2 & 3 & 2 & 8 & 9 & 5 & 4 & 7 \\ 2 & 3 & 3 & 3 & 7 & 8 & 9 & 3 & 4 & 7 \\ 2 & 3 & 4 & 4 & 7 & 8 & 9 & 5 & 4 & 7 \\ 2 & 5 & 4 & 9 & 5 & 8 & 5 & 5 & 7 & 7 \\ 2 & 5 & 8 & 9 & 8 & 6 & 5 & 6 & 7 & 7 \\ 2 & 3 & 4 & 9 & 7 & 8 & 7 & 5 & 7 & 7 \\ 2 & 5 & 8 & 9 & 8 & 8 & 5 & 8 & 7 & 7 \\ 2 & 3 & 4 & 9 & 7 & 8 & 9 & 5 & 9 & 7 \\ 2 & 3 & 4 & 9 & 7 & 8 & 10 & 5 & 7 & 10 \end{pmatrix}$$

Aus der Routingmatrix kann man den Verlauf der kürzesten Wege wie folgt ablesen: Für den kürzesten Weg vom Knoten e_i zum Knoten e_j sucht man in der i-ten Zeile die Spalte j. Das betreffende Element der Routingmatrix gibt den auf dem kürzesten Weg liegenden Vorgänger zu e_j an. Ist dieser Vorgänger e_k, so sucht man in der i-ten Zeile das k-te Element und erhält den Vorgänger zu e_k. Auf diese Weise erhält man rekursiv die auf dem kürzesten Weg von e_i nach e_j liegenden Knoten. F 22.5.8 zeigt einige Beispiele zu der obigen Routingmatrix.

```
KÜRZESTER WEG VON  3 NACH  7:   KÜRZESTER WEG VON  4 NACH  3:
  3 4 9 7                         4 3
KÜRZESTER WEG VON  3 NACH  8:   KÜRZESTER WEG VON  4 NACH  4:
  3 8                             4 4
KÜRZESTER WEG VON  3 NACH  9:   KÜRZESTER WEG VON  4 NACH  5:
  3 4 9                           4 9 7 5
KÜRZESTER WEG VON  3 NACH 10:   KÜRZESTER WEG VON  4 NACH  6:
  3 4 9 7 10                      4 9 7 5 8 6
KÜRZESTER WEG VON  4 NACH  1:   KÜRZESTER WEG VON  4 NACH  7:
  4 3 2 1                         4 9 7
KÜRZESTER WEG VON  4 NACH  2:   KÜRZESTER WEG VON  4 NACH  8:
  4 3 2                           4 9 7 5 8
```

F 22.5.8

Von dem Algorithmus aus R 22.5.5 gibt es Modifikationen, die eine schnellere Bestimmung von **S** ermöglichen. Auf Einzelheiten dazu muß im Rahmen dieser Einführung verzichtet werden.

Aufgaben

Ü 22.5.1 *Gegeben sei der folgende bewertete Graph.*

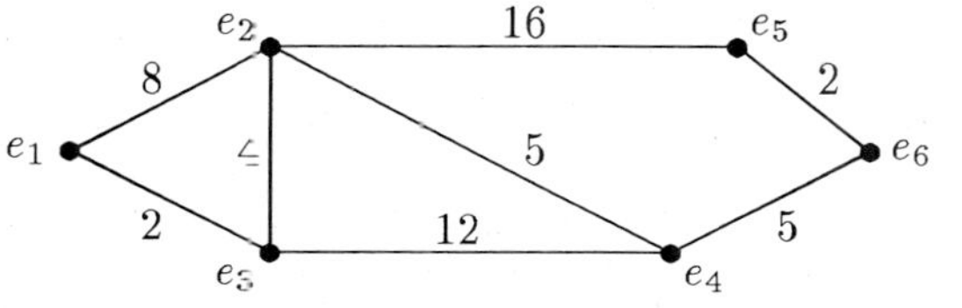

Bestimmen Sie: **a)** $\mathbf{C}^*$, **b)** **S**, **c)** **R** *und* **d)** *geben Sie die kürzesten Wege von* e_1 *nach* e_4 *und* e_5, *von* e_6 *nach* e_2 *und* e_3 *an.*

22.6 Flüsse und Schnitte in Graphen

In Abschnitt 22.1 wurde bereits kurz auf das Flußproblem hingewiesen. Dabei geht es um die Bestimmung eines maximalen Flusses in einem Leitungsnetz (Strom, Gas, Wasser) oder Verkehrsnetz. Mit dem Flußproblem in engem Zusammenhang stehen auch einige andere Probleme, wie etwa die optimale Projektbeschleunigung bei der Netzplantechnik.

D 22.6.1 **Fluß**
Gegeben sei ein **bewerteter Digraph** $G = (E, K, \phi, d)$. Ist für jeden Knoten $e \in E$, der nicht Quelle oder Senke des Digraphen ist, die Summe der Bewertungen der Pfeile, für die e Endknoten ist, gleich der Summe der Bewertungen der Pfeile, für die e Anfangsknoten ist, so heißt d ein auf G definierter **Fluß** und wird mit f bezeichnet.

Anschaulich bedeutet ein Fluß, daß in jeden Knoten nur soviel hineinfließt, wie auch wieder hinausfließen kann.

D 22.6.2 **Transportnetz**
Ein Transportnetz $N = (E, K, \phi, d, q, s)$ ist ein bewerteter Digraph, der genau eine Quelle $q \in E$ und eine Senke $s \in E$ besitzt. Jedem Pfeil $k \in K$ ist durch d eine positive Kapazität $d(k) > 0$ zugeordnet.

Man beachte, daß das Erfordernis **einer** Quelle und **einer** Senke bei praktischen Problemen mit mehreren Quellen und Senken leicht dadurch erreicht werden kann, daß vor die Quellen eine einzige fiktive Quelle ergänzt wird, von der je ein Pfeil zu den ursprünglichen Quellen führt bzw. von jeder Senke ein Pfeil zu einer einzigen hinzugefügten fiktiven Senke führt. F 22.6.3 veranschaulicht das an einem Beispiel. Die ergänzten Pfeile sind gestrichelt gezeichnet.

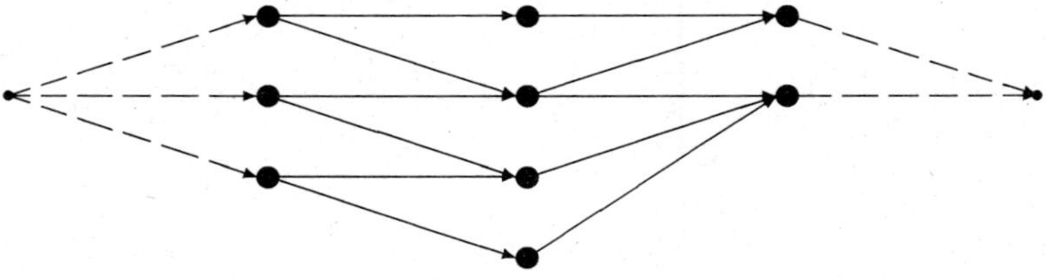

F 22.6.3

Ein auf N definierter Fluß f ist mit den Kapazitäten verträglich, wenn für jeden Pfeil gilt: $0 \leq f(k) \leq d(k)$. Ein Fluß f auf N mit der Stärke F von q nach s ist ein Fluß, bei dem in die Senke genau soviel hineinfließt, wie aus der Quelle herauskommt, nämlich F.

Das Maximalflußproblem besteht dann darin, unter allen mit der Kapazität eines Transportnetzes N verträglichen Flüssen denjenigen zu finden, der am größten ist.

Als Kapazität $d(S)$ eines Schnittes S (vgl. D 22.2.27) bezeichnet man die Summe der Kapazitäten der in S enthaltenen Pfeile.

Gegeben sei ein Transportnetz N, und es seien f ein beliebiger Fluß der Stärke F und S ein beliebiger Schnitt zwischen Quelle und Senke, d.h. $q \in E_1$ und $s \in E_2$. Dann ist $F \leq d(S)$.

Die Stärke eines Flusses kann also die Kapazität eines Schnittes nicht übersteigen.

D 22.6.4

Gilt $F = d(S^*)$ für einen speziellen Schnitt S, so heißt f ein Maximalfluß und S ein **Schnitt minimaler Kapazität**.

Für das Problem der Bestimmung eines maximalen Flusses von der Quelle zur Senke eines Transportnetzes haben FORD und FULKERSON einen Algorithmus entwickelt, bei dem ein gegebener zulässiger Fluß iterativ verbessert wird.

R 22.6.5

Algorithmus von FORD und FULKERSON zur Bestimmung eines maximalen Flusses in einem Transportnetz

Gegeben sei ein Transportnetz $N = (E, K, \phi, d, q, s)$ und ein mit den Kapazitäten von N verträglicher Fluß f.

(1) Markiere die Quelle q mit $\Delta(q) = +\infty$.

(2) Versuche durch schrittweises Markieren von Knoten einen Kantenweg von der Quelle zur Senke zu bestimmen, wobei die folgenden Fälle möglich sind:

(2a) Es sei $k = (e_i, e_j)$ ein Pfeil mit markiertem Anfangsknoten und nicht markiertem Endknoten. Falls $f(k) < d(k)$ ist, markiere e_j mit

$$\Delta(e_j) = \min(\Delta(e_i); d(k) - f(k))$$

und dem Vorgänger e_i von e_j. Die Markierung besteht also aus dem Paar $(\Delta(e_j); e_i)$.

(2b) Es sei $k = (e_i', e_j')$ ein Pfeil, dessen Endknoten markiert ist und dessen Anfangsknoten noch nicht markiert ist. Markiere e_i', falls $f(k) > 0$ mit

$$\Delta(e_i') = \min(\Delta(e_j'); f(k))$$

und dem Nachfolger e_j' von e_i'. Die Markierung besteht aus dem Paar $(\Delta(e_i'); e_j')$.

(3) Kann auf diese Weise die Senke s markiert werden, so kann der Fluß um $\Delta(s)$ verbessert werden. Den verbesserten zulässigen Fluß findet man dadurch, daß man von der Senke bis zur Quelle den Kantenweg sucht, der durch die Markierung der Nachfolger bzw. Vorgänger der Knoten in den Schritten (2a) und (2b) von der Quelle zur Senke bestimmt wird. Die Kantenflüsse entlang dieses Weges werden um $\Delta(s)$ erhöht, wenn der Pfeil bei der Markierung in seiner Richtung durchlaufen wurde (Markierung nach Schritt (2a)). Der Kantenfluß wird um $\Delta(s)$ vermindert, wenn die Markierung nach Schritt (2b) erfolgte.

Da bei der Markierung auch Pfeile entgegen ihrer Richtung durchlaufen werden, ergibt sich im allgemeinen kein Pfeilweg, sondern ein Kantenweg, in dem auch Pfeile vom End- zum Anfangsknoten durchlaufen werden.

Die Grundidee des Algorithmus besteht darin, daß man unendlich viele Einheiten aus der Quelle herausfließen läßt (Schritt (1): $\Delta(q) = \infty$). Dann wird sukzessive geprüft, wieviel Einheiten davon bis zur Senke fließen können. Der Schritt (2a) ist dabei leicht einzusehen, denn die

Markierung des Endknotens mit $\Delta(e_j) = \min(\Delta(e_i); d(k) - f(k))$ bedeutet, daß man von der Quelle bis zu e_j nicht mehr fließen lassen kann, als in e_i ankommt und als die noch freie Kapazität des Pfeils zuläßt.

Der Schritt (2b), bei dem für die Markierung ein Pfeil (e_i', e_j') in umgekehrter Richtung (von e_j' nach e_i') durchlaufen wird, bedeutet folgendes:
$\Delta(e_j')$ Einheiten können von der Quelle bis zum Knoten e_j' zusätzlich fließen. Ist es nicht möglich, diese $\Delta(e_j')$ Einheiten von e_j' weiterfließen zu lassen, dann kann man versuchen, von e_i' weniger nach e_j' fließen zu lassen: $\Delta(e_i') = \min(\Delta(e_j'), f(k))$; also soviel Einheiten, wie nach e_j' zusätzlich fließen können oder soviel, wie im Moment über die Kante k fließen kann. Dadurch wird Flußkapazität von e_j' zur Senke frei, die für die zusätzlichen Einheiten, die in e_j' ankommen, verwendet werden kann. Für die nicht von e_i' nach e_j' geflossenen Einheiten muß dann durch weiteres Anwenden des Markierungsalgorithmus ein Weg bis zur Senke gefunden werden.

Zur Veranschaulichung wird ein einfaches Beispiel behandelt.

B 22.6.6 *Es ist für den Graph in* F 22.6.7 *ein Maximalfluß zu bestimmen.*

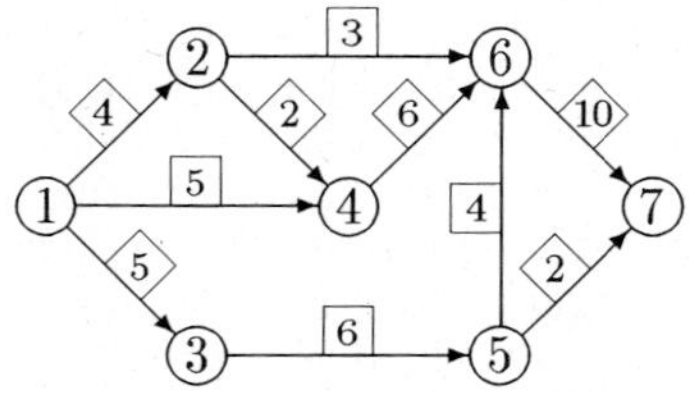

F 22.6.7

Knoten 1 ist die Quelle und Knoten 7 die Senke. Die Kantenwerte $d(k)$ (Kantenkapazitäten) sind in die rechteckigen Felder an den Pfeilen eingetragen.

Ein zulässiger Ausgangsfluß, den man durch Probieren finden kann, ist in F 22.6.8a) *eingetragen (Zahlen neben den Kapazitätsangaben). Man beachte bei der Bestimmung eines zulässigen Ausgangsflusses vor allem, daß in einen Knoten nur soviel hineinfließen darf, wie auch wieder herausfließt. In Zweifelsfällen ist es empfehlenswert, mit einem Fluß der Stärke* 0 *zu beginnen.*
Bei der folgenden Anwendung des Algorithmus zur Verbesserung des Flusses ist zu beachten, daß es meistens verschiedene Möglichkeiten gibt, um schrittweise einen Kantenweg zu bestimmen, der zu einer Markierung der Senke führt. Insofern ist der Algorithmus nicht eindeutig.

Es wird nun wie folgt markiert:

Schritt 1: *Markierung der Quelle:* $\Delta(1) = \infty$

Schritt 2: *Markierung des Knotens* 4 *nach Schritt* (2*a*) *des Algorithmus mit* $\Delta(4) = \min(\Delta(1); 5 - 1) = \min(\infty; 4) = 4$ *und der Angabe des Vorgängerknotens* 1 (*vgl.* F 22.6.8b)).

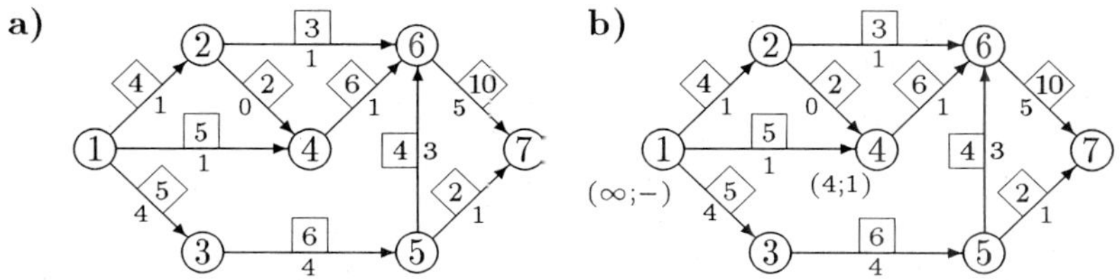

F 22.6.8

Schritt 3: *Markierung von Knoten* 6 *nach Schritt* (2*a*) *des Algorithmus mit* $\Delta(6) = \min(\Delta(4); 6 - 1) = \min(4; 5) = 4$ *und der Angabe des Vorgängerknotens* 4 (F 22.6.9a)).

Schritt 4: *Markierung der Senke* 7 *nach Schritt* (2*a*) *des Algorithmus mit* $\Delta(7) = \min(\Delta(6); 10 - 5) = \min(4; 5) = 4$ *und Angabe des Vorgängerknotens* 6 (F 22.6.9b)).

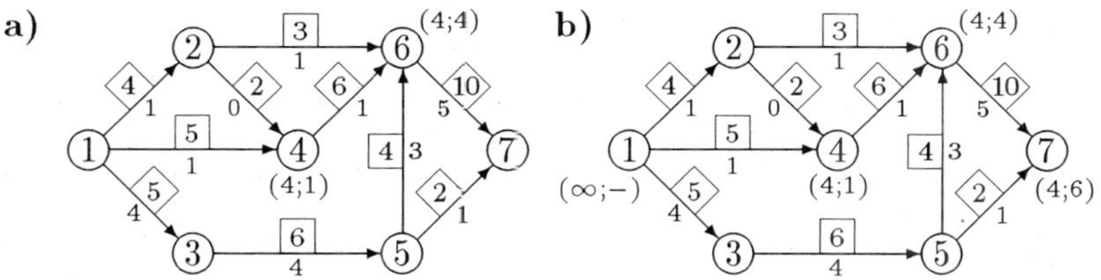

F 22.6.9

Damit ist die Senke markiert. Eine Verbesserung des Flusses ist also möglich und zwar um $\Delta(7) = 4$. *Aus den Markierungen folgt, daß diese Verbesserung entlang des Kantenweges über die Knoten* 1, 4, 6, 7, *der in diesem Fall zugleich auch ein Pfeilweg ist, erreicht werden kann. Den verbesserten Fluß zeigt* F 22.6.10a).

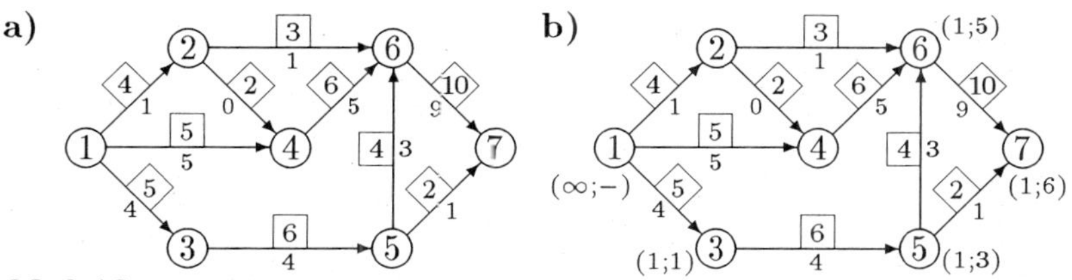

F 22.6.10

Durch schrittweises Markieren ist nun erneut zu versuchen, die Senke zu markieren, um festzustellen, ob der Fluß noch verbessert werden kann. Das ist in 5 Schritten möglich, wobei die Knoten 1, 3, 5, 6 und 7 markiert werden. Das Ergebnis zeigt F 22.6.10b). *Der verbesserte Fluß ist in* F 22.6.11a) *eingetragen.*

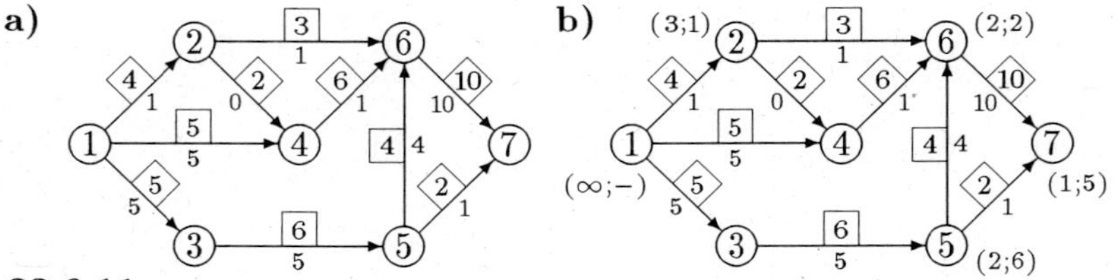

F 22.6.11

Es ist wiederum zu prüfen, ob eine Verbesserung des Flusses möglich ist. In 5 Schritten (Knoten 1, 2, 6, 5, 7) kann die Senke markiert werden. Das Ergebnis zeigt F 22.6.11b). *Zu der Markierung von Knoten 5 nach Schritt (2b) des Algorithmus ist folgendes zu sagen: Die Markierung von Knoten 6 besagt, daß es möglich ist, 2 Einheiten von der Quelle bis zum Knoten 6 fließen zu lassen. Da die Kapazität des Pfeils (6; 7) jedoch bereits völlig erschöpft ist, können diese 2 Einheiten nicht weiterfließen. Reduziert man nun den Fluß von 5 nach 6 um 2 Einheiten, die dann auch nicht wieder aus 6 über (6; 7) herausfließen, dann entsteht bei dem Pfeil (6; 7) eine freie Kapazität von 2 Einheiten, so daß die von der Quelle dort über Knoten 2 ankommenden 2 Einheiten weiterfließen können. Es muß nun jedoch geprüft werden, ob die 2 Einheiten, die nicht von 5 nach 6 und von dort weiterfließen können, über einen anderen Weg zur Senke fließen können. Das ist, wie die Markierung der unmittelbar hinter 5 liegenden Senke zeigt, nur für eine Einheit möglich, so daß der Fluß insgesamt nur um eine Einheit verbessert werden kann. Den verbesserten Fluß zeigt* F 22.6.12. *Eine weitere Verbesserung des Flusses ist nicht möglich.*

Damit ist das Verfahren beendet und ein maximaler Fluß von der Quelle zu Senke bestimmt.

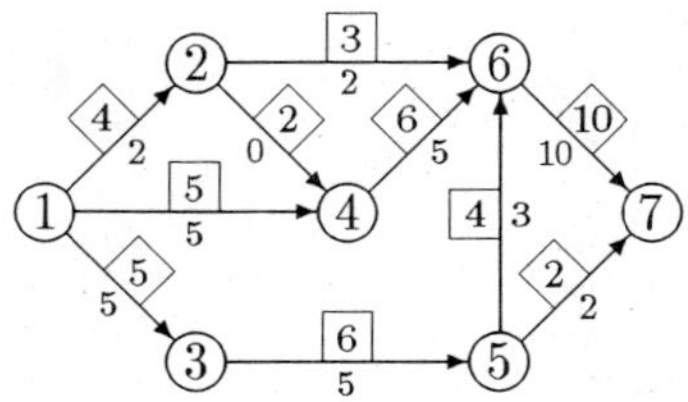

F 22.6.12

Die Bestimmung des maximalen Flusses kann zusätzlich zur Bestimmung eines Minimalschnittes verwendet werden. Auf den Zusammenhang zwischen maximalem Fluß und minimalem Schnitt wurde bereits oben hingewiesen (vgl. D 22.6.4). Es gilt nun:

R 22.6.13 **Bestimmung eines minimalen Schnitts**
Auf ein Transportnetz, für das ein maximaler Fluß bestimmt wurde, wird R 22.6.5 erneut angewendet. Sind alle überhaupt markierbaren Knoten mit einer Markierung versehen und ist E_1 die Menge der markierten und E_2 die Menge der unmarkierten Knoten, so ist die Menge der Pfeile $k = (e_i, e_j)$ mit $e_i \in E_1$ und $e_j \in E_2$ der minimale Schnitt.

Anschaulich läßt sich dieser Satz leicht einsehen, wenn man davon ausgeht, daß bei der Markierung nach R 22.6.5 versucht wird, einen aus der Quelle herausfließenden zusätzlichen Fluß sukzessive durch das Transportnetz zu führen. Am minimalen Schnitt muß, wenn der maximale Fluß bereits gefunden ist, dieser Markierungsprozeß aber immer enden, da durch den „Flaschenhals" des Minimalschnittes kein zusätzlicher Fluß mehr hindurch kann.

B 22.6.14 *Für* B 22.6.6 *ergibt, nachdem der Maximalfluß bestimmt wurde, eine Markierung aller überhaupt markierbaren Knoten das Ergebnis in* F 22.6.15.

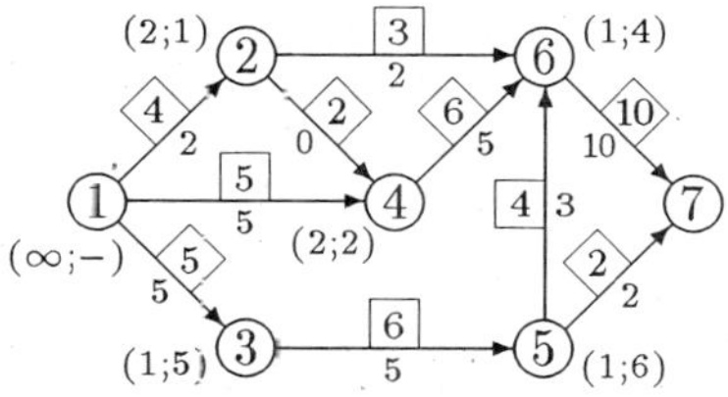

F 22.6.15

Es können also die Knoten 1 *bis* 6 *markiert werden. Es ist* $E_1 = \{1, 2, 3, 4, 5, 6\}$ *und* $E_2 = \{7\}$. *Als minimalen Schnitt erhält man somit:* $S = \{(e_6, e_7), (e_5, e_7)\}$

Für die manuelle Bestimmung des maximalen Flusses ist hier darauf hinzuweisen, daß der Algorithmus von FORD und FULKERSON auch so angewendet werden kann, daß man bei einer Iteration mehrere Kantenwege bestimmt, entlang derer eine Verbesserung des Flusses möglich ist. Die Senke erhält dann mehrere Markierungen. Bei sich überschneidenden Wegen ist hier jedoch Vorsicht geboten.

Man beachte, daß die Lösung des Flußproblems im Hinblick auf die Beanspruchung der Kantenkapazitäten nicht eindeutig ist.

Häufig taucht das Flußproblem in einer anderen Formulierung auf. Für ein gegebenes Transportnetz sind für die Kanten zusätzlich noch die Kosten für den Transport einer Einheit gegeben. Es ist der kostenminimale Maximalfluß zu suchen. Zur Lösung dieses Problems gibt es spezielle Formulierungen des angegebenen Algorithmus, auf die hier nicht eingegangen werden kann.

Ein triviales Flußproblem besteht darin, in einem **Transportnetz mit unbeschränkten Kapazitäten**, bei dem für jeden Pfeil anstelle der Kapazität die Kosten $c(k)$ für den Transport einer Einheit vom Anfangs- zum Endknoten der Kante angegeben sind, einen **kostenminimalen** Fluß einer gegebenen Stärke von der Quelle zur Senke zu bestimmen. Interpretiert man die Kosten als „Kostenlänge" der Pfeile, so ist ein Weg minimaler „Kostenlänge" von der Quelle q zur Senke s zu finden. Dazu kann einer der im Abschnitt 22.4 bzw. 22.5 beschriebenen Algorithmen herangezogen werden, so daß hier darauf nicht weiter eingegangen zu werden braucht.

Es gibt verschiedene Probleme, die zunächst nicht auf ein Flußproblem schließen lassen, die sich aber in einer Formulierung als Flußproblem leicht lösen lassen. Das gilt z.B. für das sogenannte Verschiffungsproblem. In verschiedenen Versandhäfen lagern bestimmte Mengen eines Gutes. Diese sollen mit Schiffen unterschiedlicher Kapazität zu unterschiedlichen Empfangshäfen verschifft werden, deren Bedarfsmengen vorgegeben sind. Die Verschiffung soll nun so erfolgen, daß möglichst viel von den Versandhäfen zu den Empfangshäfen verschifft wird, aber der Bedarf der Empfangshäfen nicht überschritten wird. Der in F 22.6.16 wiedergegebene Graph zeigt die Formulierung des Problems. a, b und c geben die in A, B und C vorhandenen Mengen an, d und e die in D und E benötigten Mengen. Die Pfeile von A, B bzw. C nach D bzw. E werden mit den entsprechenden Schiffskapazitäten bewertet. Das Problem besteht dann in der Bestimmung eines möglichst großen Flusses von q nach s.

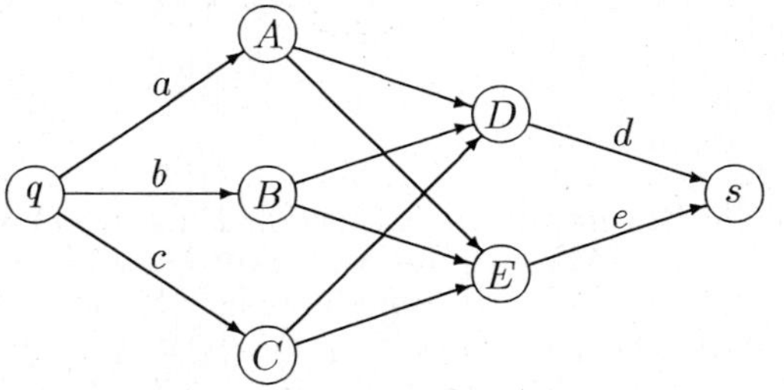

F 22.6.16

22.7 Graphentheoretische Strukturparameter

Die Verwendung der Graphentheorie zur Formulierung von Strukturmodellen für ökonomische Probleme wirft die Frage auf, inwieweit die Graphentheorie Möglichkeiten zur Beurteilung und zum Vergleich von Strukturen schafft. In erster Linie geht es dabei um Parameter zur Kennzeichnung gewisser Eigenschaften von Graphen bzw. Strukturen. In diesem Abschnitt werden exemplarisch typische Parameter behandelt.

a) Parameter, die die Belastung der Knoten betreffen
Einige Parameter sind bereits in Abschnitt 22.2 im Zusammenhang mit den wichtigsten Begriffen der Graphentheorie behandelt worden.

Die einfachsten Kenngrößen sind die Anzahl der Knoten n und die Anzahl der Kanten r eines Graphen sowie das Verhältnis von Knoten zu Kanten bzw. umgekehrt. Das Verhältnis $\overline{\gamma} = \frac{2r}{n}$ gibt den **durchschnittlichen Knotengrad** an und kann zur Charakterisierung der durchschnittlichen Belastung der Knoten verwendet werden, wenn die Kanten Informations- oder Transportkanäle darstellen. In die Größe $\overline{\gamma}$ geht die Anzahl der mit einem Knoten inzidenten Kanten ein, ohne daß dabei eine eventuelle Richtung der Kanten berücksichtigt wird. Bei der Darstellung eines Kompetenz- oder Informationssystems kann aber die Richtung sehr wohl eine Rolle spielen. Der Eingangsgrad gibt die Anzahl der Vorgesetzten einer Stelle in einem Kompetenzsystem oder die Anzahl der Informationseingänge in einem Informationssystem an. Der Ausgangsgrad gibt demgegenüber die Anzahl der Untergebenen oder die Anzahl der Stellen an, an die Informationen abgegeben werden. Die durchschnittliche Belastung kann in beiden Fällen durch den durchschnittlichen Eingangs- bzw. Ausgangsgrad angegeben werden.

Bei der Betrachtung der Knotengrade bzw. der Eingangs- und Ausgangsgrade der Knoten findet nur die Anzahl der mit einem Knoten inzidenten Kanten Berücksichtigung. Für die Betrachtung der benachbarten Stellen oder der Vorgesetzten und Untergebenen in einer Organisation oder der benachbarten Knotenpunkte in einem Verkehrsnetz reicht das aus.

Häufiger dürfte jedoch die Analyse der Belastung eines Knotens durch einen Informations-, Verkehrs- oder anderen Fluß von Interesse sein. Hier kann die Flußbelastung jedes Knotens und die durchschnittliche Flußbelastung aller Knoten bestimmt werden. Bei einigen Fragestellungen, etwa bei der Betrachtung von Kommunikationssystemen, ist dieser Parameter jedoch nicht verwendbar, da die Knoten Informationen verarbeiten und erzeugen. Nach den Definitionen des Abschnitts 22.6 muß dann kein Fluß vorliegen. Erweitert man den Flußbegriff um einen Ausgangsfluß $f^+(e)$ und einen Eingangsfluß $f^-(e)$ für jeden Knoten, die nicht notwendig übereinstimmen müssen, dann kann man auch für diesen Fall den durchschnittlichen Fluß der Knoten bestimmen.

Bei manchen Problemen kann der Unterschied zwischen Eingangs- und Ausgangsfluß eines Knotens auf eine Verarbeitung der fließenden Einheiten hindeuten. Bei einem Informationsnetz etwa auf die Erstellung bzw. Erhebung, die Verarbeitung, die Aufbereitung oder die Verdichtung von Informationen.

b) Parameter, die die Entfernungen in Graphen betreffen

Weiter oben wurde ausführlicher auf die Bestimmung kürzester bzw. längster Wege in Graphen eingegangen. Die Länge des kürzesten Weges zwischen zwei Knoten e_i und e_j eines Graphen heißt **Distanz** $s(e_i, e_j)$ oder kurz s_{ij} der beiden Knoten.

Sämtliche Distanzen eines Graphen können in einer sogenannten Distanzmatrix $\mathbf{S}$ zusammengestellt werden (vgl. D 22.5.4). Das ist sowohl für bewertete als auch für unbewertete Graphen möglich. Im letzten Fall ist die Anzahl der Kanten der kürzesten Wege maßgebend.

Aus den Distanzen eines Graphen lassen sich folgende Kenngrößen ermitteln:

Die größte in einem Graphen vorkommende Distanz wird als **Durchmesser** des Graphen bezeichnet.

Unter dem **Radius $r(e)$ eines Knotens e** versteht man die größte Distanz, die ein Knoten zu irgendeinem anderen Knoten eines Graphen besitzt.

B 22.7.1 *In* F 22.7.2 *ist ein Graph mit Distanzmatrix wiedergegeben.*

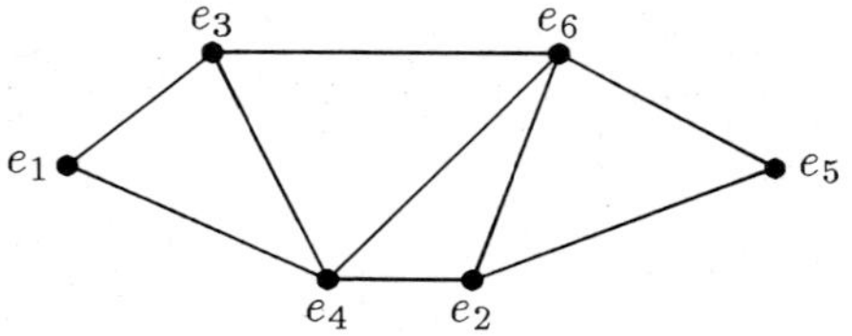

	e_1	e_2	e_3	e_4	e_5	e_6
e_1	0	2	1	1	3	2
e_2	2	0	2	1	1	1
e_3	1	2	0	1	2	1
e_4	1	1	1	0	2	1
e_5	3	1	2	2	0	1
e_6	2	1	1	1	1	0

F 22.7.2

Der Durchmesser des Graphen ist 3, *und es gilt*:

$$r(e_1) = 3;\ r(e_2) = 2;\ r(e_3) = 2;\ r(e_4) = 2;\ r(e_5) = 3;\ r(e_6) = 2$$

Man beachte, daß in einem nichtzusammenhängenden Graphen jeder Knoten den Radius $r(e) = \infty$ hat, da es zu jedem Knoten mindestens einen anderen Knoten gibt, der von ihm nicht erreicht werden kann.

Für die Beurteilung von Strukturen kann es weiterhin zweckmäßig sein, die **durchschnittliche Distanz eines Knotens** zu allen anderen Knoten und die **duchschnittliche Distanz im Graphen** zu bestimmen.

c) Parameter, die die Stellung der Knoten im Graphen betreffen

Unter einem **Zentrum** eines Graphen versteht man einen Knoten mit minimalem Radius innerhalb des Graphen. In dem Beispiel aus F 22.7.2 sind die Knoten e_2, e_3, e_4 und e_6 Zentren.

Ein **peripherer Knoten** ist demgegenüber ein Knoten mit maximalem Radius. In F 22.7.2 sind e_1 und e_5 periphere Knoten.

Wird eine soziologische Struktur durch einen gerichteten Graphen dargestellt, in dem die Individuen als Knoten dargestellt sind und die gerichteten Kanten die Dominanz eines Individuums über ein anderes Individuum ausdrücken, dann kann man mittels Eingangs- und Ausgangsgrad der Knoten Kenngrößen für die „Stärke" der Individuen bzw. Knoten definieren. Ein einfaches Dominanzkriterium ist die Differenz zwischen Ausgangs- und Eingangsgrad:

$$\gamma^+(e) - \gamma^-(e)$$

Dividiert man durch die Anzahl der adjazenten Knoten, so ergibt sich eine zwischen -1 und $+1$ variierende Größe, die ein Maß für die Stärke, d.h. den Grad der direkten Unter- bzw. Überordnung, darstellt.

In diese Kennzahl gehen jedoch nur die mit einem Knoten unmittelbar in Verbindung stehenden Knoten ein. Indirekte Über- und Unterordnungsverhältnisse gehen nicht ein. In manchen Fällen dürfte es deshalb zweckmäßig sein, wenn man folgende Kenngrößen ermittelt:

$$\frac{\text{Anzahl der von einem Knoten über Pfeilwege erreichbaren Knoten}}{\text{Anzahl der Knoten des Graphen}-1}$$

als Maßzahl für die Überordnung oder Rangordnung des entsprechenden Individuums;

$$\frac{\text{Anzahl der Knoten, von denen ein Pfeilweg zu dem betreffenden Knoten existiert}}{\text{Anzahl der Knoten des Graphen}-1}$$

als Maßgröße für die Unterordnung des betreffenden Individuums.

Die Differenz beider Maßgrößen ergibt dann eine Kennzahl für die Machtstellung eines Individuums innerhalb einer Organisation.

Bei derartigen Untersuchungen ist allerdings immer darauf zu achten, daß Zyklen auftreten können, denn soziologische Strukturen werden nicht immer streng hierarchisch gegliedert sein. Darauf kann hier jedoch nicht im einzelnen eingegangen werden.

Hinsichtlich der Lage eines Knotens innerhalb eines Graphen kann auch die Bestimmung derjenigen Knoten (Teilmenge der Knotenmenge) von Interesse sein, von denen jeder andere Knoten des Graphen aus erreichbar ist. Handelt es sich dabei um die Darstellung eines soziologischen oder biologischen Systems, so kann von den diesen Knoten entsprechenden Elementen aus das gesamte System gesteuert werden.

Es geht hier um die Bestimmung einer sogenannten **Knotenbasis**, einer minimalen Anzahl von Knoten eines gerichteten Graphen, von der jeder andere Knoten aus erreichbar ist.
In einem azyklischen Graphen sind das alle Knoten e mit einem Eingangsgrad von Null: $\gamma^-(e) = 0$. Enthält der Graph Pfeilzyklen, so kann aus einem Zyklus ein beliebiger Knoten gewählt werden.

B 22.7.3 *Es ist sofort zu ersehen, daß bei dem Graphen in* F 22.7.4 e_4 *und* e_{10} *zu einer Knotenbasis gehören.*

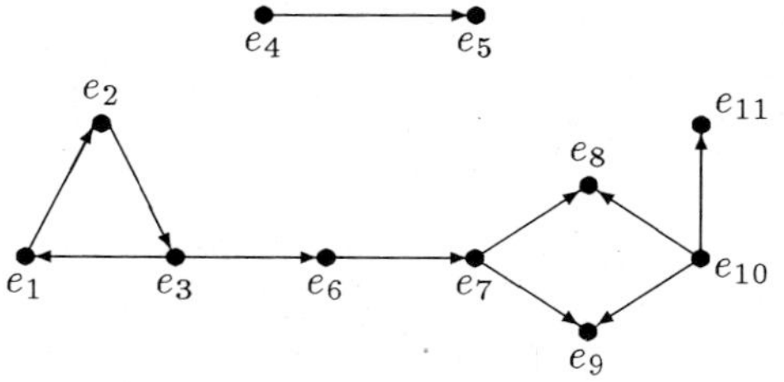

F 22.7.4

Welchen der Knoten e_1, e_2 *und* e_3 *man dazu nimmt, ist beliebig. Es gibt also* 3 *Knotenbasen:*
$B_1 = \{e_1, e_4, e_{10}\}$, $B_2 = \{e_2, e_4, e_{10}\}$, $B_3 = \{e_3, e_4, e_{10}\}$

d) Parameter, die den Zusammenhang eines Graphen betreffen

Für die Beurteilung von Strukturen, die durch Graphen dargestellt werden, spielt in manchen Fällen der Zusammenhang eine Rolle, da er die Empfindlichkeit von Systemen gegen Störungen ausdrücken kann. Jeder Artikulationspunkt in einem Verkehrs- oder anderen Leitungsnetz stellt einen kritischen Punkt des Netzes dar. Fällt die dem Knoten entsprechende Stelle aus, so ist der Zusammenhang des Netzes unterbrochen. Es sind nur noch die Knoten der einzelnen Zusammenhangskomponenten untereinander erreichbar.

Einfache Parameter sind in diesem Zusammenhang die Anzahl der Artikulationspunkte, wobei diese nach der Anzahl der jeweils anfallenden Zusammenhangskomponenten unterschieden werden können. Bei den verschiedenen Strukturen in F 22.7.5 ergibt sich folgendes: In der Kette sind außer den Randknoten alle Knoten Artikulationspunkte. Entfernt man einen, zerfällt der Graph in zwei Komponenten. Beim Stern ist Knoten 1 der einzige Artikulationspunkt, dessen Entfernung zu einem völligen Zerfall des Graphen führt, d.h. es gibt dann nur noch isolierte Knoten. Beim Kreis gibt es keinen Artikulationspunkt.

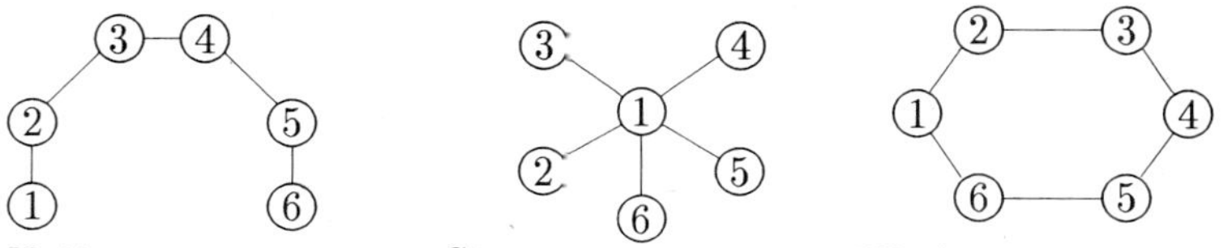

Kette Stern Kreis

F 22.7.5

Gibt es keine Artikulationspunkte, dann kann es von Interesse sein, minimale Artikulationsmengen zu bestimmen. Von gleicher Bedeutung sind Schnitte, die aus einer minimalen Anzahl von Kanten bestehen. Entfernt man alle Kanten eines solchen Schnittes, so wird ebenfalls der Zusammenhang des Graphen zerstört.

22.8 Anwendungsbeispiele von Graphen

Bei der Behandlung ökonomischer oder auch anderer Probleme durch die Graphentheorie und ihre Verfahren besteht ein wesentlicher Schritt der Problemlösung in der Formulierung eines Strukturmodells für den jeweiligen Sachverhalt. Die formale Darstellung des Problems durch einen Graphen ist die Darstellung von Problemstruktur bzw. der Struktur der dem Problem zugrundeliegenden Bedingungen. Das gilt z.B. für Verkehrs- oder Transportnetze, für Organisationen, Kommunikationsnetze und Kompetenzsysteme sowie für Projektabläufe. Die durch die Formalisierung erreichte Transparenz der Struktur ist häufig bereits ein wesentlicher Schritt der Problemlösung. Im folgenden sind einige Beispiele für solche Strukturen zusammengestellt. Damit wird zugleich auf die wichtigsten Anwendungen der Graphentheorie hingewiesen. Die Ausführungen knüpfen teilweise an die Beispiele in Abschnitt 22.1 an.

Der hierarchische Aufbau eines **Kompetenzsystems**, dessen übliche Darstellung etwa das Bild in F 22.1.1 ergibt, läßt sich als Graph interpretieren. Kommt es auf die Weisungsbefugnis bzw. die Unterordnung an, so empfiehlt sich die Verwendung eines gerichteten Graphen. Beim reinen Liniensystem erhält man, wie in F 22.8.1, einen gerichteten Baum, bei dem der Ausgangsgrad jedes Knotens die Anzahl der unmittelbar Untergebenen des entsprechenden Stelleninhabers angibt.

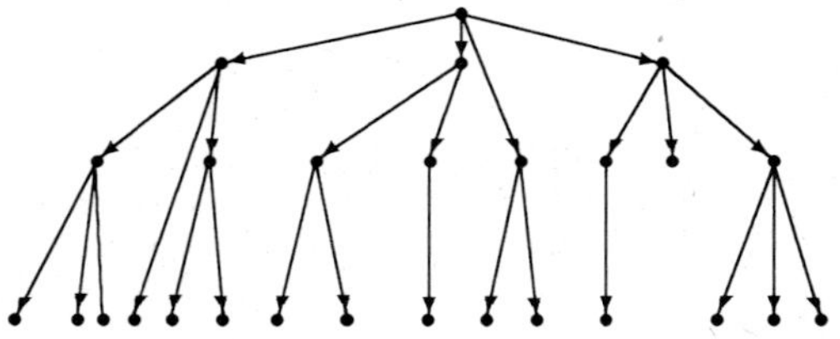

F 22.8.1

Mit Hilfe graphentheoretischer Verfahren lassen sich minimale, maximale und durchschnittliche Länge von Instanzenwegen (vom Stelleninhaber der untersten Ebene bis zur Spitze bzw. umgekehrt) und eines Dienstweges (von einem beliebigen Stelleninhaber zu einem beliebigen anderen Stelleninhaber) bestimmen.

Bei einem Funktions- oder gemischten Organisationssystem kann man sich z.B. für die Anzahl der Wege von einem Stelleninhaber zu jedem anderen interessieren.

In einer beliebigen Organisation (Betrieb, Verein, Kommune, Parlament, Fachbereich, Schule etc.) fließen Informationen von einem Individuum zu einem anderen. Die Gesamtheit dieser Informationsflüsse ergibt das **Kommunikationssystem** der Organisation, das sich als Graph darstellen läßt. Die Individuen entsprechen dabei den Knoten, die Informationskanäle den Kanten eines Graphen, die man z.B. mit der Dauer des Informationsflusses bewerten kann.

In einem Kommunikationssystem können besonders die Artikulationspunkte und die Artikulationsmengen interessieren, durch deren Ausfall Informationsflüsse unterbrochen werden. So kann z.B. durch den Ausfall einer Vermittlungsstelle eines Telefonnetzes ein Teil dieses Netzes stillgelegt werden.

Existieren zwischen Individuen verschiedene Informationskanäle, so gibt es parallele Kanten. Man kann sich hier für den (zeitlich) kürzesten Informationsweg zwischen zwei Individuen interessieren sowie für die durchschnittliche Übertragungsdauer von Informationen.

Durch einen gerichteten Graphen läßt sich auch die Richtung des Informationsflusses erfassen. Die Pfeile können dann mit dem Umfang (Intensität, Stärke) des Informationsflusses bewertet werden.

Jeder systematische **Arbeitsablauf**, der aus mehreren hintereinandergeschalteten Arbeitsgängen besteht, die in verschiedenen Stellen bzw. Abteilungen ausgeführt werden, kann als Graph dargestellt werden (vgl. F 22.1.2). Für einen gegebenen kontinuierlichen Arbeitsablauf stellt sich dabei z.B. das Problem, wie die einzelnen Stellen zeitlich bzw. kapazitätsmäßig aufeinander abgestimmt werden können. Dazu lassen sich graphentheoretische Verfahren heranziehen.

In ähnlicher Weise lassen sich die meisten Arbeitsabläufe in Organisationen (Verwaltungen, Betrieben) darstellen. Das gilt auch für den **Materialfluß** in einem Fertigungsbetrieb (vgl. F 21.1.3).

Eine breite praktische Anwendung hat die Graphentheorie in der **Teilebedarfsermittlung** bzw. **Materialbedarfsplanung** von Fertigungs- bzw. Montagebetrieben erfahren, bei denen der Zusammenbau der Fertigprodukte in mehreren Stufen erfolgt. Man erhält hier sogenannte GOZINTO-Graphen (vgl. B 18.1.14).

In vielen sozialen und wirtschaftlichen Bereichen hat man es mit der Planung und Steuerung komplexer Arbeitsabläufe (Projekte) zu tun, die sich als zusammenhängende zyklenfreie Digraphen darstellen lassen. Ein Beispiel zeigt F 22.1.4.

Der Digraph ermöglicht eine Darstellung des strukturellen Projektablaufs mit allen Arbeitsgängen und allen Reihenfolgebedingungen. Man kann die Pfeile mit der Ausführungszeit der Arbeitsgänge bewerten und einen Zeitplan für den Arbeitsablauf aufstellen, dem die Bestimmung zeitlich längster Wege zugrundeliegt. Weitere Projektplanungsprobleme sind die Bestimmung kostenoptimaler Projektabläufe bei Einbeziehung von Kosten oder die Behandlung von Kapazitätsfragen. Die Behandlung derartiger Planungsprobleme ist unter dem Namen **Netzplantechnik** bekannt. Diese stellt das bekannteste und verbreitetste Anwendungsgebiet der Graphentheorie dar.

Ein **Verkehrsnetz** (Straßennetz, Eisenbahnnetz, Wasserstraßennetz) läßt sich als Graph darstellen. F 22.1.5 zeigt einen Ausschnitt aus dem Straßennetz einer Stadt. Die Pfeile bzw. Doppelpfeile sollen andeuten, in welchen Richtungen die Straßen befahren werden können. Interpretiert man die Kreuzungspunkte der Straßen als Knoten und die Straßen als gerichtete Kanten eines Graphen, dann erhält man für das Straßennetz in F 22.1.5 den Graphen in F 22.8.2a). Straßen, die in beiden Richtungen befahren werden können, werden durch zwei entgegengesetzt laufende Pfeile dargestellt. Für einen Fußgänger sind Fahrtrichtungsvorschriften irrelevant, so daß sich für ihn das Straßennetz als ungerichteter Graph darstellen läßt (F 22.8.2b)).

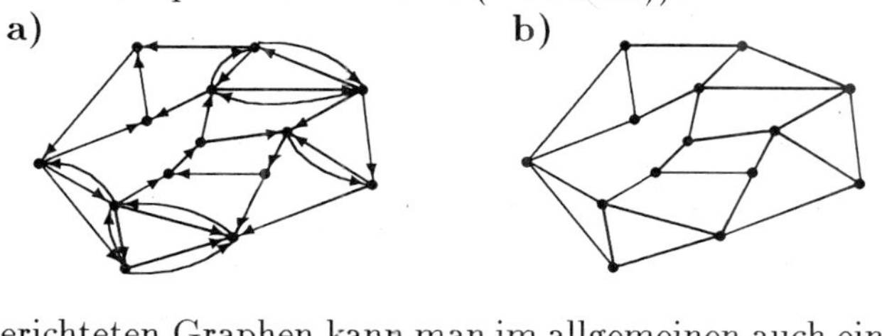

F 22.8.2

Als ungerichteten Graphen kann man im allgemeinen auch ein verschiedene Orte verbindendes Straßennetz darstellen.

Die Kanten können mit Entfernungen oder Kosten bewertet werden. Mit graphentheoretischen Verfahren können dann kürzeste bzw. kostenminimale Wege, optimale (d.h. kürzeste) Rundreisen usw. bestimmt werden. Die Bestimmung eines solchen **optimalen Rundreiseweges** ist als Travelling-Salesman-Problem bekannt. Ein mit der Bestimmung von kürzesten Wegen verwandtes Problem ist das folgende:

Eine gegebene Anzahl von Orten soll so durch ein zusammenhängendes System von Verkehrswegen verbunden werden, daß die Gesamtlänge des Verkehrsnetzes möglichst klein ist. Dieses Problem ist von der gleichen Struktur wie das folgende:

Eine Menge von Teilnehmern bzw. Abnehmern (z.B.: Telefonnetz, Wasserversorgung, Elektrizitätsversorgung) soll durch ein Leitungsnetz so verbunden werden, daß das Netz eine minimale Länge aufweist oder mit minimalen Kosten erstellt werden kann. Betrachtet man die Teilnehmer (Abnehmer) als Knoten und sämtliche möglichen Verbindungen als mit ihrer Länge bzw. Kosten bewertete Kanten eines Graphen, dann besteht die Aufgabe darin, für den Graphen ein **Gerüst** (vgl. D 22.2.24) mit minimaler Summe der Kantenwerte zu bestimmen.

Ein Rohrleitungssystem oder ein elektrisches Leitungsnetz läßt sich als Graph darstellen. Die (evtl. gerichteten) Kanten lassen sich mit der Kapazität des der Kante entsprechenden Leitungsstückes bewerten. Man kann sich dann für Flüsse innerhalb des Graphen interessieren. Von Bedeutung ist dabei insbesondere die Frage nach dem maximalen Fluß zwischen zwei gegebenen Knoten. Dieses Problem taucht auch auf, wenn man sich mit Verkehrsflüssen in Verkehrsnetzen beschäftigt.

Die Beispiele bzw. Problemstellungen stellen nur eine Auswahl der wichtigsten wirtschaftlichen Anwendungen dar.

Weitere Anwendungen bestehen in der Behandlung des Transportproblems, des Umladeproblems, in Zuordnungsproblemen sowie bei der Untersuchung aller Arten von sozioökonomischen Strukturen.

Außerhalb der Wirtschaftswissenschaften finden sich Anwendungen in der Biologie, der Medizin, der Technik usw. Auf Einzelheiten kann in dem vorliegenden Rahmen nicht eingegangen werden.

Aufgaben

Ü 22.8.1 *Zeichnen Sie zu den beiden folgenden Projektabläufen Graphen.*
a) *Zu einem abgelegenen Haus soll ein Zufahrtsweg gebaut werden. Dazu ist zunächst der Boden auszuheben. Auf eine Schotterpacklage soll eine Decke aus Asphalt aufgebracht werden, die vor dem Erhärten glattzuwalzen ist. Die Bestellung der Materialien (Schotter und Asphalt) erfolgt als ein Vorgang vor Beginn der Arbeiten. Im Graphen sind die Lieferzeiten für den Schotter und den Asphalt zu berücksichtigen.*

b) *Für das Verlegen einer Wasserleitung sind nacheinander folgende Arbeiten auszuführen: Vorbereitung der Trasse, Aushub des Grabens, Verlegen der Rohre, Zuschütten des Grabens (und Oberflächenherstellung), Druckprüfung. Während der Graben zugeschüttet wird, können die Armaturen montiert werden. Parallel zu den Arbeiten bis zur Druckprüfung wird die Pumpstation gebaut.*

Ü 22.8.2 *Ein Betrieb fertigt aus 4 Einzelteilen (A, B, C, D) 2 Baugruppen (E, F) und 2 Endprodukte (G, H). Für eine Baugruppe E werden 4 Stück A, 2 Stück C und ein Stück D benötigt. Für eine Baugruppe F sind 2 Stück B und 3 Stück D nötig. Für ein Endprodukt G sind 2 Stück A und je 2 Baugruppen E und F erforderlich. Für ein Endprodukt H benötigt man je 1 Stück C und D, 1 Baugruppe E und 2 Baugruppen F. Zeichnen Sie den* GOZINTO-*Graphen.*

Ü 22.8.3 *In einem Betrieb sind der Unternehmensleitung U die Abteilungsleiter A, B, C unterstellt. A hat a, b, c, d als Untergebene, B e und f und C ist Vorgesetzter von g, h, i. Die Abteilungsleiter können untereinander Informationen austauschen. Ebenso die Untergebenen jedes Abteilungsleiters innerhalb ihrer Abteilung. Zeichnen Sie den Graphen der Organisationsstruktur. Die Über-/Unterordnung ist durch Pfeile, die Möglichkeit zum Informationsaustausch durch ungerichtete Kanten zu berücksichtigen.*

Anhang A1: Lösungen der Übungsaufgaben

Lösungen zu Kapitel 17

17.1.1

a) $a_{15} = -6$, $a_{34} = 7$, $a_{43} = 2$, $a_{52} = -4$, $a_{41} = 2$;

b) $\sum\limits_{i=1}^{5} a_{i2} = 7$, $\sum\limits_{j=1}^{5} a_{2j} = 2$.

17.1.2

a) $\mathbf{B}_{34} = \begin{pmatrix} 1 & 2 & 3 & 4 \\ 2 & 3 & 4 & 5 \\ 3 & 4 & 5 & 6 \end{pmatrix}$; **b)** 6, 9, 12, 15; **c)** 42.

17.2.1

$$\mathbf{A}' = \begin{pmatrix} 3 & 4 \\ 2 & 1 \\ 8 & -7 \end{pmatrix}; \ \mathbf{B}' = \begin{pmatrix} 5 & 6 & 2 \\ 17 & 12 & -9 \\ -2 & 3 & 14 \\ 29 & 18 & 32 \end{pmatrix}; \ \mathbf{C}' = \begin{pmatrix} 12 & -7 & 34 \\ 8 & 9 & 2 \\ 16 & 7 & -3 \end{pmatrix}.$$

17.2.2 Matrix **C** ist symmetrisch.

17.2.3

$$\mathbf{A} = \begin{pmatrix} 1 & 5 & -1 & 4 & 9 \\ 5 & 2 & 2 & 0 & 8 \\ -1 & 2 & 6 & 1 & 7 \\ 4 & 0 & 1 & 0 & 7 \\ 9 & 8 & 7 & 7 & 3 \end{pmatrix}; \ \mathbf{B} = \begin{pmatrix} 5 & 1 & 3 & 2 \\ 1 & 2 & 0 & a \\ 3 & 0 & d & b \\ 2 & a & b & c \end{pmatrix}.$$

a, b, c und d können beliebig gewählt werden.

17.3.1

a) $\begin{pmatrix} 4 & 7 & 10 & 10 \\ 14 & 4 & 2 & 9 \\ 10 & 10 & 12 & 11 \end{pmatrix}$; **b)** $\begin{pmatrix} 2 & 1 & 0 & 2 \\ 0 & 0 & -2 & -7 \\ -2 & 8 & -6 & 5 \end{pmatrix}$; **c)** $\begin{pmatrix} -2 & -1 & 0 & -2 \\ 0 & 0 & 2 & 7 \\ 2 & -8 & 6 & -5 \end{pmatrix}$;

d) $\mathbf{A} + \mathbf{C}$ ist nicht definiert, da die Matrizen verschiedene Ordnungen haben.

17.3.2

$$\mathbf{C} = \mathbf{A} + \mathbf{B} = \begin{pmatrix} -2 & 0 \\ 4 & -1 \\ 9 & 9 \end{pmatrix}.$$

17.3.3
$\mathbf{a}+\mathbf{b} = \begin{pmatrix} 6 \\ 5 \\ -3 \end{pmatrix}$; $\mathbf{a}-\mathbf{b}-\mathbf{c} = \begin{pmatrix} 0 \\ 0 \\ 0 \end{pmatrix}$;
$\mathbf{a}' + \mathbf{b}' = (6, 5, -3)$;
$\mathbf{a}' + \mathbf{c}$, $\mathbf{b} + \mathbf{d}$ und $\mathbf{b}' + \mathbf{c}' - \mathbf{d}'$ sind nicht definiert;
$\mathbf{a}' + \mathbf{b}' + \mathbf{c}' = (10, 8, -6)$.

17.3.4
$$\begin{pmatrix} 3 & 5 & 4 \\ 2 & 6 & 1 \\ 0 & 3 & 4 \end{pmatrix} + \begin{pmatrix} 2 & 1 & 0 \\ 3 & 2 & 1 \\ 2 & 1 & 4 \end{pmatrix} = \begin{pmatrix} 5 & 6 & 4 \\ 5 & 8 & 2 \\ 2 & 4 & 8 \end{pmatrix}.$$

17.4.1
a) $5\mathbf{A} = \begin{pmatrix} 20 & 10 \\ 5 & 0 \end{pmatrix}$; **b)** $(-2)\mathbf{B} = \begin{pmatrix} -2 & -2 \\ -2 & -2 \end{pmatrix}$;

c) $3\mathbf{A} - 2\mathbf{B} + \mathbf{C} = \begin{pmatrix} 8 & 3 \\ -2 & -4 \end{pmatrix}$; **d)** $\mathbf{A} - 10\mathbf{B} - 3\mathbf{C} = \begin{pmatrix} 0 & -5 \\ 0 & -4 \end{pmatrix}$.

17.4.2
$$\left.\begin{array}{rl} 5+\lambda+ & \nu=0 \\ 4+\lambda & =0 \\ -3 & -3\nu=0 \end{array}\right\} \Rightarrow \lambda = -4,\ \nu = -1.$$

17.4.3 $a = 2$, $b = 4$, $c = 1$, $d = 3$.

17.5.1 $\mathbf{a}'\mathbf{b} = 0$; $\mathbf{b}'\mathbf{c} = -2$; $\mathbf{c}'a =$ nicht definiert; $\mathbf{c}'\mathbf{b} = -2$; $\mathbf{c}'\mathbf{a} = 0$; $\mathbf{ac} =$ nicht definiert.

17.5.2 $\mathbf{a}'\mathbf{e}_3 = -6$; $\mathbf{e}_3'\mathbf{a} = -6$; $\mathbf{a}'\mathbf{s} = 9$; $\mathbf{s}'\mathbf{a} = 9$.

17.5.3 **a)** $E = \mathbf{p}'\mathbf{x} \geq E^*$; **b)** $(1, 1, 1, 1)\mathbf{x} \geq 1.000$.

17.6.1
a) $\mathbf{AB} =$ nicht definiert; **b)** $\mathbf{BA} = \begin{pmatrix} 2 & 6 & 10 \\ 4 & 12 & 20 \\ 3 & 9 & 15 \\ 1 & 3 & 5 \end{pmatrix}$;

c) $\mathbf{AC} = (10, 14, 18, 28)$; **d)** $\mathbf{BC} =$ nicht definiert;

e) $\mathbf{CB} = \begin{pmatrix} 34 \\ 23 \\ 11 \end{pmatrix}$; **f)** $\mathbf{CD} = \begin{pmatrix} 25 & 26 & 34 \\ 17 & 17 & 23 \\ 8 & 9 & 11 \end{pmatrix}$;

g) $\mathbf{DC} = \begin{pmatrix} 7 & 10 & 13 & 20 \\ 10 & 15 & 20 & 30 \\ 9 & 12 & 15 & 24 \\ 5 & 8 & 11 & 16 \end{pmatrix}$.

17.6.2 **a)** $\mathbf{AB} = \begin{pmatrix} -12 \\ 13 \end{pmatrix}$; **b)** $\mathbf{BA}$ = nicht definiert;

c) $\mathbf{AE} = \begin{pmatrix} 7 & -2 \\ 8 & 22 \end{pmatrix}$; **d)** $\mathbf{EA} = \begin{pmatrix} 18 & -7 \\ -4 & 11 \end{pmatrix}$; **e)** $\mathbf{CD} = \begin{pmatrix} -13 & 21 \\ 5 & -1 \end{pmatrix}$;

f) $\mathbf{DC} = \begin{pmatrix} -1 & 15 & -1 \\ 10 & 4 & 24 \\ -7 & -5 & -17 \end{pmatrix}$; **g)** $\mathbf{GA} = (-25\,,\, 22)$; **h)** $\mathbf{GB} = -29$;

i) $\mathbf{BG} = \begin{pmatrix} -15 & -21 \\ -10 & -14 \end{pmatrix}$; **j)** $\mathbf{FC}$ = nicht definiert; **k)** $\mathbf{CF} = \begin{pmatrix} 15 \\ -11 \end{pmatrix}$;

l) $\mathbf{ED}$ = nicht definiert; **m)** $\mathbf{DE} = \begin{pmatrix} 0 & -10 \\ 14 & 16 \\ -10 & -10 \end{pmatrix}$;

n) $\mathbf{A}^2 = \begin{pmatrix} -11 & 9 \\ -15 & -14 \end{pmatrix}$; **o)** $\mathbf{A}^4 = \begin{pmatrix} -14 & -225 \\ 375 & 61 \end{pmatrix}$.

17.6.3 **a)** m und n beliebig, $A_{ml}B_{ln} = C_{mn}$;
b) $n = m$, $A_{ln}B_{nl} = C_{ll}$; **c)** $n = m$, $A_{mm}B_{ml} = C_{ml}$;
d) $n = l$, $A_{ml}B_{ll} = C_{ml}$; **e)** $m = n$, $A_{ln}B_{nn} = C_{ln}$;
f) $m = l$, $A_{ll}B_{ln} = C_{ln}$.

17.6.4 **a)** $m = 1$, $r = 1$, n beliebig; **b)** $m = 1$, $r > 1$, n beliebig;
c) $r = 1$, $m > 1$, n beliebig; **d)** $m > 1$, $r > 1$, n beliebig.

17.6.5 **a)** $\mathbf{Ab} = \begin{pmatrix} -9 \\ 0 \\ -3 \end{pmatrix} = -3 \begin{pmatrix} 3 \\ 0 \\ 1 \end{pmatrix} = -3\mathbf{b}$;

b) $\mathbf{Ac} = \begin{pmatrix} -5 \\ -10 \\ 5 \end{pmatrix} = 5 \begin{pmatrix} -1 \\ -2 \\ 1 \end{pmatrix} = 5\mathbf{c}$.

17.6.6

a) $\begin{pmatrix} 3 & 1 & 2 \\ 2 & 3 & 4 \end{pmatrix} \begin{pmatrix} 3 & 1 \\ 0 & 3 \\ 1 & 2 \end{pmatrix} = \begin{pmatrix} 11 & 10 \\ 10 & 19 \end{pmatrix}$; **b)** $(2, 4) \begin{pmatrix} 11 & 10 \\ 10 & 19 \end{pmatrix} = (62, 96)$;

c) $\begin{pmatrix} 11 & 10 \\ 10 & 19 \end{pmatrix} \begin{pmatrix} 10 \\ 5 \end{pmatrix} = \begin{pmatrix} 160 \\ 195 \end{pmatrix}$; **d)** $(70, 95) \begin{pmatrix} 10 \\ 5 \end{pmatrix} = 1.175$.

17.6.7 Für die Käuferanteile im Januar ergeben sich:
$\mathbf{a}_1 = (40, 20, 10, 30)$;

Als Übergangsmatix ergibt sich: $\mathbf{A} = \begin{pmatrix} 0{,}6 & 0{,}1 & 0{,}1 & 0{,}2 \\ 0{,}1 & 0{,}5 & 0{,}1 & 0{,}3 \\ 0{,}2 & 0{,}1 & 0{,}6 & 0{,}1 \\ 0{,}4 & 0{,}2 & 0{,}1 & 0{,}3 \end{pmatrix}$

Februar: $\mathbf{a}_2 = \mathbf{a}_1\mathbf{A} = (40, 21, 15, 24)$;
März: $\mathbf{a}_3 = \mathbf{a}_2\mathbf{A} = (38{,}7; 20{,}8; 17{,}5; 23{,}0)$;
April: $\mathbf{a}_4 = \mathbf{a}_3\mathbf{A} = (38{,}0; 20{,}6; 18{,}8; 22{,}6)$.

17.7.1 Da $\mathbf{AB} = \mathbf{E}$ ist, sind $\mathbf{A}$ und $\mathbf{B}$ invers zueinander.

17.7.2 a) $\mathbf{x} = \begin{pmatrix} 20 \\ 10 \\ 20 \\ 10 \end{pmatrix}$; **b)** $\mathbf{A} = \begin{pmatrix} 0{,}3 & 0{,}2 & 0{,}2 & 0{,}2 \\ 0{,}1 & 0{,}3 & 0{,}05 & 0{,}1 \\ 0{,}3 & 0{,}4 & 0{,}2 & 0{,}2 \\ 0{,}05 & 0{,}3 & 0{,}05 & 0{,}3 \end{pmatrix}$;

c) $\mathbf{y} = \begin{pmatrix} 0{,}7 & -0{,}2 & -0{,}2 & -0{,}2 \\ -0{,}1 & 0{,}7 & -0{,}05 & -0{,}1 \\ -0{,}3 & -0{,}4 & 0{,}8 & -0{,}2 \\ -0{,}05 & -0{,}3 & -0{,}05 & 0{,}7 \end{pmatrix} \begin{pmatrix} 20 \\ 10 \\ 20 \\ 10 \end{pmatrix} = \begin{pmatrix} 6 \\ 3 \\ 4 \\ 2 \end{pmatrix}$.

17.7.3 Es ist $\mathbf{AA} = \mathbf{A}^2 = \mathbf{E}$, also gilt $\mathbf{A} = \mathbf{A}^{-1}$.

17.9.1 a) $(6, 9, 0, 3) + (-4, -7, 3, 0) + (-6, -4, 2, 4) = (-4, -2, 5, 7)$;
b) $(2, 3, 0, 1) + (12, 21, -9, 0) + (-12, -8, 4, 8) = (2, 16, -5, 9)$.

Lösungen zu Kapitel 18

18.1.1

$$\begin{pmatrix} 5 & 3 & -2 \\ -1 & -1 & 1 \\ 2 & -4 & 4 \end{pmatrix} \begin{pmatrix} x \\ y \\ z \end{pmatrix} = \begin{pmatrix} 1 \\ 0 \\ 2 \end{pmatrix}.$$

18.1.2 a) nein; **b)** $\begin{pmatrix} 5 & -4 & -1 \\ -3 & 5 & 4 \end{pmatrix} \begin{pmatrix} x \\ y \\ z \end{pmatrix} = \begin{pmatrix} 0 \\ 0 \end{pmatrix}$;

c) Nach Multiplikation der 2. Gleichung mit x_2^2 und den Substitutionen $x_1 x_2 = x$ und $x_2^2 = y$ erhält man: $\begin{pmatrix} 1 & 5 \\ 1 & -3 \end{pmatrix} \begin{pmatrix} x \\ y \end{pmatrix} = \begin{pmatrix} 1 \\ -1 \end{pmatrix}$.

18.1.3 a)

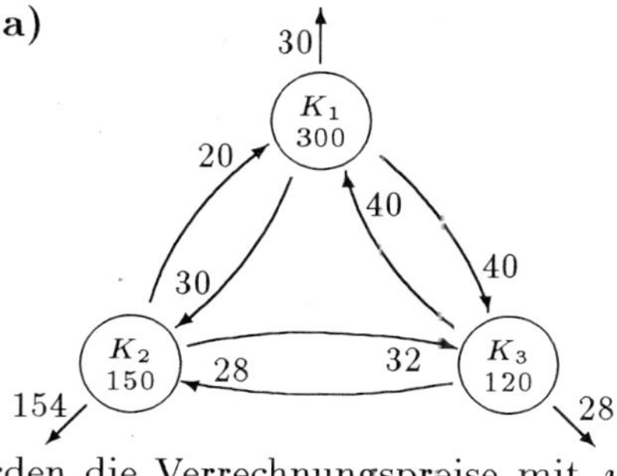

b) Werden die Verrechnungspreise mit v_1, v_2 und v_3 bezeichnet, so ergibt sich:

$$\begin{pmatrix} 100 & -20 & -40 \\ -30 & 206 & -28 \\ -40 & -32 & 96 \end{pmatrix} \begin{pmatrix} v_1 \\ v_2 \\ v_3 \end{pmatrix} = \begin{pmatrix} 300 \\ 150 \\ 120 \end{pmatrix}.$$

18.1.4 $x = 40 + 3y + 6z$, $y = 60 + 5z$, $z = 20$ bzw. $\begin{pmatrix} 1 & -3 & -6 \\ 0 & 1 & -5 \\ 0 & 0 & 1 \end{pmatrix} \begin{pmatrix} x \\ y \\ z \end{pmatrix} = \begin{pmatrix} 40 \\ 60 \\ 20 \end{pmatrix}$.

18.1.5 Mengen der Legierungen x_1 bzw. x_2, Menge des Kupfers: x_3.

$\begin{pmatrix} 50 & 60 & 0 \\ 30 & 10 & 100 \\ 20 & 30 & 0 \end{pmatrix} \begin{pmatrix} x_1 \\ x_2 \\ x_3 \end{pmatrix} = \begin{pmatrix} 43 \\ 38 \\ 19 \end{pmatrix}$; Lösung: $\begin{pmatrix} x_1 \\ x_2 \\ x_3 \end{pmatrix} = \begin{pmatrix} 0{,}5 \\ 0{,}3 \\ 0{,}2 \end{pmatrix}$.

18.3.1 $\left(\begin{array}{ccc|c} 1 & 1 & -1 & 4 \\ 2 & -1 & 1 & 5 \\ 1 & 1 & 1 & 6 \end{array}\right) \Rightarrow \left(\begin{array}{ccc|c} 1 & 1 & -1 & 4 \\ 0 & -3 & 3 & -3 \\ 0 & 0 & 2 & 2 \end{array}\right) \Rightarrow \left(\begin{array}{ccc|c} 1 & 0 & 0 & 3 \\ 0 & 1 & -1 & 1 \\ 0 & 0 & 2 & 2 \end{array}\right)$

$\Rightarrow \left(\begin{array}{ccc|c} 1 & 0 & 0 & 3 \\ 0 & 1 & 0 & 2 \\ 0 & 0 & 1 & 1 \end{array}\right) \Rightarrow \begin{pmatrix} x_1 \\ x_2 \\ x_3 \end{pmatrix} = \begin{pmatrix} 3 \\ 2 \\ 1 \end{pmatrix}$.

18.3.2

a) $\left(\begin{array}{ccc|c} 1 & 3 & -4 & 10 \\ 3 & 10 & -6 & 40 \\ 4 & 12 & -12 & 48 \end{array}\right) \Rightarrow \left(\begin{array}{ccc|c} 1 & 3 & -4 & 10 \\ 0 & 1 & 6 & 10 \\ 0 & 0 & 4 & 8 \end{array}\right) \Rightarrow \left(\begin{array}{ccc|c} 1 & 0 & -22 & -20 \\ 0 & 1 & 6 & 10 \\ 0 & 0 & 4 & 8 \end{array}\right)$

$\Rightarrow \left(\begin{array}{ccc|c} 1 & 0 & 0 & 24 \\ 0 & 1 & 0 & -2 \\ 0 & 0 & 1 & 2 \end{array}\right) \Rightarrow \begin{pmatrix} x_1 \\ x_2 \\ x_3 \end{pmatrix} = \begin{pmatrix} 24 \\ -2 \\ 2 \end{pmatrix}$;

b) $\left(\begin{array}{ccc|c} 1 & 4 & 1 & 0 \\ 1 & 0 & 1 & 4 \\ 0{,}5 & -3 & 2 & 5 \end{array}\right) \Rightarrow \left(\begin{array}{ccc|c} 1 & 4 & 1 & 0 \\ 0 & -4 & 0 & 4 \\ 0 & -5 & 1{,}5 & 5 \end{array}\right) \Rightarrow \left(\begin{array}{ccc|c} 1 & 0 & 1 & 4 \\ 0 & 1 & 0 & -1 \\ 0 & 0 & 1{,}5 & 0 \end{array}\right)$

$\Rightarrow \left(\begin{array}{ccc|c} 1 & 0 & 0 & 4 \\ 0 & 1 & 0 & -1 \\ 0 & 0 & 1 & 0 \end{array}\right) \Rightarrow \begin{pmatrix} x_1 \\ x_2 \\ x_3 \end{pmatrix} = \begin{pmatrix} 4 \\ -1 \\ 0 \end{pmatrix}$.

18.3.3
$$\begin{array}{rcl} 4Z + 4K + 2E &=& 68 \\ 200Z + 1.000K + 30E &=& 3.600 \\ 10K - E &=& 0 \end{array} \Rightarrow \begin{array}{rcl} 2Z + 2K + E &=& 34 \\ 20Z + 100K + 3E &=& 360 \\ 10K - E &=& 0 \end{array}$$

$\left(\begin{array}{ccc|c} 2 & 2 & 1 & 34 \\ 20 & 100 & 3 & 360 \\ 0 & 10 & -1 & 0 \end{array}\right) \Rightarrow \left(\begin{array}{ccc|c} 1 & 1 & 0{,}5 & 17 \\ 0 & 80 & -7 & 20 \\ 0 & 10 & -1 & 0 \end{array}\right)$

$\Rightarrow \left(\begin{array}{ccc|c} 1 & 0 & 0 & 5 \\ 0 & 1 & 0 & 2 \\ 0 & 0 & 1 & 20 \end{array}\right) \Rightarrow \begin{pmatrix} Z \\ K \\ E \end{pmatrix} = \begin{pmatrix} 5 \\ 2 \\ 20 \end{pmatrix}$.

18.4.1

$\left(\begin{array}{ccc|c} 1 & -2 & -3 & 2 \\ 1 & -4 & -13 & 14 \\ -3 & 5 & 4 & 0 \end{array}\right) \Rightarrow \left(\begin{array}{ccc|c} 1 & -2 & -3 & 2 \\ 0 & -2 & -10 & 12 \\ 0 & -1 & -5 & 6 \end{array}\right) \Rightarrow \left(\begin{array}{ccc|c} 1 & 0 & 7 & -10 \\ 0 & 1 & 5 & -6 \\ 0 & 0 & 0 & 0 \end{array}\right)$.

$x = -10 - 7z$; $y = -6 - 5z$.

18.4.2

$$\left(\begin{array}{ccccc|c} 1 & 0 & 0 & \frac{1}{2} & 2 & -2 \\ 0 & 1 & 0 & -\frac{1}{2} & 1 & 5 \\ 0 & 0 & 1 & -\frac{1}{2} & 0 & -1 \end{array}\right) \quad \text{bzw.} \quad \begin{aligned} x_1 &= -2 - 0{,}5x_4 - 2x_5 \\ x_2 &= 5 + 0{,}5x_4 - x_5 \\ x_3 &= -1 + 0{,}5x_4 \end{aligned} .$$

18.4.3

$$\left(\begin{array}{ccc|c} 1 & 3 & -5 & 8 \\ 2 & -1 & 6 & 9 \\ 3 & 2 & 1 & 20 \end{array}\right) \Rightarrow \left(\begin{array}{ccc|c} 1 & 3 & -5 & 8 \\ 0 & -7 & 16 & -7 \\ 0 & -7 & 16 & -4 \end{array}\right) \Rightarrow \left(\begin{array}{ccc|c} 1 & 3 & -5 & 8 \\ 0 & 1 & -\frac{16}{7} & 1 \\ 0 & 0 & 0 & 3 \end{array}\right).$$

Das Gleichungssystem ist nicht lösbar.

18.4.4

$$\left(\begin{array}{cccc|c} 1 & 2 & 3 & -10 & 11 \\ 1 & 5 & 9 & -22 & 20 \\ 1 & -1 & -3 & 2 & 2 \\ 2 & 4 & 6 & -20 & 22 \end{array}\right) \Rightarrow \left(\begin{array}{cccc|c} 1 & 0 & -1 & -2 & 5 \\ 0 & 1 & 2 & -4 & 3 \\ 0 & 0 & 0 & 0 & 0 \\ 0 & 0 & 0 & 0 & 0 \end{array}\right)$$

$$\Rightarrow \begin{aligned} x_1 &= 5 + x_3 + 2x_4 \\ x_2 &= 3 - 2x_3 + 4x_4 \end{aligned}$$

18.5.1

a) $$\left(\begin{array}{ccc|c} 2 & 1 & -2 & 10 \\ 3 & 2 & 2 & 1 \\ 5 & 4 & 3 & 4 \end{array}\right) \Rightarrow \left(\begin{array}{ccc|c} 2 & 1 & -2 & 10 \\ 0 & 0{,}5 & 5 & -14 \\ 0 & 0 & -7 & 21 \end{array}\right) \Rightarrow \begin{aligned} z &= -3 \\ y &= 2 \\ x &= 1 \end{aligned} \quad ;$$

b) $$\left(\begin{array}{ccc|c} 5 & 7 & 15 & 6 \\ 1 & 2 & 3 & 6 \\ 2 & 4 & 12 & 6 \end{array}\right) \Rightarrow \left(\begin{array}{ccc|c} 5 & 7 & 15 & 6 \\ 0 & 0{,}6 & 0 & 4{,}8 \\ 0 & 0 & 6 & -6 \end{array}\right) \Rightarrow \begin{aligned} x &= -7 \\ y &= 8 \\ z &= -1 \end{aligned} \quad .$$

18.5.2

$$\left(\begin{array}{ccc|c} 1 & 2 & 2-t & t^2 \\ 1 & 3 & 3-t & t^2+2 \\ 0 & 2-t & t^2 & t^2+t+6 \end{array}\right) \Rightarrow \left(\begin{array}{ccc|c} 1 & 2 & 2-t & t^2 \\ 0 & 1 & 1 & 2 \\ 0 & 0 & t^2+t-2 & t^2+3t+2 \end{array}\right);$$

$t^2 + t - 2 = 0 \Rightarrow t_1 = 1$ und $t_2 = -2$.

Für $t = 1$ lautet die letzte Zeile $(0\,0\,0\,6)$. Das Gleichungssystem ist also für $t = 1$ **nicht** lösbar.

Für $t = -2$ lautet die letzte Zeile $(0\,0\,0\,0)$. Das Gleichungssystem ist für $t = -2$ **mehrdeutig** lösbar.

Für andere t ist das Gleichungssystem eindeutig lösbar. Für $t = 0$ ergibt sich z.B.:

$$\left(\begin{array}{ccc|c} 1 & 2 & 2 & 0 \\ 0 & 1 & 1 & 2 \\ 0 & 0 & -2 & 2 \end{array}\right) \quad \text{bzw.} \quad \begin{aligned} x_1 &= -4 \\ x_2 &= 3 \\ x_3 &= -1 \end{aligned}$$

18.6.1

$$\mathbf{A}^{-1} = \begin{pmatrix} -1 & 1 & 1 \\ \frac{4}{5} & -\frac{2}{5} & -\frac{3}{5} \\ \frac{3}{5} & -\frac{4}{5} & -\frac{1}{5} \end{pmatrix} = \frac{1}{5} \begin{pmatrix} -5 & 5 & 5 \\ 4 & -2 & -3 \\ 3 & -4 & -1 \end{pmatrix}.$$

18.6.2 Ausgangsmatrix: $\left(\begin{array}{cc|cc} 2 & 8 & 1 & 0 \\ 1 & 4 & 0 & 1 \end{array}\right)$.

Matrix nach der 1. Iteration: $\left(\begin{array}{cc|cc} 1 & 4 & \frac{1}{2} & 0 \\ 0 & 0 & -\frac{1}{2} & 1 \end{array}\right)$.

Im nächsten Schritt müßte der Einheitsvektor $\boldsymbol{e_2}$ erzeugt werden. Das ist jedoch nicht möglich, da die Elemente a_{21} und a_{22} gleich Null sind. Die Matrix hat daher keine Inverse.

18.6.3

a) $\mathbf{A}^{-1} = \begin{pmatrix} -1 & 1 \\ 3 & -2 \end{pmatrix}$; **b)** $\mathbf{B}^{-1} = \begin{pmatrix} \frac{3}{43} & \frac{7}{43} \\ \frac{4}{43} & -\frac{5}{43} \end{pmatrix}$;

c) $\mathbf{C}^{-1} = \begin{pmatrix} 7 & -3 & -3 \\ -1 & 1 & 0 \\ -1 & 0 & 1 \end{pmatrix}$; **d)** $\mathbf{D}^{-1} = \begin{pmatrix} 1 & -1 & -1 \\ 0 & 2 & 1 \\ 0 & 1 & 1 \end{pmatrix}$;

e) $\mathbf{F}^{-1}$ existiert nicht.

18.7.1

a) $\mathbf{A}^{-1} = \begin{pmatrix} 4 & 0 & -5 \\ -18 & 1 & 24 \\ -3 & 0 & 4 \end{pmatrix}$; $\mathbf{x} = \mathbf{A}^{-1}\mathbf{b} = \begin{pmatrix} 1 \\ -1 \\ 3 \end{pmatrix}$.

b) $\mathbf{A}^{-1} = \begin{pmatrix} -1 & 1 & 1 \\ \frac{4}{5} & -\frac{2}{5} & -\frac{3}{5} \\ \frac{3}{5} & -\frac{4}{5} & -\frac{1}{5} \end{pmatrix}$; $\mathbf{x} = \mathbf{A}^{-1}\mathbf{b} = \begin{pmatrix} 1 \\ 3 \\ 4 \end{pmatrix}$.

c) Da die Inverse der Koeffizientenmatrix nicht existiert, kann die Lösung des Gleichungssystems auf diesem Wege nicht gefunden werden.

d) Da die 3. Gleichung aus der 1. durch Multiplikation mit 2 hervorgeht, ist sie überflüssig.

$\mathbf{A} = \begin{pmatrix} 1 & 1 \\ 1 & -1 \end{pmatrix}$; $\mathbf{b} = \begin{pmatrix} 1 \\ 3 \end{pmatrix}$; $\mathbf{A}^{-1} = \begin{pmatrix} \frac{1}{2} & \frac{1}{2} \\ \frac{1}{2} & -\frac{1}{2} \end{pmatrix}$;

$\begin{pmatrix} x \\ y \end{pmatrix} = \mathbf{A}^{-1}\mathbf{b} = \begin{pmatrix} 2 \\ -1 \end{pmatrix}$.

18.7.2 Mit a, b und c seien die benötigten Mengen der Produkte A, B und C bezeichnet:

a) $$\begin{aligned} a+2b+3c&=25\\ 3a+\ b+4c&=25\\ 2a+5b+2c&=50 \end{aligned}$$ **b)** $$\begin{pmatrix}1&2&3\\3&1&4\\2&5&2\end{pmatrix}\begin{pmatrix}a\\b\\c\end{pmatrix}=\begin{pmatrix}25\\25\\50\end{pmatrix};$$

c) $$\mathbf{A}^{-1}=\frac{1}{25}\begin{pmatrix}-18&11&5\\2&-4&5\\13&-1&-5\end{pmatrix},\ \begin{pmatrix}a\\b\\c\end{pmatrix}=\mathbf{A}^{-1}\mathbf{b}=\begin{pmatrix}3\\8\\2\end{pmatrix}.$$

18.8.1 **a)** Linear abhängig, denn $\mathbf{b}=-2\mathbf{a}$; **b)** linear unabhängig; **c)** linear abhängig, den $\mathbf{a}+\mathbf{b}+\mathbf{c}=\mathbf{d}$; **d)** linear abhängig, da es sich um 4 Vektoren 3. Ordnung handelt; **e)** linear unabhängig.

18.8.2 **a)** $d=0$ oder $d=1$; **b) a b** und **c** sind immer linear abhängig.

18.9.1 **a)** $\text{rang}(\mathbf{A})=3$; **b)** $\text{rang}(\mathbf{B})=2$; **c)** $\text{rang}(\mathbf{C})=3$.

18.9.2 In einem zweidimensionalen kartesischen Koordinatensystem kann der Vektor (x,y) als Pfeil vom Koordinatenursprung zum Punkt (x,y) gedeutet werden. Linear abhängige Vektoren liegen dann auf **einer** Geraden.

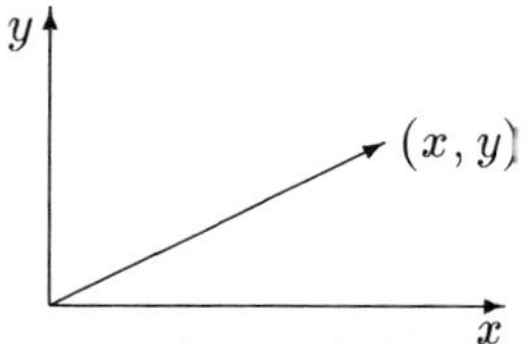

Vektoren mit drei Elementen (x,y,z) können entsprechend als Pfeile im Raum vom Koordinatenursprung zum Punkt (x,y,z) interpretiert werden. Linear abhängige Vektoren liegen dann in einer Ebene.

18.9.3 **a)** $\text{rang}(\mathbf{A})=\text{rang}(\mathbf{A}|\mathbf{b})=3=n\Rightarrow$ eindeutig lösbar;
b) $\text{rang}(\mathbf{A})=2<\text{rang}(\mathbf{A}|\mathbf{b})=3\Rightarrow$ nicht lösbar;
c) $\text{rang}(\mathbf{A})=3=\text{rang}(\mathbf{A}|\mathbf{b})<n=4\Rightarrow$ mehrdeutig lösbar.

18.9.4 m Gleichungen in 2 Unbekannten stellen m Geraden im (x_1,x_2)-Koordinatensystem dar Die Lösung enthält die Punkte, die allen Geraden gemeinsam sind. Es gilt:

Lage der Geraden zueinander:	Lösbarkeitskriterium ergibt:
1 Schnittpunkt	eindeutig lösbar
Identität	mehrdeutig lösbar
Parallelität	nicht lösbar
mehrere verschiedene Schnittpunkte für je 2 Geraden	nicht lösbar

Lösungen zu Kapitel 19

19.2.1 **a)** $|\mathbf{A}|=11$; **b)** $|\mathbf{B}|=1$; **c)** $|\mathbf{C}|=0$; **d)** $|\mathbf{D}|$ nicht definiert.

19.2.2 $a_{11}a_{22} = a_{12}a_{21}$.

19.2.3
$$\mathbf{A}_{\text{ad}} = \begin{pmatrix} 4 & 2 \\ -1 & 3 \end{pmatrix}; \ \mathbf{B}_{\text{ad}} = \begin{pmatrix} 0 & 0 & -3 \\ 2 & -4 & -3 \\ -4 & 2 & 6 \end{pmatrix}.$$

19.3.1 **a)** $|\mathbf{A}| = \lambda^2 - 13\lambda - 2$; **b)** $|\mathbf{B}| = -4$; **c)** $|\mathbf{C}| = 38$.

19.3.2 $|\mathbf{A}| = -80$.

19.4.1 **a)** $|\mathbf{A}| = -4$;
b) $|\mathbf{B}| = -8$. $\mathbf{B}$ ergibt sich aus $\mathbf{A}$ durch Multiplikation der 1. Zeile mit 2 (Anwendung von R 19.4.5);
c) $|\mathbf{C}| = 4$. $\mathbf{C}$ ergibt sich aus $\mathbf{A}$ durch Vertauschen der 2. und 3. Spalte (Anwendung von R 19.4.9);
d) $|\mathbf{D}| = -4$. $\mathbf{D}$ ergibt sich aus $\mathbf{A}$ durch Addition der 2. Zeile zur 1. Zeile (Anwendung von R 19.4.11);
e) $|\mathbf{E}| = -108$. $\mathbf{E} = 3\mathbf{A}$ (Anwendung von R 19.4.7);
f) $|\mathbf{F}| = 0$. Die 2. Zeile von $\mathbf{F}$ ist gleich dem doppelten der 1. Zeile (Anwendung von R 19.4.13).

19.4.2 Es gilt: $|\mathbf{A}||\mathbf{B}| = |\mathbf{AB}|$ (R 19.4.2). Durch mehrfache Anwendung dieser Regel erhält man: $\underbrace{|\mathbf{A}|\ldots|\mathbf{A}|}_{r\text{-mal}} = |\mathbf{A}|^r = |\mathbf{A}^r|$

Da aber $|\mathbf{A}^r| = 0$ ist, gilt somit auch:
$$|\mathbf{A}|^r = 0 \Rightarrow |\mathbf{A}| = 0 \Rightarrow \mathbf{A} \text{ ist singulär.}$$

19.5.1

a) $$x_1 = \frac{\begin{vmatrix} 13 & 7 \\ -2 & 4 \end{vmatrix}}{\begin{vmatrix} 2 & 7 \\ -2 & 4 \end{vmatrix}} = 3, \ x_2 = \frac{\begin{vmatrix} 2 & 13 \\ -2 & -2 \end{vmatrix}}{\begin{vmatrix} 2 & 7 \\ -2 & 4 \end{vmatrix}} = 1;$$

b) $$x_1 = \frac{\begin{vmatrix} -10 & 6 & 4 \\ 12 & -6 & -2 \\ -1 & 1 & 2 \end{vmatrix}}{\begin{vmatrix} -3 & 6 & 4 \\ 2 & -6 & -2 \\ -1 & 1 & 2 \end{vmatrix}} = -4, \ x_2 = \frac{\begin{vmatrix} -3 & -10 & 4 \\ 2 & 12 & -2 \\ -1 & -1 & 2 \end{vmatrix}}{\begin{vmatrix} -3 & 6 & 4 \\ 2 & -6 & -2 \\ -1 & 1 & 2 \end{vmatrix}} = -3,$$

$$x_3 = \frac{\begin{vmatrix} -3 & 6 & -10 \\ 2 & -6 & 12 \\ -1 & 1 & -1 \end{vmatrix}}{\begin{vmatrix} -3 & 6 & 4 \\ 2 & -6 & -2 \\ -1 & 1 & 2 \end{vmatrix}} = -1.$$

19.5.2

a) $x = \dfrac{\begin{vmatrix} 10 & 2 \\ 3 & 3 \end{vmatrix}}{\begin{vmatrix} 4 & 2 \\ 2 & 3 \end{vmatrix}} = 3,\ y = \dfrac{\begin{vmatrix} 4 & 10 \\ 2 & 3 \end{vmatrix}}{\begin{vmatrix} 4 & 2 \\ 2 & 3 \end{vmatrix}} = -1;$

b) $\left(\begin{array}{cc|c} 4 & 2 & 10 \\ 2 & 3 & 3 \end{array}\right) \Rightarrow \left(\begin{array}{cc|c} 1 & \frac{1}{2} & \frac{5}{2} \\ 0 & 2 & -2 \end{array}\right) \Rightarrow \left(\begin{array}{cc|c} 1 & 0 & 3 \\ 0 & 1 & -1 \end{array}\right)$

$\Rightarrow \begin{pmatrix} x \\ y \end{pmatrix} = \begin{pmatrix} 3 \\ -1 \end{pmatrix}.$

19.5.3 Die Zahl bzw. ihre Ziffern seien mit B bzw. mit x, y und z bezeichnet. Dann gilt: $B = 100x + 10y + z$.

a) $\left.\begin{array}{l} x + y + z = 18 \\ x + z = y \\ x + 10y + 100z = B - 99 \end{array}\right\} \Rightarrow \left\{\begin{array}{l} x + y + z = 18 \\ x - y + z = 0 \\ 99x - 99z = 99 \end{array}\right\}$

$\Rightarrow \left\{\begin{array}{l} x + y + z = 18 \\ x - y + z = 0 \\ x - z = 1 \end{array}\right.;$

b) $\begin{pmatrix} 1 & 1 & 1 \\ 1 & -1 & 1 \\ 1 & 0 & -1 \end{pmatrix} \begin{pmatrix} x \\ y \\ z \end{pmatrix} = \begin{pmatrix} 18 \\ 0 \\ 1 \end{pmatrix};$

c) $|\mathbf{A}| = 4$, $|\mathbf{A}_1| = 20$, $|\mathbf{A}_2| = 36$, $|\mathbf{A}_3| = 16$, $\Rightarrow x = 5$, $y = 9$, $z = 4 \Rightarrow B = 594$.

19.6.1

a) $|\mathbf{A}| = 1;\ \mathbf{A}^{-1} = \begin{pmatrix} 7 & -3 & -3 \\ -1 & 1 & 0 \\ -1 & 0 & 1 \end{pmatrix};$

b) $|\mathbf{B}| = 2;\ \mathbf{B}^{-1} = \frac{1}{2} \begin{pmatrix} 1 & -1 & -1 \\ 0 & 4 & 2 \\ 0 & 2 & 2 \end{pmatrix} = \begin{pmatrix} \frac{1}{2} & -\frac{1}{2} & -\frac{1}{2} \\ 0 & 2 & 1 \\ 0 & 1 & 1 \end{pmatrix}.$

19.6.2 Aus $\mathbf{A} = \mathbf{BC}$ ergibt sich durch Multiplikation mit $\mathbf{C}^{-1}$ von rechts $\mathbf{AC}^{-1} = \mathbf{B}$:

$$\mathbf{C}^{-1} = \begin{pmatrix} \frac{3}{2} & -\frac{1}{2} & -2 \\ 4 & -2 & -5 \\ -2 & 1 & 3 \end{pmatrix} \Rightarrow \mathbf{B} = \mathbf{AC}^{-1} = \begin{pmatrix} -\frac{25}{2} & \frac{13}{2} & 18 \\ \frac{3}{2} & -\frac{3}{2} & -1 \\ \frac{7}{2} & -\frac{3}{2} & -4 \end{pmatrix}.$$

Lösungen zu Kapitel 20

20.2.1 $2x_1 + 5x_2 \leq 2.400$; $6x_1 + 3x_2 \leq 2.400$; $x_1 \geq 0$; $x_2 \geq 0$.

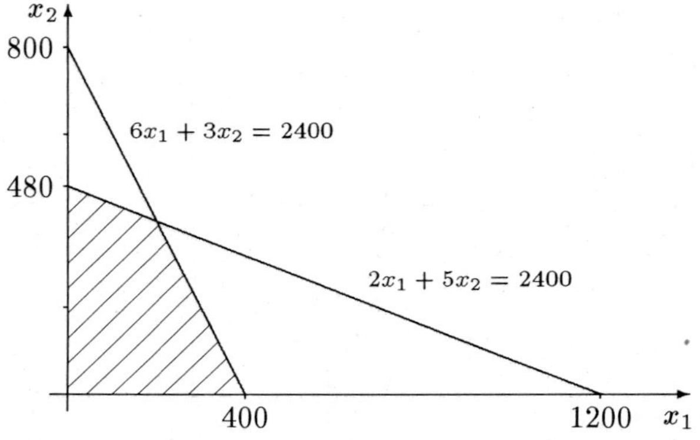

20.2.2

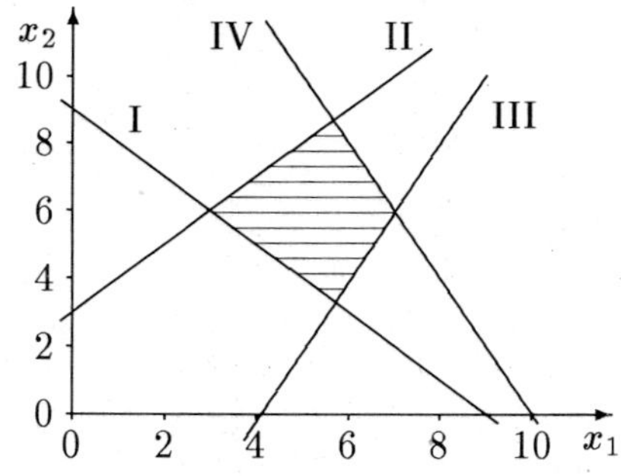

20.2.3

$$\begin{aligned} 0{,}1y_1 + 0{,}2y_2 &\geq 1 \qquad y_1 \geq 0 \\ 0{,}2y_1 + 0{,}1y_2 &\geq 0{,}8 \qquad y_2 \geq 0 \\ 0{,}1y_1 + 0{,}6y_2 &\geq 1{,}8 \end{aligned}$$

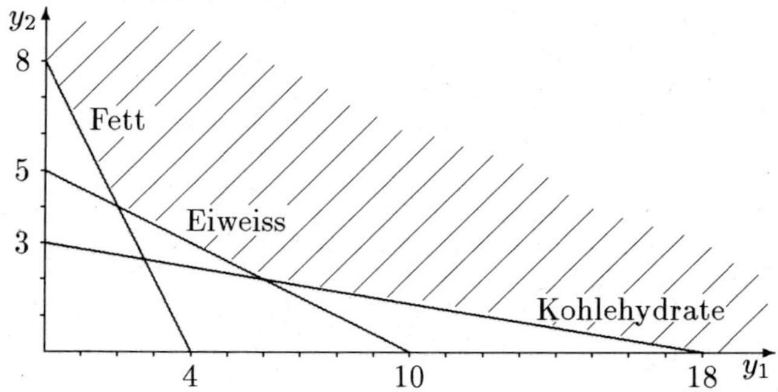

20.2.4 a), b)

$$2x_1 + 5x_2 \leq 1.000$$
$$5x_1 + 4x_2 \leq 1.000$$
$$2x_1 + x_2 \leq 320$$
$$x_1 \geq 0; \quad x_2 \geq 0$$

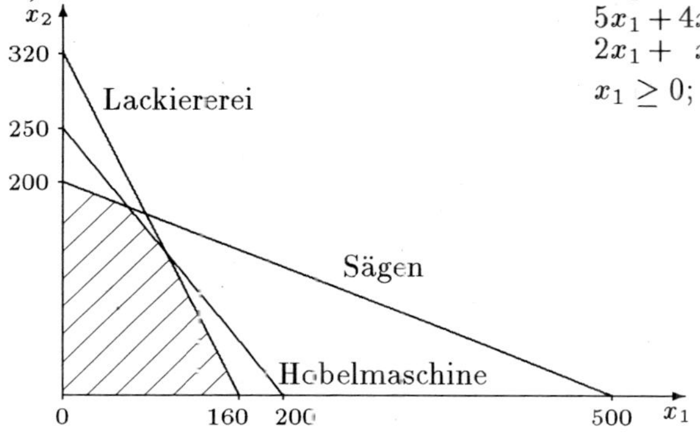

c) Nein, dazu müßten sich die Kapazitätsbegrenzungslinien (Geraden) in einem Punkt schneiden.
d) Z.B. Erhöhung der Kapazität der Hobelmaschine.

20.3.1
a)
$A \quad 4x_1 + 4x_2 \leq 200 \qquad x_1 \geq 0.$
$B \quad 8x_1 + 4x_2 \leq 200 \qquad x_2 \geq 0$
$C \quad 2x_1 + 10x_2 \leq 200$

b)

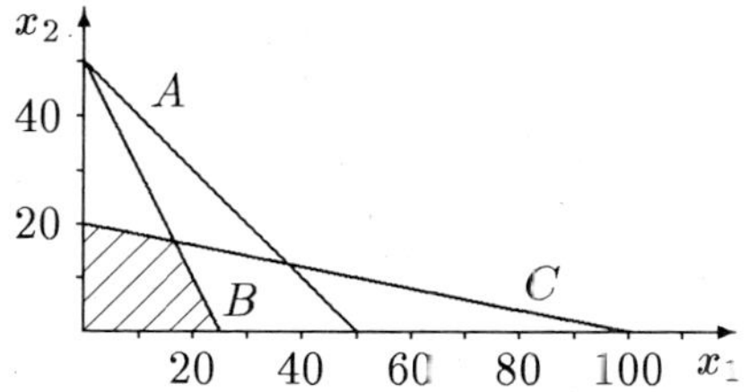

c) Die Kapazitätsbedingung für A ist überflüssig, da sie von der Bedingung für B dominiert wird.

20.3.2 a), b), c) Das Maximum der Zielfunktion liegt bei $x_1 = 10$, $x_2 = 5$.

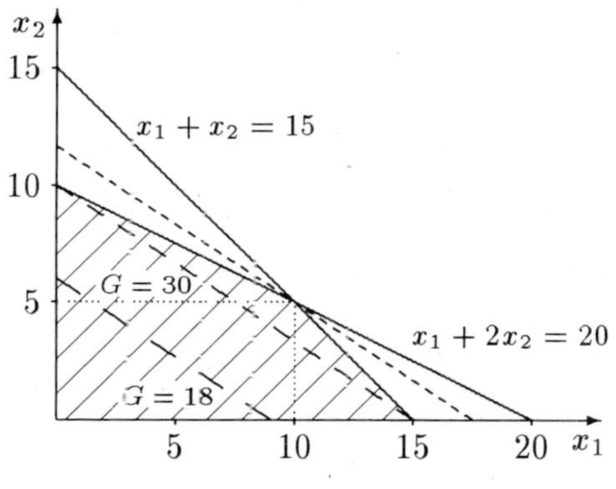

20.3.3

a) $x_1 \geq 0,\ x_2 \geq 0$

$A: \quad 2x_1 + \ x_2 \leq 120$

$B: \quad \ x_1 + \ x_2 \leq \ 70$

$C: \quad \ x_1 + 3x_2 \leq 150$

c) Nein;

d) Neue Beschränkung: $x_1 + x_2 \leq 78,\ t = 4\frac{4}{7}$ Stunden;

e) siehe Figur unter **b)**.

b)

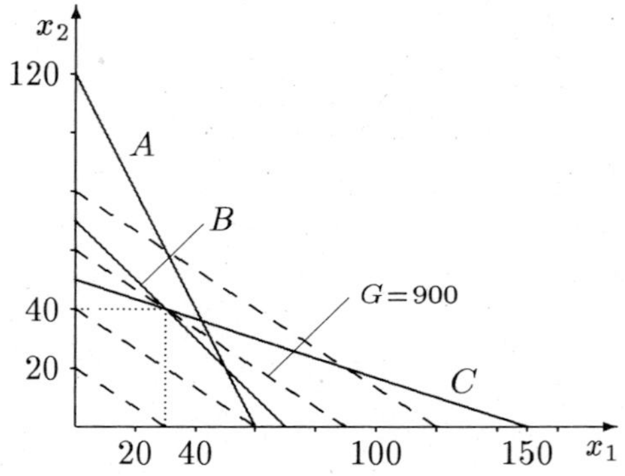

20.4.1

$$\max\left\{G = 5x_1 + 4x_2 \,\middle|\, \begin{pmatrix} 8 & 12 \\ 15 & 5 \end{pmatrix}\begin{pmatrix} x_1 \\ x_2 \end{pmatrix} \leq \begin{pmatrix} 2.400 \\ 2.400 \end{pmatrix};\ \begin{pmatrix} x_1 \\ x_2 \end{pmatrix} \geq \begin{pmatrix} 0 \\ 0 \end{pmatrix}\right\}$$

20.4.2 Maximiere $G = 24x_{11} + 12x_{12} + 15x_{13} + 25x_{21} + 15x_{22} + 6x_{23}$ unter den Bedingungen:

$x_{11} + x_{21} \leq 100;\quad x_{12} + x_{22} \leq 40;\quad x_{13} + x_{23} \leq 60;$

$4x_{11} + 2x_{12} + 5x_{13} \leq 100;\quad 6x_{21} + 5x_{22} + 10x_{23} \leq 300$ und

$x_{ij} \geq 0\ (i = 1, 2;\ j = 1, 2, 3)$.

20.4.3 Seien mit x_1 und x_2 die Mengen von Brot und Bier bezeichnet, mit N der Nutzen. Dann gilt:

$$\max\left\{N = x_1 + 1{,}5x_2 \,\middle|\, \begin{pmatrix} 1 & 1{,}25 \\ 0{,}2 & 0{,}48 \end{pmatrix}\begin{pmatrix} x_1 \\ x_2 \end{pmatrix} \leq \begin{pmatrix} 400 \\ 120 \end{pmatrix};\ \begin{pmatrix} x_1 \\ x_2 \end{pmatrix} \geq \begin{pmatrix} 0 \\ 0 \end{pmatrix}\right\}$$

20.5.1

a) Ausgangstableau:

x_1	x_2	y_1	y_2	y_3	G	
2	1	1	0	0	0	120
1	1	0	1	0	0	70
1	3	0	0	1	0	150
– 10	–15	0	0	0	1	0

Endtableau:

x_1	x_2	y_1	y_2	y_3	G	
0	0	1	–2,5	0,5	0	20
1	0	0	1,5	–0,5	0	30
0	1	0	–0,5	0,5	0	40
0	0	0	7,5	2,5	1	900

$x_1 = 30$
$x_2 = 40$
$y_1 = 20$
$G = 900$

b) $x_1 = 50,\ x_2 = 20$; **c)** $30 \leq x_1 \leq 50,\ x_2 = 70 - x_1$.

20.5.2 $x_4 = 50$, $x_5 = 30$, $G = 420$.

20.5.3 Seien x_1 und x_2 die Anzahlen der männlichen und weiblichen Gäste.
a) $G = (0{,}3 \cdot 9 + 0{,}7 \cdot 6)x_1 + (0{,}5 \cdot 9 + 0{,}5 \cdot 6)x_2 = 6{,}9x_1 + 7{,}5x_2$;
$x_1 + x_2 \leq 300$; $0{,}3x_1 + 0{,}5x_2 \leq 100$; $x_1 \geq 0$, $x_2 \geq 0$;

b) Ausgangstableau:

x_1	x_2	y_1	y_2	G	
1	1	1	0	0	300
0,3	0,5	0	1	0	100
− 6,9	−7,5	0	0	1	0

Endtableau:

x_1	x_2	y_1	y_2	G	
1	0	2,5	−5	0	250
0	1	−1,5	5	0	50
0	0	6	3	1	2100

$x_1 = 250$
$x_2 = 50$
$G = 2.100$

c) Ja. Der Maximalgewinn entsteht genau dann, wenn Motel und Restaurant voll ausgelastet sind. Es ist dann:

$$\left.\begin{array}{r} x_1 + \phantom{0{,}5}x_2 = 300 \\ 0{,}3x_1 + 0{,}5x_2 = 100 \end{array}\right\} \Rightarrow x_1 = 250,\ x_2 = 50.$$

20.6.1

$$\max\left\{ G = 5x_1 + 4x_2 \;\middle|\; \begin{pmatrix} 1 & 2 \\ 5 & 4 \\ 11 & 4 \end{pmatrix} \begin{pmatrix} x_1 \\ x_2 \end{pmatrix} \leq \begin{pmatrix} 240 \\ 600 \\ 1.200 \end{pmatrix};\ \begin{pmatrix} x_1 \\ x_2 \end{pmatrix} \geq \begin{pmatrix} 0 \\ 0 \end{pmatrix} \right\}$$

Endtableau:

0	0	1	$-\frac{3}{4}$	$\frac{1}{4}$	0	90
0	1	0	$\frac{11}{24}$	$-\frac{5}{24}$	0	25
1	0	0	$-\frac{1}{6}$	$\frac{1}{6}$	0	100
0	0	0	1	0	1	600

Die Nicht-Basisvariable y_3 hat in der letzten Zeile den Wert 0, somit liegt eine mehrdeutige Lösung vor.

20.6.2

a) $$\max\left\{ G = 4x_1 + 6x_2 \;\middle|\; \begin{pmatrix} 3 & 1 \\ 1 & 3 \\ 2 & 2 \end{pmatrix} \begin{pmatrix} x_1 \\ x_2 \end{pmatrix} \leq \begin{pmatrix} 60 \\ 60 \\ 60 \end{pmatrix};\ \begin{pmatrix} x_1 \\ x_2 \end{pmatrix} \geq \begin{pmatrix} 0 \\ 0 \end{pmatrix} \right\}$$

b) Endtableau:

0	0	1	1	-2	0	0
0	1	0	$\frac{1}{2}$	$-\frac{1}{4}$	0	15
1	0	0	$-\frac{1}{2}$	$\frac{3}{4}$	0	15
0	0	0	1	$\frac{3}{2}$	1	150

oder:

1	0	$\frac{3}{8}$	$-\frac{1}{8}$	0	0	15
0	1	$-\frac{1}{8}$	$\frac{3}{8}$	0	0	15
0	0	$-\frac{1}{2}$	$-\frac{1}{2}$	1	0	0
0	0	$\frac{3}{4}$	$\frac{7}{4}$	0	1	150

$x_1 = 15$, $x_2 = 15$. Die Basisvariable y_1 (oder y_3) nimmt den Wert Null an. Es liegt also eine degenerierte Lösung vor.

20.7.1

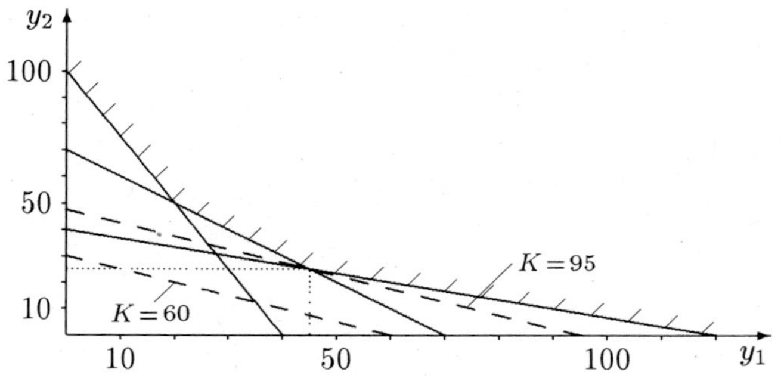

Das Minimum liegt bei $y_1 = 45$ und $y_2 = 25$.

20.7.2 Aufteilungsmöglichkeiten für eine Rolle:

Plan	1	2	3	4	5	6
65 *cm* Breite	2	1	1	0	0	0
55 *cm* Breite	0	1	0	2	1	0
45 *cm* Breite	0	0	1	0	2	3
Verschnitt	20	30	40	40	5	15

Die Anzahl der Rollen nach Plan i wird mit y_i bezeichnet.

Minimiere $K = 20y_1 + 30y_2 + 40y_3 + 40y_4 + 5y_5 + 15y_6$ unter den Beschränkungen $2y_1+y_2+y_3 \geq 20$, $y_2+2y_4+y_5 \geq 30$, $y_3+2y_5+3y_6 \geq 50$ und $y_i \geq 0$ $(i = 1, \ldots, 6)$.

20.7.3

$$\begin{aligned} G &= 5(y_{11} + y_{12} + y_{13}) + 4(y_{21} + y_{22} + y_{23}) + 7(y_{31} + y_{32} + y_{33}) \\ &\quad -3(y_{11} + y_{21} + y_{31}) - 5(y_{12} + y_{22} + y_{32}) - 2(y_{13} + y_{23} + y_{33}) \\ &= 2y_{11} + 3y_{13} + y_{21} - y_{22} + 2y_{23} + 4y_{31} + 2y_{32} + 5y_{33} \end{aligned}$$

Mengenbeschränkungen:
$y_{11} + y_{21} + y_{31} \leq 200.000$,
$y_{12} + y_{22} + y_{32} \leq 250.000$,
$y_{13} + y_{23} + y_{33} \leq 150.000$
Mischungsbedingungen:
$y_{11} \geq 0{,}5(y_{11} + y_{12} + y_{13})$ oder $2y_{12} + 2y_{13} - y_{11} \leq 0$
$y_{12} \geq 0{,}1(y_{11} + y_{12} + y_{13})$ oder $y_{11} + y_{13} - 9y_{12} \leq 0$
$y_{21} \geq 0{,}4(y_{21} + y_{22} + y_{23})$ oder $2y_{22} + 2y_{23} - 3y_{21} \leq 0$
$y_{22} \geq 0{,}3(y_{21} + y_{22} + y_{23})$ oder $3y_{21} + 3y_{23} - 7y_{22} \leq 0$
$y_{32} \geq 0{,}6(y_{31} + y_{32} + y_{33})$ oder $3y_{31} + 3y_{33} - 2y_{32} \leq 0$

20.8.1 Die Mengen an Schweröl, leichtem Heizöl und Kohle seien mit y_1, y_2 und y_3 bezeichnet. Dann ergibt sich:

$$\min\{K = 30y_1 + 40y_2 + 24y_3 \mid 24y_1 + 28y_2 + 16y_3 \geq 48.000; \quad y_3 \geq 800; y_1, y_2, y_3 \geq 0\}$$

Simplex Tableau der dualen Aufgabe:

x_1	x_2	y_1	y_2	y_3	G	
24	0	1	0	0	0	30
28	0	0	1	0	0	40
16	1	0	0	1	0	24
− 48.000	−800	0	0	0	1	0

Endtablau:

1	0	$\frac{1}{24}$	0	0	0	$\frac{5}{4}$
0	0	$-\frac{7}{6}$	1	0	0	5
0	1	$-\frac{2}{3}$	0	1	0	4
0	0	$1.466\frac{2}{3}$	0	800	1	63200

Es werden $y_1 = 1.466\frac{2}{3}\,t$ Schweröl und $y_3 = 800\,t$ Kohle eingesetzt. Die minimalen Kosten betragen $K = 63.200$.

20.8.2

Ausgangstableau der dualen Aufgabe:

x_1	x_2	y_1	y_2	G	
2	2	1	0	0	3
3	1	0	1	0	4
− 18	−10	0	0	1	0

Endtableau:

0	1	$\frac{3}{4}$	$-\frac{1}{2}$	0	$\frac{1}{4}$
1	0	$-\frac{1}{4}$	$\frac{1}{2}$	0	$\frac{5}{4}$
0	0	3	4	1	25

Optimale Lösung: $y_1 = 3$, $y_2 = 4$. Minimum der Zielfunktion: $K = 25$.

Lösungen zu Kapitel 21

21.1.1 a)

	R_1	R_2	R_3	R_4	
T_1	5	6	4	2	3.000
T_2	8	5	6	3	2.400
T_3	6	5	7	2	4.200
	2.000	2.500	1.500	3.600	

b) Zum Beispiel:

	R_1	R_2	R_3	R_4	
T_1	2.000	1.000			3.000
T_2		1.500	900		2.400
T_3			600	3.600	4.200
	2.000	2.500	1.500	3.600	

	R_1	R_2	R_3	R_4	
T_1	2.000		1.000		3.000
T_2		1.900	500		2.400
T_3		600		3.600	4.200
	2.000	2.500	1.500	3.600	

21.2.1

$$K = 5x_{11} + 4x_{12} + 3x_{13} + 7x_{14} + 3x_{21} + 5x_{22} + 2x_{23} + 6x_{24} + 2x_{31} + 5x_{32} + 3x_{33} + 3x_{34}$$

Beschränkungen:

(1) $x_{11} + x_{21} + x_{31} = 25$ (5) $x_{11} + x_{12} + x_{13} + x_{14} = 16$

(2) $x_{12} + x_{22} + x_{32} = 8$ (6) $x_{21} + x_{22} + x_{23} + x_{24} = 22$

(3) $x_{13} + x_{23} + x_{33} = 6$ (7) $x_{31} + x_{32} + x_{33} + x_{34} = 13$

(4) $x_{14} + x_{24} + x_{34} = 12$ $x_{ij} \geq 0;\ (i = 1, 2, 3;\ j = 1, 2, 3, 4).$

21.3.1

a)

	E_1	E_2	E_3	E_4	
V_1	16				16
V_2	9	8	5		22
V_3			1	12	13
	25	8	6	12	

b)

	E_1	E_2	E_3	E_4	
V_1	2	8	6		16
V_2	22				22
V_3	1			12	13
	25	8	6	12	

21.3.2

a) Nord-West-Ecken-Regel;

	B_1	B_2	B_3	B_4	
T_1	2.000	1.000			3.000
T_2		1.500	900		2.400
T_3			600	3.600	4.200
	2.000	2.500	1.500	3.600	

$K = 71.300$

b) VOGELsche Approximationsmethode:

	B_1	B_2	B_3	B_4	
T_1				3.000	3.000
T_2		1.800		600	2.400
T_3	2.000	700	1.500		4.200
	2.000	2.500	1.500	3.600	

$K = 41.300$

21.4.1 Optimallösung:

	E_1		E_2		E_3		
V_1	6		3		2		15
		2		8		5	
V_2	4		4	*+3*	5	*+5*	10
		10					
	12		8		5		

21.4.2

	B_1		B_2		B_3		B_4		
A_1	7	*+7*	6	*+7*	4	*+6*	2		3.000
								3.000	
A_2	9	*+3*	5		6	*+2*	8		2.400
				1.800				600	
A_3	6		5		4		10	*+2*	4.200
		2.000		700		1.500			
	2.000		2.500		1.500		3.600		

21.4.3 a) Zielfunktion:

$$K = 11x_{11} + 13x_{12} + 15x_{13} + 20x_{14} + 14x_{21} + 17x_{22} + 12x_{23} + 13x_{24} + 18x_{31} + 18x_{32} + 13x_{33} + 12x_{34}$$

Nebenbedingungen:

$$\sum_{j=1}^{4} x_{1j} = 4, \sum_{j=1}^{4} x_{2j} = 6, \sum_{j=1}^{4} x_{3j} = 8, \sum_{i=1}^{3} x_{i1} = 6, \sum_{i=1}^{3} x_{i2} = 3,$$

$$\sum_{i=1}^{3} x_{i3} = 4, \sum_{i=1}^{3} x_{i4} = 5, x_{ij} \geq 0 \text{ für alle } i \text{ und } j.$$

b) Ausgangsbasislösung nach der Nord-West-Ecken-Regel:

Baustelle / *Garage*	1	2	3	4	
1	$x_{11} = 4$				4
2	$x_{21} = 2$	$x_{22} = 3$	$x_{23} = 1$		6
3			$x_{33} = 3$	$x_{34} = 5$	8
	6	3	4	5	

Kilometerleistung der Lösung:

$$\begin{aligned} K &= 11 \cdot 4 + 14 \cdot 2 + 17 \cdot 3 + 12 \cdot 1 + 13 \cdot 3 + 12 \cdot 5 \\ &= 44 + 28 + 51 + 12 + 39 + 60 \\ &= 234 \end{aligned}$$

c) Optimallösung:

Baustelle / Garage	1		2		3		4		
1	11		13		15	+6	20	+*12*	4
		1		3					
2	14		17	+*1*	12		13	+*2*	6
		5				1			
3	18	+*3*	18	+*1*	13		12		8
						3		5	
	6		3		4		5		

Die Kilometerleistung im Optimum beträgt:

$$K = 11 \cdot 1 + 13 \cdot 3 + 14 \cdot 5 + 12 \cdot 1 + 13 \cdot 3 + 12 \cdot 5 = 231$$

21.5.1

		E_1 $v_1 = 6$		E_2 $v_2 = 5$		E_3 $v_3 = 4$		E_4 $v_4 = 8$	
V_1 $u_1 = -6$	7	+7	6	+7	4	+6	2		3.000
								3.000	
V_2 $u_2 = 0$	9	+3	5		6	+2	8		2.400
				1.800				600	
V_3 $u_3 = 0$	6		5		4		10	+2	4.200
		2.000		700		1.500			
	2.000		2.500		1.500		3.600		

Die Lösung ist optimal, denn es treten keine negativen Kostenänderungswerte auf.

21.5.2 a) Zielfunktion:

$$K = 6x_{11} + 2x_{12} + 8x_{13} - 7x_{14} + 5x_{15} + 4x_{21} + 3x_{22} + 7x_{23} + 5x_{24} + 9x_{25} + 2x_{31} + 1x_{32} + 3x_{33} + 6x_{34} + 4x_{35} + 5x_{41} + 6x_{42} + 4x_{43} + 8x_{44} + 3x_{45}$$

Nebenbedingungen:

(1) $x_{11} + x_{12} + x_{13} + x_{14} + x_{15} = 40$
$x_{21} + x_{22} + x_{23} + x_{24} + x_{25} = 70$
$x_{31} + x_{32} + x_{33} + x_{34} + x_{35} = 60$
$x_{41} + x_{42} + x_{43} + x_{44} + x_{45} = 30$
$x_{ij} \geq 0, (i = 1, 2, 3, 4; j = 1, 2, 3, 4, 5)$

(2) $x_{11} + x_{21} + x_{31} + x_{41} = 30$
$x_{12} + x_{22} + x_{32} + x_{42} = 60$
$x_{13} + x_{23} + x_{33} + x_{43} = 50$
$x_{14} + x_{24} + x_{34} + x_{44} = 40$
$x_{15} + x_{25} + x_{35} + x_{45} = 20$

b)

	B_1	B_2	B_3	B_4	B_5	
Z_1	30	10	0	0	0	40
Z_2	0	50	20	0	0	70
Z_3	0	0	30	30	0	60
Z_4	0	0	0	10	20	30
	30	60	50	40	20	

c)

	3		2		4		4		3		
0	6	*+3*	2		8	*+4*	7	*+3*	5	*+2*	40
	▭		▭	40	▭		▭		▭		
1	4		3	*0*	7	*+2*	5		9	*+5*	70
	▭	30	▭		▭		▭	40	▭		
−1	2	*0*	1		3		6	*+3*	4	*+2*	60
	▭		▭	20	▭	40	▭		▭		
0	5	*+2*	6	*+4*	4		8	*+4*	3		30
	▭		▭		▭	10	▭		▭	20	
	30		60		50		40		20		

d) Es ergibt sich die Optimallösung in **c)**.

21.7.1 a)

	9		20		15		
−8	8	*+7*	12		25	*+18*	200
	▭		▭	200	▭		
0	9		20		15		200
	▭	150	▭	50	▭	200	
	150		250		200		

b)

	9		13		15		6		
−1	8		12		25	*+11*	6	*+1*	200
	▭	70	▭	130	▭		▭		
0	9		20	*+7*	15		6		400
	▭	80	▭		▭	200	▭	120	
	150		130		200		120		

c)

	9		20		15		
−8	8	+7	12		25	+18	180
				180			
0	9		20		15		400
		150		50		200	
0	20	+11	20		20	+5	20
				20			
	150		250		200		

Lösungen zu Kapitel 22

22.2.1

a)

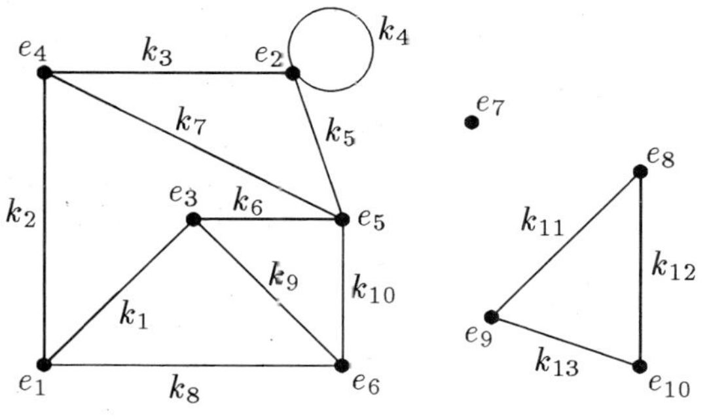

b)

	e_1	e_2	e_3	e_4	e_5	e_6	e_7	e_8	e_9	e_{10}
e_1	0	0	1	1	0	1	0	0	0	0
e_2	0	2	0	1	1	0	0	0	0	0
e_3	1	0	0	0	1	1	0	0	0	0
e_4	1	1	0	0	1	0	0	0	0	0
e_5	0	1	1	1	0	1	0	0	0	0
e_6	1	0	1	0	1	0	0	0	0	0
e_7	0	0	0	0	0	0	0	0	0	0
e_8	0	0	0	0	0	0	0	0	1	1
e_9	0	0	0	0	0	0	0	1	0	1
e_{10}	0	0	0	0	0	0	0	1	1	0

c)

ν	1	2	3	4	5	6	7	8	9	10
$\gamma(e_\nu)$	3	4	3	3	4	3	0	2	2	2

d) e_2, e_4, e_5;
e) k_5, k_6, k_7, k_8, k_9;
f) $E' = \{e_1, e_2, e_3, e_4, e_5, e_{10}\}$ $K' = \{k_1, k_2, k_3, k_4, k_5, k_6, k_7\}$
$\phi'(k_1) = (e_1, e_3)$; $\phi'(k_2) = (e_1, e_4)$; $\phi'(k_3) = (e_2, e_4)$; $\phi'(k_4) = (e_2, e_2)$;
$\phi'(k_5) = (e_2, e_5)$; $\phi'(k_6) = (e_3, e_5)$; $\phi'(k_7) = (e_4, e_5)$;

$$\begin{array}{c|cccccc} & e_1 & e_2 & e_3 & e_4 & e_5 & e_{10} \\ \hline e_1 & 0 & 0 & 1 & 1 & 0 & 0 \\ e_2 & 0 & 2 & 0 & 1 & 1 & 0 \\ e_3 & 1 & 0 & 0 & 0 & 1 & 0 \\ e_4 & 1 & 1 & 0 & 0 & 1 & 0 \\ e_5 & 0 & 1 & 1 & 1 & 0 & 0 \\ e_{10} & 0 & 0 & 0 & 0 & 0 & 0 \end{array}$$

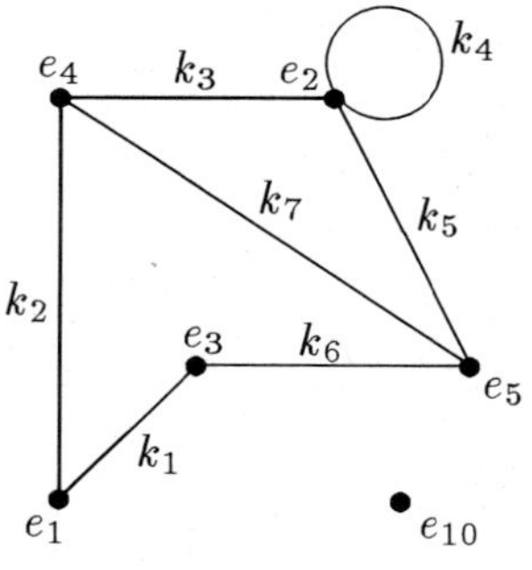

22.2.2
a) Minimalgrad: 2; Maximalgrad: 4
b) Einen Untergraphen erhält man durch Entfernung von Knoten und der mit diesem Knoten inzidenten Kanten. Die Anzahl der Untergraphen wird also gegeben durch die Anzahl der echten Teilmengen der Knotenmenge E. Man erhält somit: $2^{13} - 1 = 8.191$.
c) 9, nämlich k_1, k_2, k_6; k_3, k_6; k_4, k_5, k_6;
$k_4, k_5, k_3, k_1, k_2, k_6$; $k_1, k_2, k_3, k_4, k_5, k_6$; $k_4, k_5, k_2, k_1, k_3, k_6$;
$k_3, k_5, k_4, k_1, k_2, k_6$; $k_3, k_2, k_1, k_4, k_5, k_6$; $k_1, k_2, k_5, k_4, k_3, k_6$;
d) 3, nämlich k_1, k_2, k_6; k_3, k_6 und k_4, k_5, k_6;
e) e_4, e_5, e_9, e_{11};
f) k_6, k_{16};
g) k_1, k_2, k_3, k_4, k_5, k_6, k_7, k_8, k_9, k_{10}, k_{11}, k_{12}, k_{13}, k_{14}, k_{15}, k_{16}, k_{17}, k_{18}, k_{19};
h) $k_1, k_4, k_5, k_6, k_7, k_8, k_{11}, k_{14}, k_{15}, k_{16}, k_{17}, k_{18}$;

i)

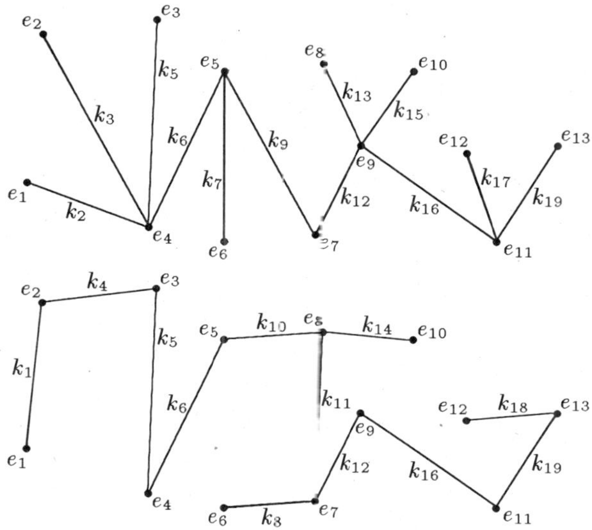

22.2.3 Da jeder Knoten des Graphen genau einmal berührt werden soll und keine Restriktionen durch nicht vorhandene Kanten bestehen, ist diese Frage gleichbedeutend mit der Frage nach der Anzahl der Permutationen von 4 Elementen. Es gibt $4! = 24$ Wege.

22.2.4 Die dem betreffenden Knoten zugeordnete Zeile und Spalte enthält nur Nullen, da der Knoten keinen Nachbarn hat.

22.2.5 Jede „2" auf der Hauptdiagonalen der Adjazenzmatrix zeigt eine Schleife an.

22.2.6 Für einen **ungerichteten** Graphen mit der Adjazenzmatrix $A = (a_{ij})$ gilt:

$$\gamma(e_i) = \sum_j a_{ij} = \sum_j a_{ji}$$

Für einen gerichteten Graphen mit der Adjazenzmatrix $\mathbf{A} = (a_{ij})$ gilt:

$$\gamma^+(e_i) = \sum_j a_{ij} \quad \text{und} \quad \gamma^-(e_j) = \sum_i a_{ij}$$

22.4.1

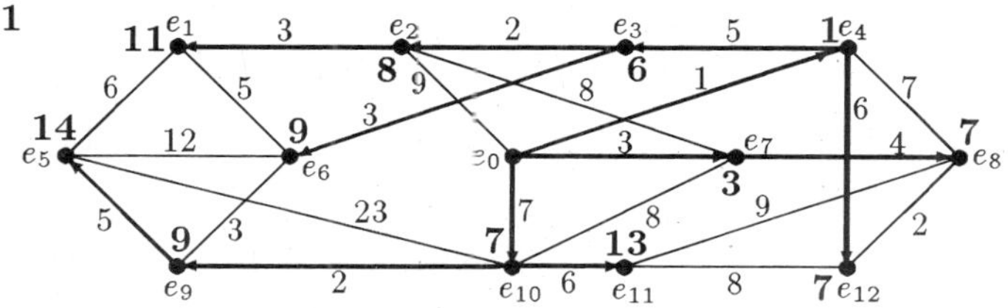

22.4.2

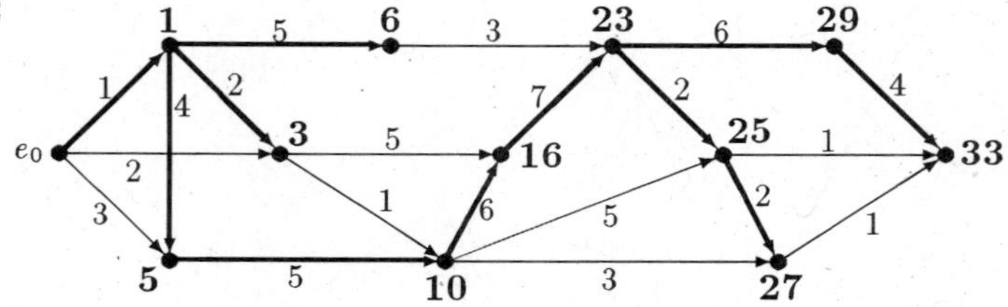

22.4.3

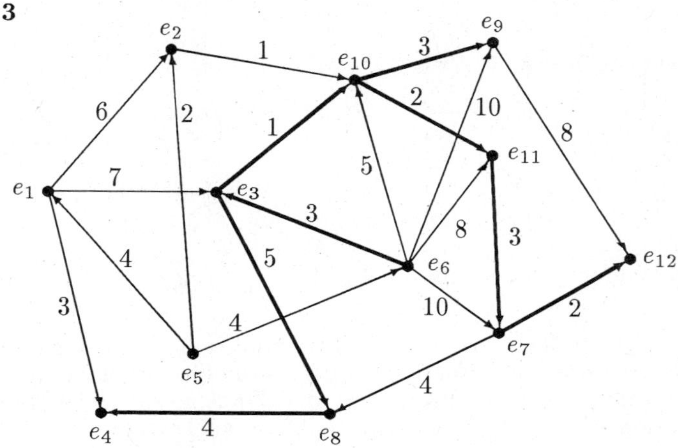

e_1, e_2 und e_5 sind von e_6 aus nicht erreichbar.

22.4.4

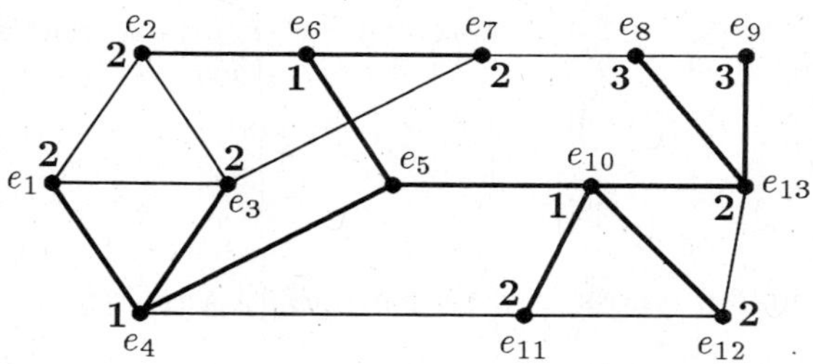

22.5.1

a)

$$
\mathbf{C}^* = \begin{pmatrix} 0 & 8 & 2 & \infty & \infty & \infty \\ 8 & 0 & 4 & 5 & 16 & \infty \\ 2 & 4 & 0 & 12 & \infty & \infty \\ \infty & 5 & 12 & 0 & \infty & 5 \\ \infty & 16 & \infty & \infty & 0 & 2 \\ \infty & \infty & \infty & 5 & 2 & 0 \end{pmatrix} \qquad \mathbf{C}^{*(2)} = \begin{pmatrix} 0 & 6 & 2 & 13 & 24 & \infty \\ 6 & 0 & 4 & 5 & 16 & 10 \\ 2 & 4 & 0 & 9 & 20 & 17 \\ 13 & 5 & 9 & 0 & 7 & 5 \\ 24 & 16 & 20 & 7 & 0 & 2 \\ \infty & 10 & 17 & 5 & 2 & 0 \end{pmatrix}
$$

$$\mathbf{C}^{*(3)} = \begin{pmatrix} 0 & 6 & 2 & 11 & 22 & 18 \\ 6 & 0 & 4 & 5 & 12 & 10 \\ 2 & 4 & 0 & 9 & 19 & 14 \\ 11 & 5 & 9 & 0 & 7 & 5 \\ 22 & 12 & 19 & 7 & 0 & 2 \\ 18 & 10 & 14 & 5 & 2 & 0 \end{pmatrix} \quad \mathbf{C}^{*(4)} = \begin{pmatrix} 0 & 6 & 2 & 11 & 20 & 16 \\ 6 & 0 & 4 & 5 & 12 & 10 \\ 2 & 4 & 0 & 9 & 16 & 14 \\ 11 & 5 & 9 & 0 & 7 & 5 \\ 20 & 12 & 16 & 7 & 0 & 2 \\ 16 & 10 & 14 & 5 & 2 & 0 \end{pmatrix}$$

$$\mathbf{C}^{*(5)} = \begin{pmatrix} 0 & 6 & 2 & 11 & 18 & 16 \\ 6 & 0 & 4 & 5 & 12 & 10 \\ 2 & 4 & 0 & 9 & 16 & 14 \\ 11 & 5 & 9 & 0 & 7 & 5 \\ 18 & 12 & 16 & 7 & 0 & 2 \\ 16 & 10 & 14 & 5 & 2 & 0 \end{pmatrix} \quad \mathbf{C}^{*(6)} = \begin{pmatrix} 0 & 6 & 2 & 11 & 18 & 16 \\ 6 & 0 & 4 & 5 & 12 & 10 \\ 2 & 4 & 0 & 9 & 16 & 14 \\ 11 & 5 & 9 & 0 & 7 & 5 \\ 18 & 12 & 16 & 7 & 0 & 2 \\ 16 & 10 & 14 & 5 & 2 & 0 \end{pmatrix}$$

b) Es ist: $\mathbf{S} = \mathbf{C}^{*(5)}$

c)

$$\mathbf{R} = \begin{pmatrix} 1 & 3 & 1 & 2 & 6 & 4 \\ 3 & 2 & 2 & 2 & 6 & 4 \\ 3 & 3 & 3 & 2 & 6 & 4 \\ 3 & 4 & 2 & 4 & 6 & 4 \\ 3 & 4 & 2 & 6 & 5 & 5 \\ 3 & 4 & 2 & 6 & 6 & 6 \end{pmatrix}$$

d)

$e_1,\ e_3,\ e_2,\ e_4$

$e_1,\ e_3,\ e_2,\ e_4,\ e_4,\ e_6,\ e_5$

$e_6,\ e_4,\ e_2$

$e_6,\ e_4,\ e_2,\ e_3$

22.8.1

a)

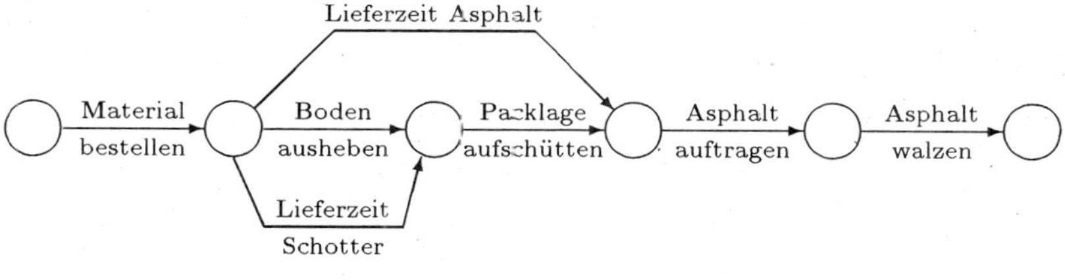

b)

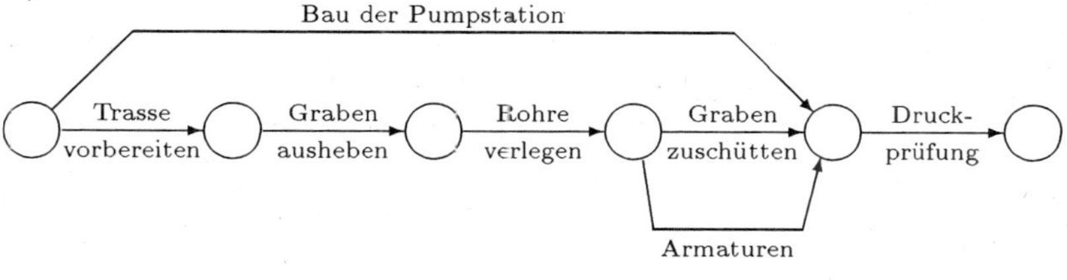

22.8.2

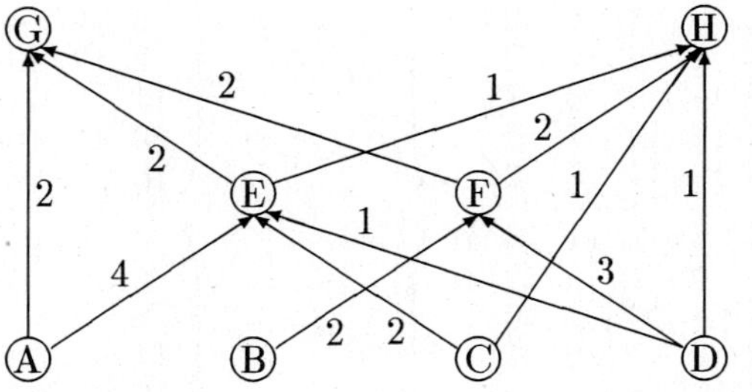

22.8.3

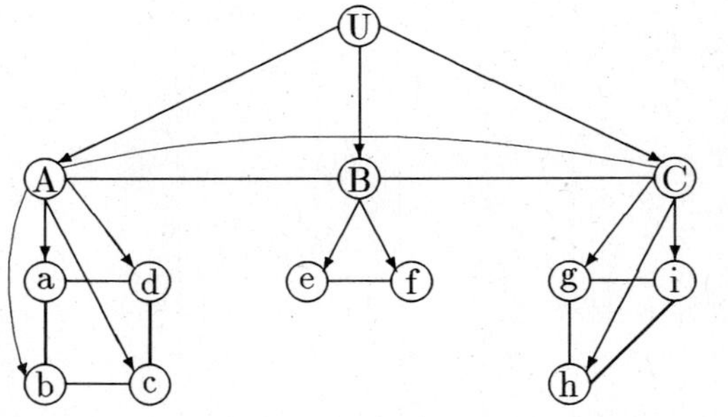

Anhang A2: Literaturhinweise

Allgemeine Literatur

DÜCK, W., KÖRTH, H., RUNGE, W. (HRSG.): Mathematik für Ökonomen. Thun/Frankfurt, M., Band 1, 3. Auflage 1989, Band 2, 1980 (Verlag Harri Deutsch).

KÖRTH, H.; DÜCK, W.; KLUGE, P. U.A.: Wirtschaftsmathematik. Berlin, Band 1 1992, Band 2 1993, (Verlag Die Wirtschaft).

ZURMÜHL, R.: Praktische Mathematik für Ingenieure und Physiker. Berlin/Heidelberg/New York 5. Auflage Nachdruck 1984 (Springer-Verlag).

Formelsammlungen und Nachschlagewerke

BARTSCH, H.-J.: Mathematische Formeln. Leipzig, 23. Auflage 1991 (Fachbuchverlag Leipzig GmbH).

BRONSTEIN, I.N., SEMENDJAJEW, K.A.: Taschenbuch der Mathematik. Leipzig, 25. Auflage 1991 (Teubner Leipzig Verlag).

DÜCK, W.; KÖRTH, H.; RUNGE, W.; WUNDERLICH, L.: Mathematik für Ökonomen. Formeln, Tabellen, Zusammenstellungen zum Hochschullehrbuch. Berlin, 2. Auflage 1986 (Verlag Die Wirtschaft).

GELLERT, W., KÄSTNER, H., NEUBER, S. (HRSG.): Fachlexikon ABC Mathematik. Thun/Frankfurt, M., 1978 (Verlag Harri Deutsch).

MESCHKOWSKI, H.: Mathematisches Begriffswörterbuch. Mannheim/Wien/Zürich, 4. Auflage 1976 (Bibliografisches Institut).

NETZ, H.: Formeln der Mathematik. München, 7. Auflage 1992 (Hanser).

RADE, L.; WESTERGREN, E.: Springers Mathematische Formeln. Berlin, 2. Auflage 1997 (Springer).

RADKE, M.: Die große betriebswirtschaftliche Formelsammlung. München/Wien, 9. Auflage 1996 (Verlag moderne industrie).

ROTTMANN, K. (HRSG.): Mathematische Formelsammlung. Mannheim, 4. Auflage 1991 (Bibliografisches Institut).

Zu Kapitel 17, 18 und 19 (Matrizen, Determinanten, Gleichungssysteme)

AITKEN, A.C.: Determinanten und Matrizen. Mannheim/Wien/Zürich, 1990 (Bibliografisches Institut).

AYRES, F.: Matrizen. New York, u.a. Schaum's outline series, 3. edition 1978 (McGraw-Hill).

DIETRICH, G., STAHL, H.: Matrizen und Determinanten und ihre Anwendung in Technik und Ökonomie. Thun/Frankfurt, M., 5. Auflage 1978 (Verlag Harri Deutsch).

VOGEL, F.: Matrizenrechnung in der Betriebswirtschaft. Opladen, 1970 (Westdeutscher Verlag).

ZURMÜHL, R.: Matrizen und ihre Anwendungen. Berlin/Göttingen/Heidelberg, 6. Auflage 1992 (Springer-Verlag).

Zu Kapitel 20 und 21 (Lineare Optimierung)

BLUM, E., OETTLI, W.: Mathematische Optimierung. Berlin/Heidelberg/New York, 1975 (Springer-Verlag).

DANTZIG, G.B.: Lineare Programmierung und Erweiterungen. Berlin/Heidelberg/New York, 1966 (Springer-Verlag).

DOMSCHKE, W., DREXL A.: Einführung in Operations Research. Berlin/Heidelberg/New York, 4. Auflage 1998 (Springer-Verlag).

ELLINGER, T., BEUERMANN, G., LEISTEN, R.: Operations Research. Berlin/Heidelberg/New York, 4. Auflage 1999 (Springer-Verlag).

WITTE, T., DEPPE, J.F., BORN, A.: Lineare Programmierung. Wiesbaden, 1975 (Gabler Verlag).

Zu Kapitel 22 (Graphentheorie)

BUSACKER, R.G., SAATY, T.L.: Endliche Graphen und Netzwerke. München/Wien, 1968 (Oldenbourg Verlag).

HARARY, F.: Graphentheorie. München/Wien, 1974 (Oldenbourg Verlag).

LAUE, R.: Elemente der Graphentheorie und ihre Anwendungen in den biologischen Wissenschaften. Braunschweig, 1971 (Friedr. Vieweg + Sohn).

NOLTEMEIER, H.: Graphentheorie mit Algorithmen und Anwendungen. Berlin/New York, 1976 (de Gruyter).

SACHS, H.: Einführung in die Theorie der endlichen Graphen. München, 1971 (Hanser Verlag).

WALTHER, H.: Anwendungen der Graphentheorie. Braunschweig/Wiesbaden, 1979 (Friedr. Vieweg + Sohn).

Anhang A3: Symbolverzeichnis und griechisches Alphabet

Symbole, die nicht in diesem Band erläutert sind, wurden ebenfalls mit aufgeführt. Bei den Seitenzahlen wurde dann die Bandnummer hinzugefügt.

$\mathbb{N}$	Menge der natürlichen Zahlen, Band 1, S. 18
$\mathbb{Z}$	Menge der ganzen Zahlen, Band 1, S. 18
$\mathbb{Q}$	Menge der rationalen Zahlen, Band 1, S. 18
$\mathbb{R}$	Menge der reellen Zahlen, Band 1, S. 18
$\mathbb{R}^n$	Raum der reellen n-Tupel, Band 1, S. 65
a^n	n-te Potenz von a, Band 1, S. 19
$\sqrt{a}$	n-te Wurzel aus a, Band 1, S. 19
$a < b$	a kleiner als b
$a = b$	a gleich b
$a > b$	a größer als b
$a \leq b$	a kleiner oder gleich b
$a \geq b$	a größer oder gleich b
$\sum_{i=k}^{n} a_i$	Summenzeichen, „Summe aller a_i für i von k bis n“, Band 1, S. 27
$\prod_{i=k}^{n} a_i$	Produktzeichen, „Produkt aller a_i für i von k bis n“, Band 1, S. 32
$\|a\|$	Betrag a, absoluter Betrag von a, Band 1, S. 33
(a, b)	abgeschlossenes Intervall, $a \leq x \leq b$, Band 1, S. 24
$)a, b($	offenes Intervall, $a < x < b$, Band 1, S. 24
$(a, b($	rechts halboffenes Intervall, $a \leq x < b$, Band 1, S. 24
$)a, b)$	links halboffenes Intervall, $a < x \leq b$, Band 1, S. 24

$\overline{A}$	Negation von A, „nicht A“, Band 1, S. 39
$\wedge$	und, Konjunktion, Band 1, S. 41
$\vee$	oder, Disjunktion, Band 1, S. 41
$\Rightarrow$	Implikation, Band 1, S. 42
$\Leftrightarrow$	Äquivalenz, Band 1, S. 43
$a \in A$	a Element A, Band 1, S. 52
$b \notin A$	b nicht Element A, Band 1, S. 51
$\{\}, \emptyset$	leere Menge, Band 1, S. 54
$A \subset B$	A ist Teilmenge von B, Band 1, S. 55
$A \not\subset B$	A ist nicht Teilmenge von B, Band 1, S. 55
$\wp(A)$	Potenzmenge der Menge A, Band 1, S. 56
$A \cap B$	Durchschnitt der Mengen A und B, Band 1, S. 58
$A \cup B$	Vereinigung der Mengen A und B, Band 1, S. 59
$B \setminus A$	Differenz zwischen den Mengen B und A, Band 1, S. 60
$\overline{A} = \mathcal{C}_\Omega A$	Komplement von A in bezug auf Ω, Band 1, S. 60
$n!$	n Fakultät, Band 1, S. 75
$\binom{n}{k}$	Binomialkoeffizient, Band 1, S. 76
$\mathbf{A}, \mathbf{B}, \ldots$	Matrix, S. 10
(a_{ij})	Matrix, S. 10
$\mathbf{A}_{mn}$	$m \times n$-Matrix, S. 11
$(a_{ij})_{mn}$	$m \times n$-Matrix, S. 11
$\mathbf{a}, \mathbf{b}, \ldots$	Spaltenvektor, S. 11
$\mathbf{a}', \mathbf{b}', \ldots$	Zeilenvektor, S. 11
$\mathbf{0}$	Nullmatrix, S. 14
$\mathbf{E}$	Einheitsmatrix, S. 15
$\boldsymbol{e_i}$	i-ter Einheitsvektor, S. 15
$\mathbf{A}'$	Transponierte der Matrix $\mathbf{A}$, S. 15
$\mathbf{A}^T$	Transponierte der Matrix $\mathbf{A}$, S. 15
$\mathbf{A}^{-1}$	Inverse der Matrix $\mathbf{A}$, S. 35
$\text{rang}(\mathbf{A})$	Rang der Matrix $\mathbf{A}$, S. 82
$\det(\mathbf{A})$	Determinante der Matrix $\mathbf{A}$, S. 85
$\|A\|$	Determinante der Matrix $\mathbf{A}$, S. 85
$\mathbf{A}_{\text{ad}}$	adjungierte Matrix, S. 89

Griechisches Alphabet

A	α	Alpha	I	ι	Jota	P	ρ	Rho
B	β	Beta	K	κ	Kappa	Σ	σ	Sigma
Γ	γ	Gamma	Λ	λ	Lambda	T	τ	Tau
Δ	δ	Delta	M	μ	My	Y	υ	Ypsilon
E	ϵ	Epsilon	N	ν	Ny	Φ	ϕ	Phi
Z	ζ	Zeta	Ξ	ξ	Xi	X	χ	Chi
H	η	Eta	O	o	Omikron	Ψ	ψ	Psi
Θ	θ	Theta	Π	π	Pi	Ω	ω	Omega

Stichwortverzeichnis